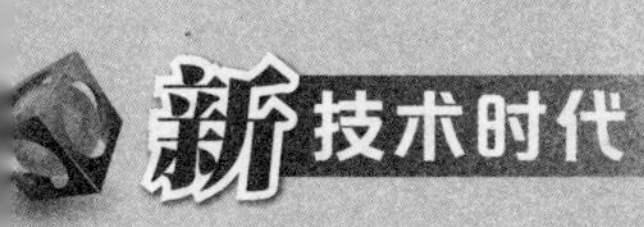

热处理工操作技术

RE CHU LI GONG CAO ZUO JI SHU

林约利 ◉ 主编

上海科学技术文献出版社

图书在版编目（CIP）数据

热处理工操作技术 / 林约利主编 . —上海：上海科学技术文献出版社，2013.1
ISBN 978-7-5439-5599-8

Ⅰ . ①热… Ⅱ . ①林… Ⅲ . ①热处理—技术培训—教材 Ⅳ . ① TG156

中国版本图书馆 CIP 数据核字（2012）第 265909 号

责任编辑：祝静怡　夏　璐
封面设计：汪　彦

热处理工操作技术
林约利　主编
*
上海科学技术文献出版社出版发行
（上海市长乐路 746 号　邮政编码 200040）
全国新华书店经销
上海市崇明县裕安印刷厂印刷
*
开本 850 × 1168　1/32　印张 11　字数 295 000
2013 年 1 月第 1 版　2013 年 1 月第 1 次印刷
ISBN 978-7-5439-5599-8
定价：25.00 元
http://www.sstlp.com

内容提要

本书按《热处理工国家职业标准》编写。全书共分五章，内容包括基础知识、热处理原理及基本工艺、常用钢的热处理工艺方法、钢的化学热处理、有色金属及其热处理、常用热处理加热设备、测温仪表、测温方法等。每章末均有复习题，以便于读者自测自查。

书中涉及的标准内容，全部采用现行国标，书中所选用的资料、数据和图表力求实用与可靠，在生产中有较高的使用价值。本书通俗易懂，注重实用，可供热处理工培训和热处理工阅读参考。

MU LU

目录

第1章 基础知识

1. 晶体的结构以及晶粒大小对力学性能的影响。

2. 力学性能的定义、常用力学性能的表示方法及采用的法定计量单位。

3. 布氏硬度、洛氏硬度、维氏硬度测试原理及测试方法。

4. 分析 Fe－Fe_3C 状态图，根据 Fe－Fe_3C 状态图来选择材料、制定热处理工艺。

5. 电阻炉、盐浴炉的型号、结构及正确的操作方法。

6. 常用测温、控温仪表的种类及操作方法。

一、金属的晶体结构

金属在固态时是晶体。金属的性能，塑性变形和热处理时相变都与晶体结构有关。因此，在学习金属热处理时，首先要从晶体结构开始。

1. 晶体与非晶体的区别

物质是由原子组成的。根据原子在物体内部的排列方式可以把固体物质分为晶体和非晶体两大类。

晶体是指其原子都按一定几何形状作有规则排列的。如所有的固体金属和合金。

非晶体其内部原子是不规则的无序排列的，如松香、玻璃、沥青等。

晶体中原子有规则排列的方式是多种多样的。不同金属的原子排列方式可能各不相同，而同一金属当外界条件（如温度）不同时，其原子的排列方式也可能迥然不同。通常是用空间几何图形来描述晶体中原子的规则排列方式。图 1－1 所示是晶体中原子在空间作有规则排列的简单模型。

为了便于描述其排列方式，人为地将原子看作一个点，再用假想的线把各点连接起来，这样就可把图 1－1a 中的原子规则排列变成图 1－1b 所示的空间几何图形。描述晶体中原子规则排列方式的空间几何图形称为结晶格子，或称作结晶点阵，简称晶格。

由于晶体中原子排列具有周期性的特点，因此可以从晶格中选取一个能完全反映晶体特性的最小几何单元来描述晶体中原子的排列规律。该最小的几何单元称作晶胞。如图 1－1b 中的粗黑线部分所示。不难看出，整个晶格实际上是由无数大小、形状和方向相同的晶胞在空间重复排列而成的。

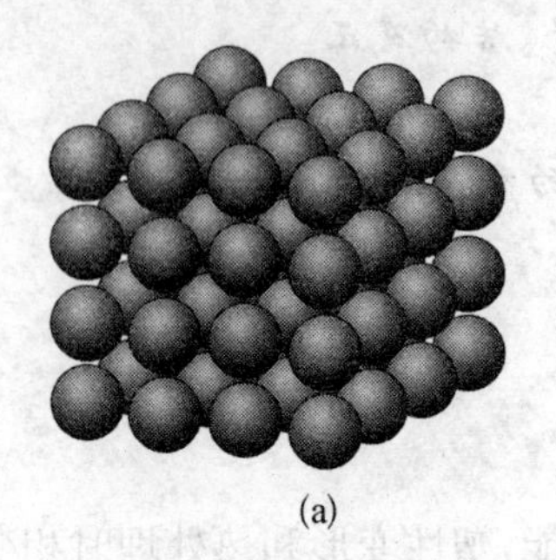
(a)

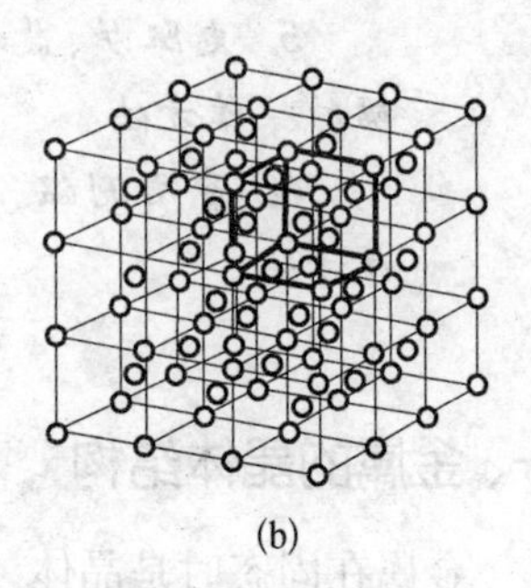
(b)

图 1－1　晶体中原子排列方式示意图

(a) 原子排列模型；(b) 结晶格子

必须指出，位于晶格点上的原子不是静止不动的，而是以结点为中心作热振动，并且随温度的升高，原子热振动的振幅也将增大。

2. 常见的晶格类型

最常见的金属晶格有三种类型：体心立方晶格，面心立方晶格，和密排六方晶格。

1）体心立方晶格

体心立方晶格的晶胞是一个正立方体，在立方体的顶点上和立方体的中心各有一个原子，见图1-2。这种晶格称作体心立方晶格，α-Fe、Cr、Mo都属于体心立方晶格。

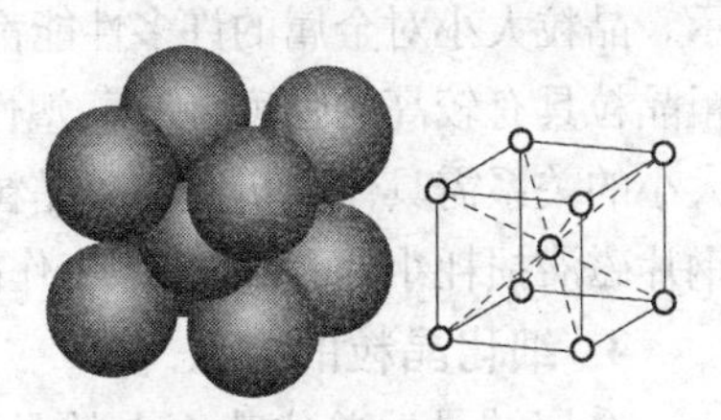

图1-2　体心立方晶格

2）面心立方晶格

面心立方晶格的晶胞也是一个正立方体，在立方体的各个顶点上和每个面的中心各有一个原子，见图1-3。这种晶格称作面心立方晶格，γ-Fe、Ni、Cu、Al都属于面心立方晶格。

3）密排六方晶格

密排立方晶格的晶胞是一个正六方柱体，除了柱体的顶点及底面，顶面的中心各有一个原子外，在柱体中心还有三个原子，见图1-4。Zn、Mg、α-Ti等都属于密排六方晶格。

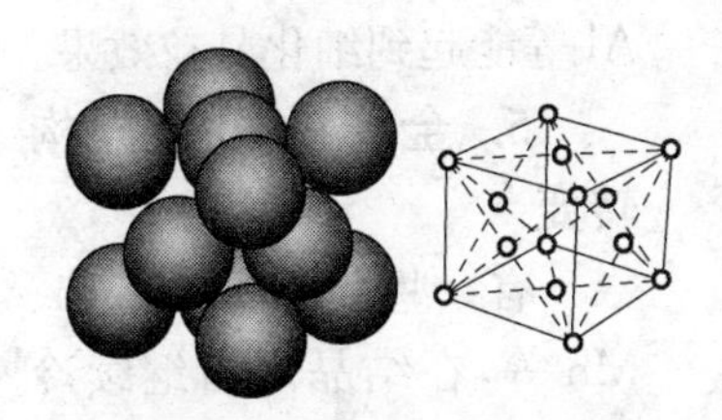

图1-3　面心立方晶格

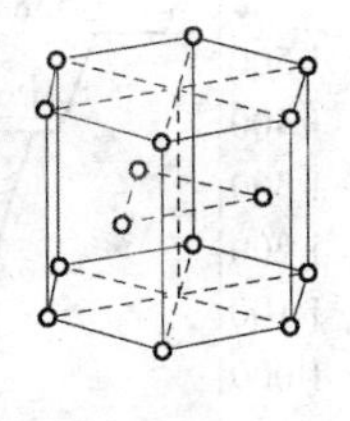

图1-4　密排六方晶格

上述三种晶格中，原子排列的致密程度是不一样的。计算表明，体心立方晶格中有68%的体积为原子所占据，其余32%的体积则为空隙；面心立方和密排六方晶格中，则有74%的体积为原子所占据，其空隙仅占26%。这就是钢铁热处理过程中，由一种晶格转变为另一种晶格时，钢铁的体积为什么发生变化的原因。也即是为什么钢铁零件会引起内应力的变化、变形和开裂的原因。

3. 晶粒大小与力学性能的关系

晶粒的大小可用单位截面上的晶粒数或晶粒的平均直径来表

示。晶粒大小对金属的许多性能都有很大影响。在常温下细晶粒比粗晶粒具有较高的强度、硬度、塑性和韧性。金属的其他性能与晶粒大小的关系需具体分析。如粗晶粒金属耐蚀性好，具有粗大晶粒的硅钢片磁滞损耗小，而在高温下工作的金属则希望具有适中的晶粒。

4. 细化晶粒的方法

金属结晶后单位截面上的晶粒数目与结晶时的形核率及长大速度有关，结晶时形核率愈大，晶粒长大速度愈小，单位面积内晶核数就愈多，晶粒也就愈细。因此，凡是促进形核，抑制长大的因素，都能细化晶粒，反之，则使晶粒粗化。

为提高金属的力学性能，常用下列方法细化晶粒：

(1) 增加过冷度　结晶时过冷度与冷却速度有关，冷却速度越大，过冷度亦越大，因此加速冷却有利于获得细晶粒组织。

(2) 进行变质处理　就是向液态金属和合金中加入少量变质剂，使结晶过程发生明显变化，从而细化晶粒，这种方法在生产中已被广泛采用。钢中加入 Ti、Al 等能起到细化晶粒效果。

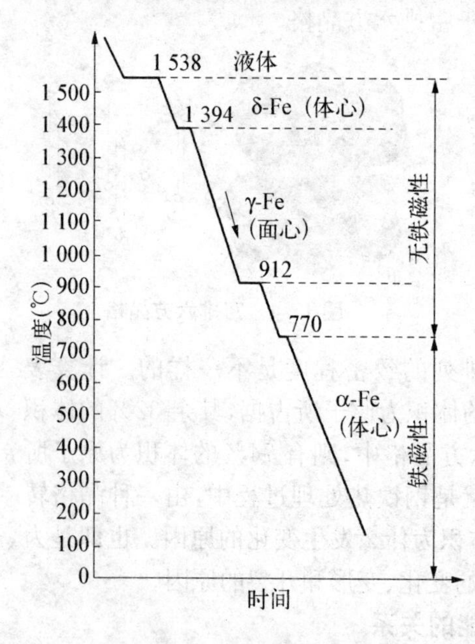

图 1－5　铁的同素异构转变

5. 金属的同素异构转变

有一些金属，如 Fe、Ti、Mn 等，在结晶之后继续冷却时，还会发生晶体结构的变化，从一种晶格转变成另一种晶格。金属在固态下晶格随温度而改变的现象称为“同素异构转变”，金属的同素异构转变现象是热处理所以能改变性能的根本原因。

铁的同素异构转变，如图 1－5 所示。

铁在结晶后具有体心立方晶格，称为δ-Fe；冷到1 394℃时，发生同素异构转变，即由体心立方晶格的δ-Fe转变为面心立方的γ-Fe，继续冷却到912℃时又发生同素异构转变，再由面心立方晶格的γ-Fe转变成体心立方的α-Fe，再继续冷却，晶格的类型不再发生变化。

顺便指出：由于铁在770℃以下具有铁磁性，高于该温度，则磁性消失，即770℃时发生磁性转变。发生磁性转变的温度称为磁性转变温度，但磁性转变并无晶格的变化。

由于同素异构转变是原子重新排列而形成另一种晶体的过程，所以就其实质而言，也是结晶过程，常称为重结晶。金属的同素异构转变过程，类同于液体的结晶过程。

二、金属材料

1. 金属材料的分类

金属材料可按化学成分及生产方式划分，如表1-1所示。

表1-1 金属材料分类

按生产方式分 按化学成分分	轧制方式	铸造方式
钢铁材料 （黑色金属）	碳素结构钢 优质碳素结构钢 低合金高强度结构钢 合金结构钢 弹簧钢 工具钢：碳素工具钢 合金工具钢 高速工具钢 不锈钢 耐热钢	铸铁： 灰铸铁 球墨铸铁 蠕墨铸铁 可锻铸铁 抗磨白口铸铁 耐热铸铁 高硅耐蚀铸铁 铸钢： 一般工程用铸造碳钢件 焊接结构用碳素铸钢件 高锰铸钢件 中高强度不锈钢铸件 不锈耐蚀钢铸件 耐热钢铸件

（续 表）

按生产方式分 按化学成分分	轧制方式	铸造方式
非铁材料 （有色金属）	铜及铜合金： 纯铜 加工铜 加工黄铜 加工青铜 加工白铜 铝及铝合金 加工镁合金 加工钛及钛合金 硬质合金	铸造铝合金 铸造铜 铸造镁 铸造锌 铸造轴承 压铸镁合金 压铸铝合金 压铸铜合金 压铸锌合金 钛及钛合金铸件

1）钢与铁的基本区别

工业上加工和使用的主要材料是钢铁材料，因此需要了解钢铁材料的化学成分、内部组织和性能之间的关系；掌握各种钢铁材料的牌号、性能和应用范围；会运用热处理等工艺方法改善和提高钢铁材料的加工和使用性能。

钢和铁都是以铁为基本元素，以碳为主要加入元素的铁碳合金。而它们在化学成分上的区别，主要是含碳量的不同。理论上，将含碳小于2%的铁碳合金称作钢；将含碳量大于2%的铁碳合金称作铁。实际上，钢的含碳量一般在1.4%以下；铁的含碳量在2.5%～4%之间。

在钢铁材料中还含有少量硅（Si）、锰（Mn）、磷（P）、硫（S）等杂质元素。但钢的杂质元素含量要少，化学成分比铁要均匀纯净。

这里所指的铁是各种生铁和铸铁，而不是纯铁元素。生铁是由铁矿石经过在高炉中熔炼而制成的，是炼钢和铸造生产的原材料，以铁水或铸锭方式供应。铸铁则是用生铁和其他原料适当配合，在化铁炉（如冲天炉）中重新熔化后浇注，制成具有一定化学成分、组织和性能的铸铁件毛坯。

为改善和提高钢铁材料的组织和性能，可通过加入各种金属或非金属元素，制成达数千种的合金钢和合金铸铁，以满足现代工业和科学技术日益发展的需要。

2）钢的分类

为适应现代工业和科学技术对钢材的多种需要和要求，钢材的品种已发展到数千种。为了科学地管理和选用，国家制定了各种钢材的分类方法。

（1）按钢的化学成分分类

主要分为碳素钢和合金钢两大类。它们又可分为：

① 按含碳量分类

低碳钢——含碳量小于0.25%；

中碳钢——含碳量为0.25%～0.60%；

高碳钢——含碳量大于0.6%。

② 按合金元素含量分类

低合金钢——含合金元素总量小于5%；

中合金钢——含合金元素总量在5%～10%之间；

高合金钢——含合金元素总量大于10%。

（2）按钢的品质分类

① 普通钢：钢中S、P含量较高，S小于或等于0.055%，P小于或等于0.045%；

② 优质钢：钢中S、P含量要求较低，S、P均小于或等于0.040%；

③ 高级优质钢：钢中S、P、及其他杂质含量都要求很少，S小于或等于0.03%，P小于或等于0.035%。

普通钢成本较低。在普通钢中低碳钢和低碳低合金钢占很大比重，这类钢主要用于各类工程结构（如桥梁、车辆、船舶及各种金属结构等）。

优质钢主要用于机械零件和各类工具的制造，这类钢一般都需要经过热处理后使用。

高级优质钢的品质最好，但成本也最高。其表示方法是在钢的牌号后面加A（高），如T10A（碳10高）钢为平均含碳量1%的高级优质碳素工具钢。

(3) 按用途分类

① 结构钢：用于制造机械零件和工程结构的钢。含碳量大多在0.7%以下。包括碳素结构钢和合金结构钢。

② 工具钢：用于制造各种切削刀具、模具和量具。含碳量一般在0.65%～1.35%之间。包括碳素工具钢和合金工具钢。

③ 特殊性能钢：是指具有特殊物理、化学性能的钢，如不锈钢，一般它们都是高合金钢。

3) 碳素钢

(1) 碳素结构钢　在冶炼时要求不高，含杂质较多，但价格便宜，大量用于要求不高的机械零件和工程结构件，如钢板、角钢、钢管等。

我国现行的碳素结构钢标准是GB 700—1988，对于这类钢的牌号按钢的屈服强度值，冠以汉字拼音字母Q的方式编写。与旧标准GB 700—1979相比，钢种(牌号与等级)已减少了许多。

Q195　不分级　相当于A1，B1

Q215　分A、B级　相当于A2，C2

Q235　A、B级　相当于A3，C3

　　　C、D级为新增

Q255　A、B级　相当于A4，C4

Q275　不分级　相当于C5

旧称的“普通碳素结构钢”在现行标准中普通二字也已改去。

(2) 优质碳素结构钢　这类钢的牌号是以两位数字来表示。两位数字表示钢的平均含碳量，以0.01%作单位。例如45钢，即是平均含碳量为0.45%的优质碳素结构钢。

常用的优质碳素结构钢的牌号有：

10、15、20钢号的低碳钢。这类钢的强度低，塑性和韧性好，具有良好的冷变形能力和焊接性能，常用于制作冲压零件和焊接结构。也可做渗碳零件的钢材，用于耐磨受冲击的零件，如齿轮、活塞销等。

30～50钢号的中碳钢，经过调质热处理后，具有良好的综合机械性能。其中以45钢应用最为广泛。常用于制造机械中的齿轮、轴、套筒等类零件。

55～65钢号的中碳钢经热处理后,具有良好的强度和弹性,主要用于制造弹簧等弹性零件。

(3) 碳素工具钢　这类钢的牌号是在T(碳)后加数字来表示。数字表示该钢的平均含碳量,以0.1%为单位。如T7表示平均含碳量为0.7%的碳素工具钢。

随着含碳量的增加,碳素工具钢的硬度和耐磨性提高,塑性和韧性下降。

T7、T8钢一般用于制造具有较高硬度和韧性的工具,如冲头、錾子、简单锻模等。

T9、T10钢用于制造具有高硬度和中等韧性的工具如车刀、板牙、丝锥、钻头等。

T12、T13钢用于制造具有高硬度而对韧性要求不高的工具,如锉刀、刮刀、量具等。

因为工具一般都必须具有高的硬度和耐磨性,只有用高碳的工具钢并经过适当的热处理后才能达到性能要求。

4) 合金钢

在碳钢的基础上加入一些合金元素制成各种合金钢,可以弥补碳钢的某些性能不足,用于制造要求更高性能或需要特殊性能的零件和工具,如用20CrMnTi钢制造汽车变速箱齿轮,用$60Si_2Mn$钢制造板弹簧。与碳素钢相比,合金钢具有良好的热处理性能,优良的综合力学性能及其某些特殊的物理、化学性能。

合金钢由于其冶炼和加工较复杂,成本较高,选用时应注意其性能特点和经济性。

2. 金属材料牌号的表示方法

1) 钢铁材料牌号表示方法

根据国家标准《钢铁产品牌号表示方法》的规定,我国钢号表示方法的基本原则如下:

(1) 汉字牌号和汉语拼音字母牌号并用。其优点是汉字牌号容易记忆和识别，汉语拼音字母牌号容易书写和标记。

(2) 钢号中化学元素采用国际化学符号或汉字表示，如Mn(锰)、Si(硅)、Cr(铬)等，但稀土元素(总称)用拉丁字母“RE”或汉字“稀土”表示。

(3) 钢中碳和合金元素含量用数字表示。碳量标在钢号最前面，合金元素含量则标在相应元素符号的后面。

碳素结构钢，与低合金高强度结构钢近年来新旧国家标准有较大变化，见表1-2。

表1-2 普通碳素结构钢新旧牌号对照

新标准(GB/T 700—1998)		旧标准 GB 700—1979
1. 碳素结构钢		
Q 235 -A F 表示沸腾钢(F) 质量等级(A) 屈服点(强度)值(MPa)(235) 屈服点，汉语拼音第一个字母(Q)		A1～A7 甲类钢(按力学性能供应) B1～B7 乙类钢(按化学成分供应) C2～C5 特类钢 均保证力学性能及化学成分
Q195	不分等级，化学成分及力学性能必须保证	A1(力学性能同Q195) B1(化学成分同Q195)
Q215	A级 B级(做常温冲击试验)	A2 C2
Q235	A级(不做冲击试验) B级(常温冲击试验) C级、D级作重要焊接结构	A3 C3
Q255	A级 B级(做常温冲击试验)	A4 C4
Q275	不分等级、化学成分和力学性能均须保证	

合金钢编号采用汉字(或汉语拼音字母)、化学元素符号和数字混合组成。钢号表示方法见表1-3；铸铁、铸钢表示方法见表1-4。

表1-3 钢号的表示方法

表示方法	牌号举例
2. 优质碳素结构钢(GB/T 699—1999)	
08 F F—表示沸腾钢,无F为镇静钢 08—以平均万分数表示的碳的质量分数,C=0.08%	08F 10F 20 08 10 40 50 60 45
15 Mn Mn—合金元素(Mn)=0.7%~1.2% 15—以平均万分数表示的碳的质量分数,C=0.15%	20Mn 30Mn 40Mn 60Mn 70Mn
3. 合金结构钢(GB/T 3077—1999)	
20 Mn V V—合金元素(V)=0.07%~0.12% Mn—合金元素(Mn)=1.30%~1.60% 20—以平均万分数表示的碳的质量分数,C=0.2% A—高级优质钢 其余—优质钢	20MnZ 30Mn2MoW 40MnB 40Cr 38CrSi 12CrMo 30CrMo 30CrMnSi 50CrVA 20Cr3MoWVA 35CrMnSiA 18Cr2Ni4WA
4. 合金工具钢(GB/T 1299—1985)	
9 Mn 2 V V—合金元素(V)=0.10%~0.25% 2—锰元素的最高质量分数(%) Mn—锰元素 9—以名义千分数表示的碳的质量分数,C=0.9%	量具刀具用钢: 9SiCr 8MnSi Cr2 9Cr2 冷作模具用钢: Cr12 Cr12MoV CrWMn 9CrWMn 热作模具用钢: 5CrMnMo 5CrNiMo 3Cr2W8V 8Cr3 塑料模用钢: 3Cr2Mo

（续 表）

表 示 方 法	牌 号 举 例
5. 高速工具钢（GB/T 9943—1988）	
W 9 Mo 3 Cr 4 V V——合金元素（V）＝1.3%～1.7% 4——铬的平均质量分数（%） Cr——铬元素 3——钼的平均质量分数（%） Mo——钼元素 9——钨的平均质量分数（%） W——钨元素	W18Cr4V [18—4—1]　W9Mo3Cr4V [9—3—4—1] W6Mo5Cr4V2 [6—5—4—2]　W6Mo5Cr4V3 [6—5—4—3] W18Cr4VCo5 [18—4—1—5]　W12Cr4V5Co5 [12—4—5—5]
6. 弹簧钢（GB/T 1222—1984）	
60 Si 2 Mn Mn——合金元素（Mn）＝0.6%～0.9% 2——以名义百分数表示的硅的质量分数 Si——硅的元素符号 60——以平均万分数表示的碳的质量分数，C＝0.6%	65　70 60Si2CrA　65Mn 60Si2MnB　50CrVA 60CrMnMoA 30W4Cr2VA
7. 碳素工具钢（GB/T 1298—1986）	
T 8 Mn A A——高级优质钢 Mn——合金元素（Mn）＝0.04%～0.06% 8——以名义千分数表示的碳的质量分数，C＝0.8% T——工具钢	T7　T8 T10　T12 T8MnA　T12A T9A　T13A
8. 不锈钢（GB/T 1220—1992）	
1 Cr 18 Ni 9 9——镍的平均质量分数（%） Ni——镍元素 18——铬元素的平均质量分数（%） Cr——铬元素 1——碳元素 C≤0.15%	1Cr18Ni9　1Cr17 0Cr19Ni9N　1Cr17Mo 1Cr13　3Cr13 Cr17Ni2　8Cr17

表 1-4 铸铁、铸钢牌号表示方法

表示方法	牌号举例
1. 灰铸铁(GB/T 9439—1988)	
HT 100 100—抗拉强度(MPa) HT—灰铸铁代号	HT100 HT150 HT200 HT250 HT300 HT350 HT400
2. 球墨铸铁(GB/T 1348—1988)	
QT 400 - 18 18—断面伸长率(%) 400—抗拉强度(MPa) QT—球铁代号	QT400-18 QT400-15 QT450-10 QT500-7 QT600-3 QT700-2 QT800-2 QT900-2
3. 可锻铸铁(GB/T 9440—1988)	
KTH 300 - 06 06—断面伸长率(%) 300—抗拉强度(MPa) KTH—黑心可锻铸铁代号	KTH300-06 KTH350-10 KTH330-08 KTH370-12
KTB 350 - 04 04—断面伸长率(%) 350—抗拉强度(MPa) KTB—白心可锻铸铁代号	KTB350-04 KTB380-12 KTB400-05 KTB450-07
4. 耐热铸铁(GB/T 9437—1988)	
RT Q Si 4 4—合金元素平均质量分数(%) Si—合金元素符号 Q—球墨铸铁 RT—耐热铸铁代号	RTCr2 RTSi5 RTQSi4 RTQSi4Mo RTQAl5Si5
5. 铸钢(GB/T 5613—1995)	
ZG 200 - 400 400—抗拉强度(MPa) 200—屈服强度(MPa) ZG—铸钢代号	ZG200-400 ZG230-450 ZG310-570 ZG340-640

2）有色金属及合金牌号表示方法

我国有色金属及合金产品牌号表示方法，根据国家标准(GB 340—1976)的规定，采用汉字牌号和汉语拼音字母、国际化学元素符号、阿拉伯数字相结合的牌号同时并用的方法。

(1) 产品牌号以代号或元素符号、成分、顺序号结合产品类别或组别名称表示，见表1-5。

(2) 产品的统称(如铝材、铜材)、类别(如黄铜、青铜)以及产品标记中的品种(如板、管、棒、带、箔)等，均用汉字表示。

(3) 产品的状态、加工方法、特性，采用国标中规定的汉语拼音字母表示，见表1-6。

表1-5　常用金属、合金名称及其汉语拼音字母的代号

名　称	汉字	采用代号	名　称	汉字	采用代号
铜	铜	T	锻　铝	铝锻	LD
铝	铝	L	硬　铝	铝硬	LY
镁	镁	M	超硬铝	铝超	LC
黄　铜	黄	H	特殊铝	铝特	LT
青　铜	青	Q	硬纤焊铝	铝纤	LQ
白　铜	白	B	铸造铝	铝铸	ZL
铸造黄铜	黄铸	ZH	变形镁合金	镁变	MB
铸造青铜	青铸	ZQ	铸造镁合金	镁铸	ZM
防锈铝	铝防	LF			

表1-6　有色金属及合金产品状态名称，产品特性及其汉语拼音字母的代号

名　称	汉　字	采用代号
热轧、热挤	热	R
退火(焖火)	焖(软)	M
淬火	淬	C
淬火后冷轧	淬、硬	CY
淬火(自然时效)	淬、自	CZ

（续 表）

名 称	汉 字	采用代号
淬火（人工时效）	淬、时	CS
冷硬	硬	Y
特硬	特	T
$\frac{3}{4}$硬、$\frac{1}{2}$硬、$\frac{1}{3}$硬、$\frac{1}{4}$硬	硬	Y1、Y2、Y3、Y4
优质表面	优	O
加厚包铝的	加	J
不包铝的	不	B
不包铝（热轧）	不、热	BR
不包铝（退火）	不、焖	BM
不包铝（淬火、冷作硬化）	不、淬、硬	BCY
优质表面（退火）	焖、优	MO
优质表面、淬火、人工时效	淬、时、优	CSO
优质表面、淬火、自然时效	淬、自、优	CZO
淬火、自然时效、冷作硬化、优质表面	淬、自、硬、优	CZYO

（4）有色金属及合金牌号表示方法举例见表1－7。

表1－7 有色金属及加工、铸造产品牌号表示方法举例

产品名称	组 别	汉字牌号	代号举例	备 注
铝及铝合金	工业高纯铝	五号工业高纯铝	L1	GB/T 3190—1996规定用国际四位数字体系来表达铝及铝合金牌号 1×××—纯铝：1A99、1A97 2×××—以铜为主要合金元素的铝合金：2A12、2A14
	工业纯铝	三号工业纯铝	L3	
	防锈铝	二号防锈铝	LF2	
	硬 铝	十二号硬铝	LY12	
	锻 铝	五号锻铝	LD5	
	超硬铝	四号超硬铝	LC4	
	特殊铝	六十六号特殊铝	LT66	

(续 表)

产品名称	组 别	汉字牌号	代号举例	备 注
铸造铝合金	铝硅合金	101号铸铝	ZL101	3×××—以锰为主要合金元素的铝合金：3A21、3005 4×××—以硅为主要合金元素的铝合金：4A11、4A17 5×××—以镁为主要合金元素的铝合金：5A02、5A03 6×××—以镁和硅为主要合金元素的铝合金：6A02、6063 7×××—以锌为主要合金元素的铝合金：7A03、7A04 8×××—以其他合金元素为主要合金元素的铝合金：8A06、8011
	铝铜合金	201号铸铝	ZL201	
	铝镁合金	301号铸铝	ZL301	
	铝锌合金	401号铸铝	ZL401	
纯铜	纯 铜	二号铜	T2	
	无氧铜	一号无氧铜	TU1	
	磷脱氧铜	磷脱氧铜	TP1	
黄铜	普通黄铜	68黄铜	H68	
	铅黄铜	59-1铅黄铜	HPb59-1	
	锡黄铜	90-1锡黄铜	HSn90-1	
	铝黄铜	67-2.5铝黄铜	HAl67-2.5	
	锰黄铜	58-2锰黄铜	HMn58-2	
	铁黄铜	59-1-1铁黄铜	HFe59-1-1	
	镍黄铜	65-5镍黄铜	HNi65-5	
青铜	锡青铜	6.5-0.1锡青铜	QSn6.5-0.1	
	铝青铜	10-3-1.5铝青铜	QAl10-3-1.5	
	铍青铜	2铍青铜	QBo2	
白铜	普通白铜	25白铜	B25	
	锰白铜	43-0.5锰白铜	BMn43-0.5	
	锌白铜	15-20锌白铜	BZn15-20	
铸造黄铜	普通黄铜	62黄铜	ZH62	
	铝黄铜	67-2.5铝黄铜	ZHAl67-2.5	
铸造青铜	锡青铜	5-5-5铝青铜	ZQSn5-5-5	
	铝青铜	9-2铝青铜	ZQAl9-2	

三、金属材料的力学性能

1. 力学性能的含义

金属材料在外力作用下表现出来的抵抗外力作用的特性称为机械性能或力学性能。

金属材料的机械性能包括强度、硬度、弹性、塑性和韧性等。

1）强度

金属材料对外力作用所引起的变形或断裂的抵抗能力称为强度。随着外力作用性质的不同，分别有抗拉强度、抗压强度、抗弯强度等。其中以抗拉强度为工程上最常用的强度指标。

2）硬度

粗浅地说，硬度是表示金属材料的软硬程度。实质上，硬度是反映了材料抵抗变形的能力。一般说来，材料硬度越高，即越不易变形，而且也越耐磨。

3）弹性

金属材料受外力作用时产生变形，当外力去除后，变形即随之消失。材料恢复到原来形状的性能称弹性。这种随外力去除而消失的变形称作弹性变形。

4）塑性

金属材料在外力作用下变形而不致引起破坏，当外力去除后，仍能使其变形保留下来的性能称作塑性。这种在外力去除后能保留下来的永久变形称作塑性变形。

5）韧性

金属材料在外力作用下，断裂前所吸收的能量（即外力对物体所做的功）称作韧性。韧性反映了金属材料抵抗冲击破坏的能力。

2. 常用的力学性能

1）抗拉强度

材料受拉力作用，一直到破断时所能承受的最大应力，称为抗拉强度。用符号 σ_b 表示，单位为 MPa（即 N/mm^2）。

2）抗压强度

材料受压力作用，直到破断时所承受的最大应力，称为抗压强度。用符号 σ_{bc}表示，单位为 MPa。

3）屈服强度

材料受外力作用，载荷增大到某一数值时外力不再增加，而材料继续产生塑性变形的现象，叫做屈服。材料开始产生屈服时的应力，称为屈服强度。用符号 σ_s 表示，单位为 MPa。

4）条件屈服强度

某些高碳钢、高合金钢在外力作用下往往没有明显的屈服现象。此时即人为规定当试样产生 0.2%永久变形量时的应力，称为条件屈服强度。用符号 $\sigma_{0.2}$表示，单位为 MPa。

5）伸长率和断面收缩率

试样受拉断裂后，由于产生了塑性变形，导致试样长度增加，断面缩小。显然在断裂前的变形量愈大，即意味着材料塑性愈好。由于试样的尺寸可以各不相同，为了说明及比较材料的变形程度，应该以单位长度的伸长（相对伸长）和单位面积的收缩（相对收缩）来表示。前者称作**伸长率**，以 δ（%）表示，后者称作断面收缩率，以 ψ（%）表示。

伸长率按下式计算：

$$\delta=\frac{L-L_0}{L_0}\times 100\%$$

式中 L_0——试样原来计算长度（mm）；

L——试样断裂后长度（mm）。

断面收缩率按下式计算：

$$\psi=\frac{F_0-F}{F_0}\times 100\%$$

式中 F_0——试样原来的截面积（mm^2）；

F——试样断裂处的截面积（mm^2）。

伸长率 δ 和断面收缩率 ψ 表示了材料塑性的大小。

6）冲击韧度

材料抵抗冲击作用而不破坏的能力，称为冲击韧度。冲击韧度在评定材料承受大能量冲击时的抗力，具有一定的合理性，故生产上常用以鉴定材质和控制工艺质量。冲击韧度用冲击值（冲击吸收功除以试样缺口底部处横截面积的商）a_k 表示，单位为 J/cm^2。冲击韧度对于有一定形状和尺寸的材料也常直接以冲击吸收功 A_k 来表示，单位为J。

3. 硬度试验

硬度是金属材料表面局部区域内抵抗塑性变形的能力。硬度是热处理工件的主要技术指标，硬度检查是验证热处理工艺和操作技能正确性的重要手段。通常硬度检查时，工件一般不需破坏，而且设备简单，操作方便、迅速，是检验热处理质量最常用的方法。

硬度检测方法很多，常用的有布氏硬度、洛氏硬度、维氏硬度及用标准硬度锉刀来检测工件硬度。

1）布氏硬度

（1）布氏硬度测试的基本原理　布氏硬度是将不同直径 D 的淬火钢球或硬质合金球用压力 P 压入试验工件的表面，根据压痕直径 d 的大小来确定被测工件的硬度，如图1-6所示。

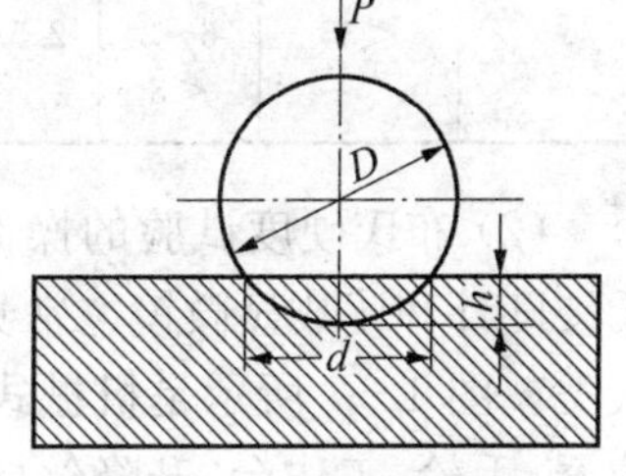

图1-6　布氏硬度试验原理示意图

采用淬火钢球测得的硬度值记为HBS，适用于硬度值低于450 HBS的各种状态（正火、退火、调质等）的钢，铸铁和有色金属。采用硬质合金球测得的硬度值记为HBW，适用于硬度值不超过650 HB的材料。

由于金属材料有软有硬、被测工件有薄有厚、尺寸有大有小，如果只采用一种标准的试验力 P 和压头直径 D，就会出现对某些材料和工件不适应的现象。因此，在进行布氏硬度试验时要求使用不同的试验力和压头直径，建立 P 和 D 的某种选配关系，以保证布氏硬度的不变性。

根据金属材料种类，试样硬度范围和厚度的不同，按表 1-8 的规范选择试验压头（钢球）直径 D、试验力 P 及保持时间。

表 1-8　布氏硬度试验规范

材　料	布氏硬度 HBS	试样厚度 (mm)	$\frac{P}{D^2}$	钢球直径 D(mm)	试验力 P(N)	载荷保持时间 (s)	备　注
钢、铸件	≥140	6～3	30	10	29 420	10	（1）压痕中心距试样边缘距离不应小于压痕平均直径的 2.5 倍 （2）两相邻压痕中心距离不应小于压痕平均直径的 4 倍 （3）试样厚度至少应为压痕深度的 10 倍；试验后，试样支撑面应无可见变形痕迹 （4）压痕直径应满足下列关系 $0.25D<d<0.6D$
		4～2		5	7 355		
		<2		2.5	1 839		
	>140	>6	10	10	9 807	10	
		6～3		5	2 452		
		<3		2.5	613		
有色金属	≥130	6～3	30	10	29 420	30	
		4～2		5	7 355		
		<2		2.5	1 839		
	35～130	>6	10	10	9 807	30	
		6～3		5	2 452		
		<3		2.5	613		
	<35	>6	2.5	10	2 452	60	
		6～3		5	613		
		<3		2.5	153		

（2）布氏硬度试验的操作方法　布氏硬度试验主要设备有布氏硬度计和读数显微镜。常见的布氏硬度计有液压式和机械式两大类。图 1-7 所示是机械式布氏硬度计。它主要由按钮、时间定位器、手轮、工作台、升降丝杠等部件组成。布氏硬度计的加载、卸载试验力均由电动机带动。工件表面的压痕直径由读数显微镜测量，见图 1-8。根据压痕直径查有关表格，即得到布氏硬度值。

布氏硬度操作步骤如下：

① 根据工件的材料、厚度及硬度范围，按表 1-8 规定的要求，选择试验力、钢球直径及确定载荷保持时间。

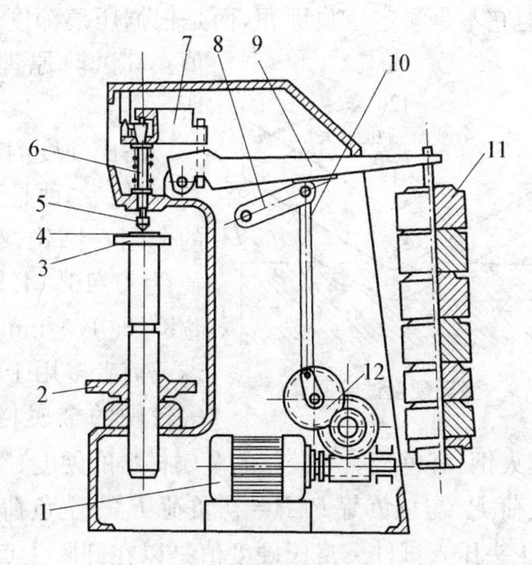

图1-7 布氏硬度计

1—电动机;2—手轮;3—工作台;4—试样;5—压头;6—压轴;7—小杠杆;8—摇杆;9—大杠杆;10—连杆;11—砝码;12—减速器

② 将待测工件放在工作台上,确认工件与工作台面接触良好,稳妥后旋转手轮、上升丝杠,使工件接触压头。

③ 按下载荷按钮,在加荷指示灯燃亮的同时迅速拧紧时间定位器上的压紧螺钉,砝码渐渐下降,压头压入工件,开始加载,待完成保持时间,即自动反向启动,砝码上升复位卸载。

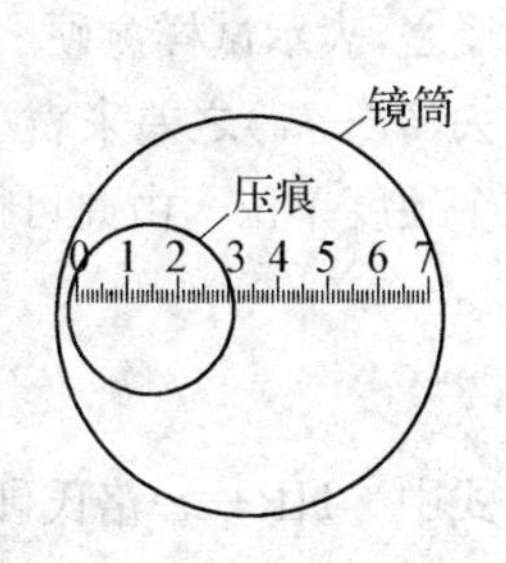

图1-8 测量压痕直径的示意图

④ 旋转手轮,下降工作台,使工件离开压头,取下工件,用读数显微镜测量压痕直径,根据压痕直径大小,查压痕直径与硬度对照表,即得到布氏硬度值。

⑤ 操作完后卸下砝码,关断电源。

2) 洛氏硬度

(1) 洛氏硬度测试的基本原理 洛氏硬度同布氏硬度一样也

属压入法，但它不是测定压痕面积，而是根据压痕深度来确定硬度值。其试验原理如图 1－9 所示。

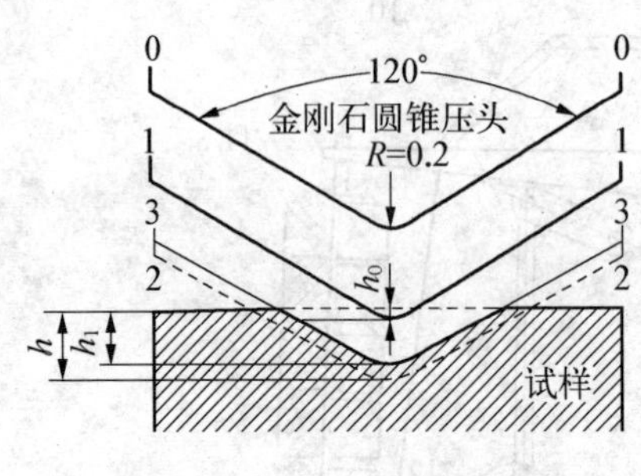

图 1－9　洛氏硬度试验原理

洛氏硬度测试所用压头有两种：一种是顶角为 120°的金刚石圆锥，另一种是直径为 1/16″(1.588 mm) 或 1/8″(3.175 mm)的淬火钢球。前者多用于测定淬火钢等较硬的金属材料硬度；后者多用于退火钢、有色金属等较软的金属材料的硬度。

在初负荷 P_0 与总负荷 P(P＝初负荷 P_0＋主负荷 P_1)的先后作用下，将压头压入试件。洛氏硬度值是以在卸除主负荷 P_1 而保留初负荷 P_0 时，压入试件的深度 h_1 与在初负荷作用下的压入深度 h_0 之差(h_1-h_0)来计算的。(h_1-h_0)的数值愈大，表示试样愈软；反之，表示试样愈硬。这和习惯概念正好相反，故用一个常数 k 减去(h_1-h_0)之差来表示硬度的高低，并规定每压入 0.002 mm 为一个硬度单位。由此可得出洛氏硬度表达式：

$$\mathrm{HR}=\frac{k-(h_1-h_0)}{0.002\ \mathrm{mm}}$$

式中　HR——洛氏硬度值；

h_0——在初负荷 100 N 作用下，压头压入试样的深度(mm)；

h_1——卸除主负荷而保留初负荷时，压头压入试样的深度(mm)；

k——常数。对于钢球压头：0.25 mm，锥体压头：0.2 mm。

洛氏硬度值是一个无名数。可以从硬度计表盘上直接读数，表盘上有 C、B 两种刻度，B 的刻度 30 和 C 的刻度 0 重合。用金刚石压头时读 C 刻度，k 为 0.2 mm；用钢球压头时读 B 刻度，k 为 0.26 mm。

根据金属材料软硬程度不一可选用不同的压头和载荷配合使用，最常用的是HRA、HRB和HRC。这三种洛氏硬度的压头、负荷及使用范围见表1-9。

表1-9 洛氏硬度试验规范

符号	标尺	压头种类	总实验力 F(kN)	硬度测量范围	表盘刻度	使用范围
HRA	A	120°金刚石圆锥体	0.588 4	>70	黑色	硬质合金、钢件表面淬火层、渗碳层
HRB	B	1.588 mm $\left(\frac{1}{16}''\right)$钢球	0.980 7	25～100	红色	有色金属、退火及正火钢件
HRC	C	120°金刚石圆锥体	1.471 1	20～67	黑色	调质钢、淬火工具钢、淬火、回火处理的钢件

各标尺均有一定的测量范围，应根据标准规定正确使用。如硬度高于100 HRB，应采用C标尺进行试验。同样，如硬度低于20 HRC，应换B标尺试验。因为超出规定测量范围，硬度计的精确度和灵敏度均较差。

以上三种洛氏硬度，以HRC应用最多，一般经淬火处理的钢或工具都用它。

洛氏硬度HRC与布氏硬度HBS之间关系约为1∶10，如40 HRC大约相当于400 HBS左右。

(2) 洛氏硬度试验的操作　生产中常用的HR-150洛氏硬度计，其结构见图1-10。硬度计主要由机身、手轮、转盘、压头、砝码和指示器表盘等部件组成，机内有试验力的施加机构，由砝码和杠杆组成。试验力大小的改变是采用机械形式变换砝码，并有缓冲器，使加载匀缓，稳定。洛氏硬度值直接由硬度指示盘中读出。操作简便，测试效率高。

洛氏硬度操作步骤如下：

① 准备工作：工件测试面需精细制备，表面粗糙度 Ra 不大于1.2 μm，上下两面必须平行。

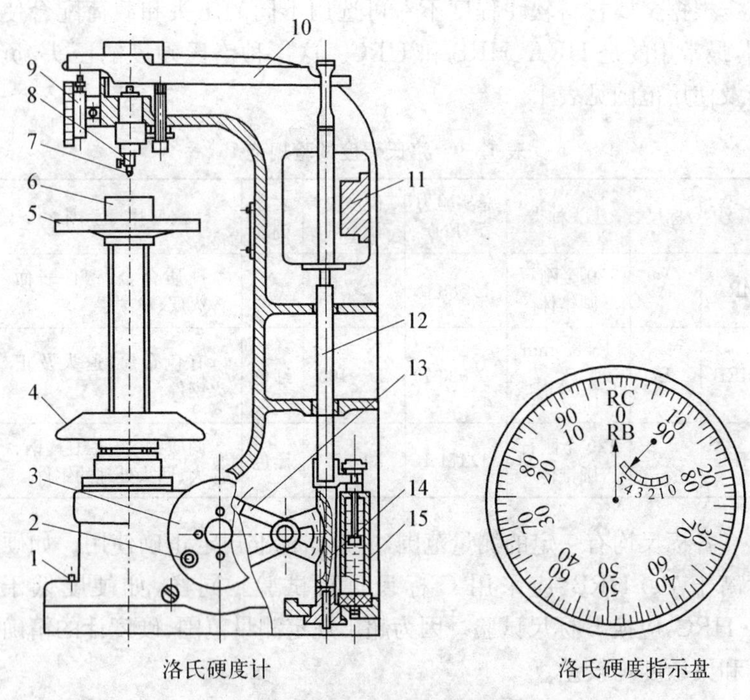

洛氏硬度计　　　　洛氏硬度指示盘

图 1－10　HR－150 洛氏硬度计

1—按钮；2—手柄；3—转盘；4—手轮；5—工作台；6—试样；7—压头；8—压轴；9—指示器表盘；10—杠杆；11—砝码；12—顶杆；13—扇齿轮；14—齿条；15—缓冲器

② 根据工件形状和大小选择适当的工作台，如圆柱形工件需选用 V 形工作台。测量时，工件表面或曲面最高部位必须与压头垂直。

③ 根据所测工件的硬度要求，选择压头和试验力。

(3) 操作方法

① 将工件放在工作台上，检查工件与台面是否接触良好、稳妥。硬度测试时压痕之间，与试件边缘之间的距离，不得小于 3 mm。

② 旋转手轮，丝杠上升，并观察表盘内小针指示至红点，表示已预加试验力 10 kgf(98 N)。

③ 推动手柄，机内加载机构砝码及杠杆动作，使表盘指针转动，待指针停止转动后，拉回手柄，指针反向旋转并停止，此时指针示值即是洛氏硬度值。

④ 表盘中分别有 HRA、HRB、HRC 三种示值。HRC、HRA 读黑色 C 标尺，HRB 读红色 B 标尺。

⑤ 在更换工作台或压头后，所测得的第一点数据不予计算，每件至少测定三点，取其平均值。

3）表面洛氏硬度

表面洛氏可用来测定极薄材料和工件经化学热处理的表面硬度，其原理和普通洛氏硬度测试法基本一致。所不同的是表面洛氏硬度试验，初载荷仅为 30 N，总载荷分别为 150 N、300 N、450 N；所用表盘只有一种，分度为 100 格，而每一格只相当于压头压入试样 0.001 mm，其载荷、压头与相应的标尺符号见表 1-10。

表 1-10　各种表面洛氏硬度标尺符号及相应试验条件

总载荷(N)	120°金刚石圆锥体压头(N)	1.588 mm$\left(\frac{1}{16}''\right)$钢球压头(T)
	HR 标尺符号	
150	15 N(68～92)	15 T(70～92)
300	30 N(39～83)	30 T(35～82)
450	45 N(17～72)	45 T(1～72)

表面洛氏其表示方法是在 HR 后面加上标尺符号，然后写出所测得的硬度值。如 $HRN_{30} \geqslant 68$，$HRT_{30} \geqslant 70$ 等。15 N、30 N 标尺和 15 T、30 T 标尺是分别试验较硬及较软的表面硬化层和板材时常用的标尺。

表面洛氏试验的技术要求与洛氏硬度试验法相同。

4）维氏硬度

维氏硬度与布氏硬度的试验原理一样，也是根据压痕面积上单位应力作为硬度值的计量，所不同的是维氏硬度的压头不是钢球，而是顶角为 136°的金刚石正四棱锥体，见图 1-11。

测试时，在一定的载荷 P 作用下压入试件表面，在试样表面压出一个四方锥形的压痕。测量压痕两对角线的平均长度 d，借以计算压痕的表面积 S，以 P/S 的比值作为其维氏硬度值，并以 HV 表示。

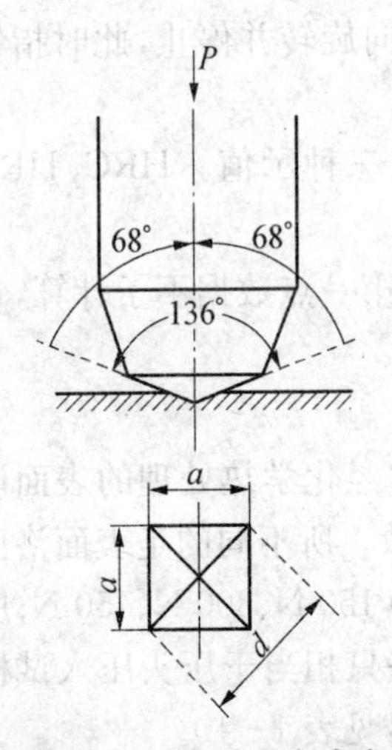

图 1－11　维氏硬度试验原理示意图

$$HV=0.18544\frac{P}{d^2}(MPa)$$

式中　P——试验载荷(N)；

d——压痕对角线长度的算术平均值(mm)。

生产中，可直接从硬度计上测出其对角线平均长度 d，然后查表得出相应的维氏硬度值。维氏硬度值的单位一般省略不写。

维氏硬度试验采用金刚石压头，不存在如布氏压头那样的钢球变形问题，而且压痕轮廓清晰，压痕对角线的测量精度又较高，因此在读数上要比布氏硬度精确些。就其测试范围而言，也要比布氏硬度测试的广，并且在一定的硬度范围内(小于 400 HV)能和布氏硬度取得一致。再者，与洛氏硬度测试相比，它的压痕对角线长度大于压痕深度，测量压痕对角线受试样、载样台等的接触间隙影响甚小，即误差因素较少，因此维氏硬度值比洛氏硬度值更稳定而精确。

鉴于维氏硬度试验具有上述特点，所以它适用于软金属、硬金属及硬质合金，而特别适用于试验面很小的、硬度极高的金属、试样和工件，以及经过渗碳、渗氮、镀层等表面层的硬度试验。

维氏硬度试验要求试样表面粗糙度小于 Ra 0.2 mm，试样厚度大于压痕深度 10 倍，压痕间距或压痕与试样边缘之间的距离大于压痕对角线长度 d 的 2.5 倍(黑色金属)或 5 倍(有色金属)。一般试验力可用 10～1 000 N。10 N 试验力特别适用于测量热处理表面层(如渗碳层和渗氮层)的硬度。当试验力小于 1.961 N 时，压痕非常小，可用于测量金相组织中不同相的硬度，测得的结果称为显微硬度，用符号 HM 表示。

进行维氏硬度试验时，应根据试样预计的硬度值和试样厚度，按表 1－11 来选用合理的试验力（载荷）。

表 1－11 维氏硬度试验时推荐的试验力（载荷）

厚度 (mm)	试验力（载荷）P(N)			
	20～50 HV	50～100 HV	100～300 HV	300～900 HV
1.0～2.0	49.03～98.07	49.03～98.07	98.07～196.13	
2.0～4.0	98.07～196.13	196.13～294.20	196.13～490.33	196.13～588.40
＞4.0	＞196.13	＞294.20	≥490.33	

三种常用硬度与强度之间的换算关系见表 1－12 和表 1－13。

表 1－12 洛氏硬度 HRC 与其他硬度及强度换算表

洛氏硬度		布氏硬度 HBS	维氏硬度 HV	强度（近似值）σ_b (MPa)	洛氏硬度		布氏硬度 HBS	维氏硬度 HV	强度（近似值）σ_b (MPa)
HRC	HRA				HRC	HRA			
65	(83.6)	—	798	—	48	(74.8)	457	475	1 635
64	(83.1)	—	774	—	47	(74.2)	445	461	1 530
63	(82.6)	—	751	—	46	(73.7)	433	448	1 530
62	(82.1)	—	730	—	45	(73.2)	422	435	1 480
61	(81.5)	—	708	—	44	(72.7)	411	423	1 440
60	(81.0)	—	687	2 675	43	(72.2)	400	411	1 390
59	(80.5)	—	666	2 555	42	(71.7)	390	400	1 350
58	(80.0)	—	645	2 435	41	(71.1)	379	389	1 310
57	(79.5)	—	625	2 315	40	(70.6)	369	378	1 275
56	(78.9)	—	605	2 210	39	(70.1)	359	368	1 235
55	(78.4)	538	587	2 115	38	(69.6)	349	358	1 200
54	(77.9)	526	659	2 030	37	(69.0)	340	348	1 170
53	(77.4)	515	551	1 945	36	(68.5)	331	339	1 140
52	(76.9)	503	535	1 875	35	(68.0)	322	329	1 115
51	(76.3)	492	520	1 805	34	(67.5)	314	321	1 085
50	(75.8)	480	504	1 745	33	(67.0)	306	312	1 060
49	(75.3)	469	489	1 685	32	(66.4)	298	304	1 030

(续　表)

洛氏硬度		布氏硬度 HBS	维氏硬度 HV	强度(近似值) σ_b (MPa)	洛氏硬度		布氏硬度 HBS	维氏硬度 HV	强度(近似值) σ_b (MPa)
HRC	HRA				HRC	HRA			
31	(65.9)	291	296	1 005	(19)	(59.7)	221	218	755
30	(65.4)	284	289	985	(18)	(59.1)	216	213	740
29	(64.9)	277	281	960	(17)	(58.6)	212	208	725
28	(64.4)	270	274	935	(16)	(58.1)	208	203	710
27	(63.8)	263	267	915	(15)	(57.6)	204	198	690
26	(63.3)	257	260	895	(14)	(57.1)	200	193	675
25	(62.8)	251	254	875	(13)	(56.5)	196	189	660
24	(62.3)	246	247	845	(12)	(56.0)	192	184	645
23	(61.7)	240	241	825	(11)	(55.5)	188	180	625
22	(61.2)	235	235	805	(10)	(55.0)	185	176	615
21	(60.7)	230	229	790	(9)	(54.5)	181	172	600
20	(60.2)	225	224	770	(8)	(53.9)	177	168	590

表 1-13　洛氏硬度 HRB 与其他硬度及强度换算表

洛氏硬度		布氏硬度 HBS	维氏硬度 HV	强度(近似值) σ_b (MPa)	洛氏硬度		布氏硬度 HBS	维氏硬度 HV	强度(近似值) σ_b (MPa)
HRB	HRA				HRB	HRA			
100	(61.3)	(225)	237	805	86	(52.4)	(151)	165	575
99	(60.7)	(216)	230	785	85	(51.8)	(148)	161	565
98	(60.0)	(207)	222	765	84	(51.2)	(145)	158	550
97	(59.3)	(199)	216	745	83	(50.6)	(142)	155	540
96	(58.7)	(193)	209	725	82	(50.0)	(140)	152	530
95	(58.1)	(187)	203	710	81	(49.4)	137	149	520
94	(57.4)	(181)	198	690	80	(48.9)	135	147	510
93	(56.8)	(176)	193	675	79	(48.3)	132	144	500
92	(56.1)	(172)	188	660	78	(47.8)	130	141	490
91	(55.5)	(168)	184	645	77	(47.2)	128	139	480
90	(54.9)	(164)	179	630	76	(46.7)	126	137	475
89	(54.2)	(160)	176	615	75	(46.1)	124	134	465
88	(53.6)	(157)	172	600	74	(45.6)	122	132	460
87	(53.0)	(154)	168	590	73	(45.1)	120	130	450

(续 表)

洛氏硬度		布氏硬度 HBS	维氏硬度 HV	强度(近似值) σ_b (MPa)	洛氏硬度		布氏硬度 HBS	维氏硬度 HV	强度(近似值) σ_b (MPa)
HRB	HRA				HRB	HRA			
72	(44.5)	118	128	445	65	(41.1)	107	114	400
71	(44.0)	117	126	435	64	(40.6)	105	112	400
70	(43.5)	115	123	430	63	(40.1)	104	110	395
69	(43.0)	113	121	425	62	(39.6)	102	108	390
68	(42.5)	111	121	420	61	(39.2)	100	107	385
67	(42.0)	110	118	410	60	(38.7)	99	105	380
66	(41.5)	108	116	405					

5) 锤击式布氏硬度试验

锤击式布氏硬度试验是用锤击的方法将一钢球同时压入已知硬度的标准试杆(简称标准杆)和试样的表面。由于所施加的锤击负荷相等,所以,锤击式布氏硬度(简称锤击硬度)值可用试样上的压痕直径与标准杆上的压痕直径共同来确定。为了保证试验结果的准确性,标准杆材料应力求与试样材料相同,而且硬度值应接近。

图 1-12 为锤击式布氏硬度计的结构原理图。试验时,首先将硬度与试样预期硬度相接近的标准杆放入仪器内(如图所示),然后将钢球抵住试样的表面,在仪器与试样表面垂直时,用手锤有力打击杆顶端一次。这样,锤击负荷通过锤击杆作用于标准杆上,同时传送给钢球和试样。于是在标准杆及试样上同时产生钢球压痕。然后测量两个压痕直径,根据标准杆的硬度和两压痕的数值便可从表 1-14 中查

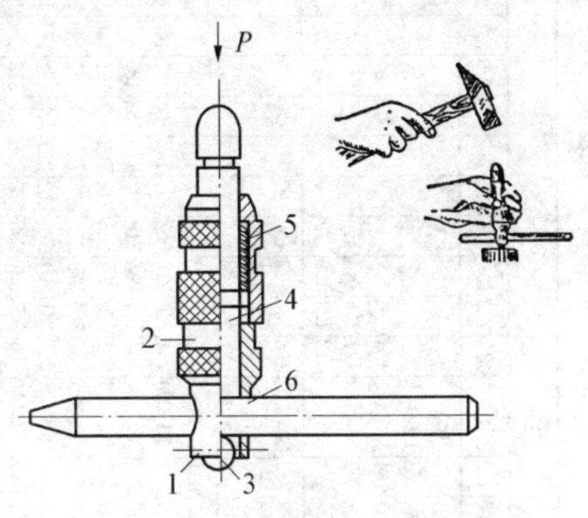

图 1-12 锤击式布氏硬度计构造及使用示意图

1—球帽 2—握持器 3—钢球 4—撞销 5—弹簧 6—标准试杆

表 1－14　锤击式布氏硬度计硬度值换算表

（mm）

标准试杆压痕直径	试件压痕直径																																							
	1.6	1.7	1.8	1.9	2.0	2.1	2.2	2.3	2.4	2.5	2.6	2.7	2.8	2.9	3.0	3.1	3.2	3.3	3.4	3.5	3.6	3.7	3.8	3.9	4.0	4.1	4.2	4.3	4.4	4.5	4.6	4.7	4.8	4.9	5.0	5.1	5.2	5.3	5.4	5.5
1.6	202	160	131	111	97																																			
1.7	229	202	164	134	115	99																																		
1.8	257	229	202	164	139	121	105																																	
1.9	292	255	227	202	164	139	121	105																																
2.0	321	283	252	224	202	166	142	123	109	97																														
2.1	361	307	279	250	224	202	166	142	126	109	97																													
2.2	401	348	307	276	247	224	202	166	145	129	115	101																												
2.3	450	391	340	301	270	244	221	202	170	148	131	115	105																											
2.4	509	429	375	331	295	267	240	221	202	170	148	131	118	107																										
2.5	578	479	412	364	321	290	264	240	218	202	174	152	134	121	107	97																								
2.6		505	456	398	352	315	287	261	238	218	202	174	152	136	123	109	99																							
2.7		605	509	435	388	343	304	279	255	235	218	202	177	154	136	123	111	101																						
2.8			571	484	420	375	334	304	279	255	235	218	202	177	154	139	126	115	105	97																				
2.9				540	461	406	364	331	301	276	252	235	218	202	177	157	142	129	118	107	97																			
3.0				596	512	441	396	355	321	295	270	250	232	218	202	177	157	142	129	118	107	99																		
3.1					566	488	426	386	345	315	292	270	250	232	215	202	177	157	142	131	121	109	101																	
3.2						537	467	415	375	340	310	287	267	250	232	215	202	177	160	145	131	121	109	101	97															
3.3						590	509	447	403	366	334	307	283	264	247	229	215	202	177	160	145	134	123	111	105	97														
3.4							564	488	432	394	358	328	301	282	261	244	229	215	202	181	160	148	136	126	115	107	99													
3.5							605	534	470	420	382	352	321	299	279	261	244	229	215	202	181	164	148	136	126	118	109	101												
3.6								580	508	452	406	376	345	319	295	277	256	240	226	214	202	182	164	148	136	129	118	109	101	97										
3.7									558	490	438	401	368	339	313	293	273	254	240	226	212	202	182	164	152	139	129	121	111	105	97									
3.8									602	533	472	426	392	362	333	307	291	273	254	240	226	212	202	182	164	152	139	129	121	111	105	99								
3.9										576	510	458	414	386	356	327	303	287	271	252	238	224	212	202	182	164	152	139	131	123	115	107	99							
4.0											558	492	444	406	376	346	321	301	283	266	252	238	224	212	202	186	166	154	141	131	123	115	107	101	97					
4.1											596	530	474	429	398	366	340	319	299	282	264	250	234	224	212	202	186	166	154	141	133	125	117	109	101	97				
4.2												573	509	461	420	391	361	334	313	295	279	264	250	234	224	212	202	186	166	154	141	133	125	117	109	105	99			
4.3													549	492	446	412	382	357	331	309	293	277	260	246	234	224	212	202	186	166	154	141	133	125	117	111	107	101	97	
4.4														527	476	432	400	376	352	327	307	291	277	256	246	234	224	212	202	186	166	154	145	135	129	121	111	107	101	97

得

所测的硬度值。

锤击式布氏硬度试验，其试验结果误差较大，试验误差达7%～10%，但这种硬度计具有携带方便、操作简单、测试迅速等优点；又因能免除截取试样的困难，所以对于大型锻件、铸件、机床床面、导轨和轧辊等大件的硬度测试仍有实用价值。

6）锉刀检查工件硬度

（1）锉刀检查工件的原理　锉刀检验工件硬度法是利用锉刀的齿来锉划工件表面，根据锉痕大小和深浅来判断被检工件表面的硬度。

（2）锉刀的选择　检验硬度的锉刀应选用150 mm或200 mm双纹扁锉，或ϕ4.3 mm×175 mm圆锉。每25 mm长度内应有50～66齿。

锉刀是用T12钢，经淬火、回火后制成。且经标准硬度块标定其硬度范围。在使用中应经常用标准硬度块进行校对。

标准锉刀的硬度级别和标准试块的级别都应符合国标《钢铁硬度锉刀检验方法》，见表1-15和表1-16。

表1-15　标准锉刀硬度级别

标准锉刀柄颜色	标准锉刀硬度级别	相应洛氏硬度范围 HRC
黑　色	锉刀硬—65	65～67
蓝　色	锉刀硬—62	61～63
绿　色	锉刀硬—58	57～59
草绿色	锉刀硬—55	54～56
黄　色	锉刀硬—50	49～51
红　色	锉刀硬—45	44～46
白　色	锉刀硬—40	39～41

表1-16　标准试块硬度级别

标准试块级别	标准锉刀级别	洛氏硬度范围 HRC
No. 1	锉刀硬—65	64～66
No. 2	锉刀硬—62	60～62

（续　表）

标准试块级别	标准锉刀级别	洛氏硬度范围 HRC
No. 3	锉刀硬—58	56～58
No. 4	锉刀硬—55	53～55
No. 5	锉刀硬—50	48～50
No. 6	锉刀硬—45	43～45
No. 7	锉刀硬—40	38～40

(3) 操作方法　用锉刀检查硬度时，一般是左手拿工件，把工件搁置在工作台边，右手拿锉刀，用一定的压力在工件上往返锉动，根据工件上的锉痕深浅和手感凭经验来确定工件的硬度。其操作见图 1-13。

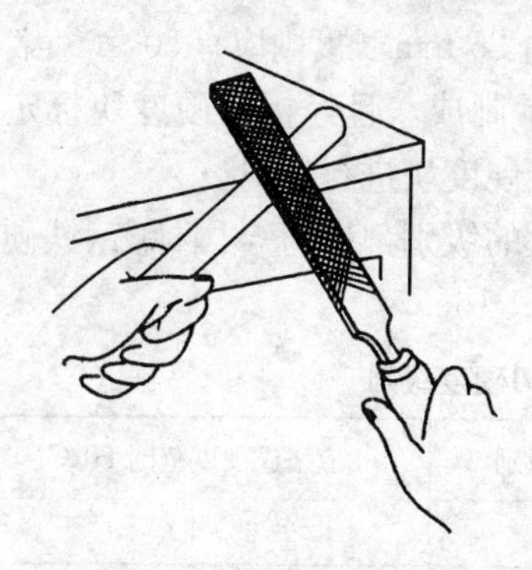

图 1-13　锉刀检查工件硬度

锉刀检查硬度通常有以下两种方法：

① 当不知道被测工件的硬度时，可先用一把已知硬度为 60 HRC 的标准锉刀试锉，工件能被锉动，再用一把 55 HRC 的标准锉刀接着锉，如工件未能被锉动，锉刀在工件上打滑，此时可再用一把 58 HRC 的标准锉刀来锉，锉刀稍微锉动划出道痕，此时可判定工件的硬度就是 58 HRC。

② 当已知工件的热处理状况时，可初步判断工件的大致硬度范围，准备几把淬硬锉刀和几块标准硬度块，先用锉刀锉动工件，并按手感和工件上的锉痕初步锉动测出硬度值，并用同一把锉刀再去锉已知硬度的标准试块，可比较二者的锉痕以及手感来确定被测工件的硬度。这种方法在工厂里被普遍使用。

(4) 操作注意事项

① 锉刀锉动工件的部位不能影响工件的精加工尺寸。锉检硬度时应将锉刀放平稳，用力均衡。

② 锉刀锉检工件所加的压力应与加在标准硬度块上的压力相同，否则将会影响检测的精度。

③ 锉刀锉检时，锉刀和工件都不得有油腻，因为油腻会使锉刀打滑，减低锉刀刻划能力。

④ 锉刀使用过程中应经常用标准硬度块校验，并保持锉刀齿部锋利的一致性，以确保检验硬度的准确性。

四、热处理基本原理

1. Fe－Fe_3C 状态图

1）状态图分析

钢和铸铁都是以铁和碳两种元素为主所组成的合金。因此，要掌握各种钢和铸铁的组织、性能特点及其热处理原理，首先必须了解铁碳二元合金中成分、组织与性能间的关系。

铁碳合金状态图，如图 1－14 所示是用实验方法作出的温度-

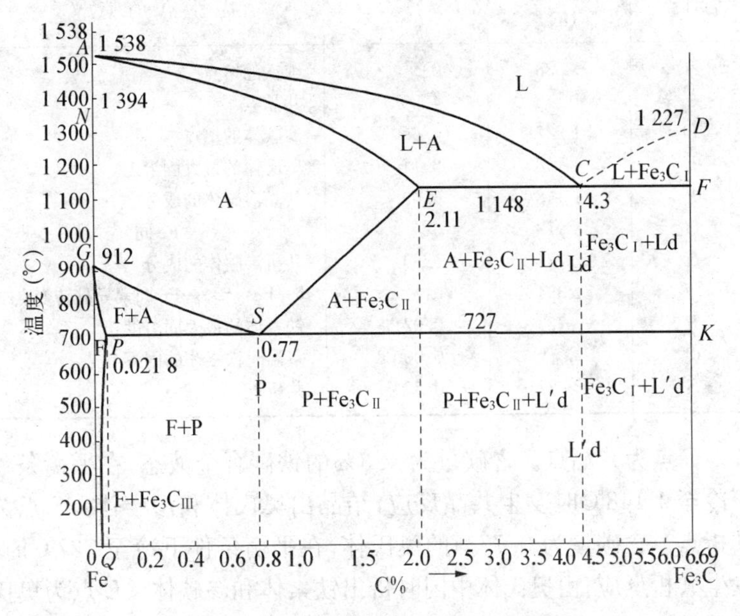

图 1－14 简化的 Fe－Fe_3C 状态图

成分坐标图。图中横坐标仅标出含碳量小于6.67%的合金部分，因为含碳量大于6.67%的铁碳合金，在工业上没有实用价格，当含碳量为6.67%时，铁和碳形成的Fe_3C，可以看作是合金的一个组元。因此，这个状态图实际上是简化了的$Fe-Fe_3C$的状态图，是研究钢和铁的成分，温度和组织结构之间关系的重要工具。

在铁碳合金中，碳是决定其组织和性能的最主要元素。由于含碳量和温度的变化，可以使铁碳合金具有不同的组织结构，从而具有不同的性能。铁碳合金状态图就是表示这种相连关系的图解形式。由图可以确定在一定含碳量和温度下铁碳合金的组织状态。

(1) $Fe-Fe_3C$状态图中的特性点

$Fe-Fe_3C$状态图中各特性点的符号、成分、温度及其含义见表1-17。

表1-17　$Fe-Fe_3C$相图各主要特性点

特性点	温　度 (℃)	含碳量 (%)	特 性 点 的 意 义
A	1 538	0	纯铁的熔点
C	1 148	4.30	共晶点
D	1 227	6.69	渗碳体的熔点
E	1 148	2.11	奥氏体的最大固溶度
F	1 148	6.69	共晶渗碳体的成分
G	912	0	γ—Fe$\rightleftharpoons$$\alpha$—Fe同素异晶转变点
K	727	6.69	共析渗碳体的成分
N	1 394	0	δ—Fe$\rightleftharpoons$$\gamma$—Fe同素异晶转变点
P	727	0.021 8	铁素体的最大固溶度
Q	室温	0.000 8	室温时铁素体的固溶度
S	727	0.77	共析点

*C*点为共晶点。含碳量为4.3%的铁碳合金液态，在平衡条件下冷至1 148℃时发生共晶反应，结晶出奥氏体和渗碳体。*S*点为共析点。含碳量为0.77%的奥氏体，在平衡条件下冷至727℃时，发生共析反应，由奥氏体中冈时析出铁素体和渗碳体。*E*点为奥氏体的最大固溶度点，在一定的温度条件下，奥氏体中溶解碳的数量

有一最大值，即为该温度下的固溶度。温度升高其固溶度也随之增大，在1 148℃时，其溶解碳量最多，为2.11%。

*P*点为铁素体在727℃时的最大固溶度，其含碳量为0.021 8%。

(2) $Fe-Fe_3C$状态图中的特性线

二元状态图中的线条都是一些具有共同特征的点的连线。

*ACD*为液相线，是我们所研究的成分范围内所有铁碳合金在平衡冷却条件下的结晶起始温度连线。

*AECF*为固相线，是平衡冷却条件下铁碳合金的结晶终了温度连线。

在*ACD*液相线以上为均一的液相，*AECF*固相线以下，合金都是固相，而这两条线之间为固、液两相混合区。

其中，水平线*ECF*(1 148℃)为共晶反应线，含碳量为2.11～6.69%的铁碳合金，在平衡冷却过程中，均在该温度下发生共晶反应。

水平线*PSK*(727℃)为共析反应线，含碳0.021 8～6.69%的铁碳合金，在平衡冷却过程中，均在该温度下发生共析反应。通常称该线为A_1线。

*GS*线是平衡冷却时从奥氏体中开始析出铁素体的析出线，通常称为A_3线。

*ES*线是奥氏体的固溶度变化曲线，通称为A_{cm}线。该线反映出奥氏体的固溶度从其最大值*E*点(1 148℃，含碳量2.11%)随温度降低而逐渐减小，直到*S*点(727℃，含碳量0.77%)。因此含碳量超过0.77%的铁碳合金自1 148℃冷至727℃的过程中都有可能从奥氏体中析出渗碳体，所以*ES*线又是奥氏体中开始析出渗碳体的析出线。

*PQ*线是铁素体的固溶度变化曲线。该线表示铁素体的固溶度从其最大值*P*点(727℃，含碳量0.021 8%)随温度下降而没该线变化到*Q*点(室温，含碳量0.000 8%)，因此含碳量超过0.000 8%的铁碳合金自727℃冷至室温的过程中，将从铁素体中析出渗碳体。

从上面分析可以看出，渗碳体可以有三个来源：从液态直接结晶出、从奥氏体中析出和从铁素体中析出。这三种来源不同的渗碳体在显微组织中的数量、形态、分布是不同的。为了区别，往往把液态中结晶的渗碳体称为一次渗碳体，用 Fe_3C_{I} 表示；从奥氏体中析出的称为二次渗碳体，用 Fe_3C_{II} 表示；从铁素体中析出的称为三次渗碳体，用 Fe_3C_{III} 表示。除了少数含碳量很低的冲压用钢材，由于 Fe_3C_{III} 的析出对冲压性能影响较大，必须予以考虑外，对于绝大多数铁碳合金由于 Fe_3C_{III} 数量极少往往可以忽略。在下面分析典型铁碳合金平衡结晶冷却过程中，一般不考虑这一析出过程。

GP 线是含碳量小于 0.021 8%的铁碳合金的奥氏体平衡冷却时完全转变成铁素体的终了温度线。

2）铁碳合金的分类

$Fe-Fe_3C$ 状态图中各种不同成分的铁碳合金，可根据其组织和性能的特点以及在状态图中的位置，区分为工业纯铁、钢和白口铁三大类。

(1) 工业纯铁　成分在 *P* 点左面，含碳量小于 0.021 8%的铁碳合金。

(2) 钢　成分在 *P* 点与 *E* 点之间，含碳 0.021 8%～2.11%的铁碳合金根据其室温组织特点，又可以 *S* 点为界分为三类：共析钢(含碳量 0.77%)、亚共析钢(含碳量 0.021 8%～0.77%)和过共析钢(含碳量 0.77%～2.11%)。

(3) 白口铁　成分在 *E* 点至 *F* 点之间，含碳量 2.11%～6.69%的铁碳合金，白口铁组织与钢组织间的根本区别是前者组织中有莱氏体，后者则没有。根据白口铁室温组织的特点，也可以 *C* 点为界分为三类：共晶白口铁(含碳量 4.30%)、亚共晶白口铁(含碳量 2.11%～4.3%)和过共晶白口铁(含碳量 4.3%～6.69%)。

3）铁碳合金的基本组织

(1) 铁素体　用代号 α 或 F 表示，是碳溶入铁(910℃以下)中形成的固溶体，含碳量极低，最大含碳量约为 0.02%(723°时)，铁素体的性能与纯铁相似，软且塑性高，HBS 为 80～100，δ 为 30%～50%，具有体心立方晶格结构。

(2) 奥氏体　用代号γ或A表示，是碳溶入铁(910～1 394℃)中形成的固溶体，其含碳量在0～2.11%之间，具有良好的塑性，钢在锻造或热处理加热时，一般都要得到这种高温组织，其强度、硬度比铁素体高，HBS为170～220，δ为40%～50%，奥氏体呈面心立方晶格结构。

(3) 渗碳体　用代号Fe_3C表示，是铁和碳形成的金属化合物，分子式为Fe_3C，其含碳量为6.69%，渗碳体具有极高的硬度，而塑性和韧性几乎为零的硬脆组织，HBS≥800，δ≈0。渗碳体具有复杂的斜方正交晶格结构。

(4) 珠光体　用代号P表示，是由铁素体和渗碳体组成的机械混合物，珠光体的平均含碳量约为0.8%，其力学性能介于铁素体和渗碳体之间，具有较高的强度和一定的塑性，HBS：片状珠光体的为200～280，球状珠光体的为160～190，δ：片状珠光体的为10～20，球状珠光体的为20～25。

(5) 莱氏体　室温下是由珠光体和渗碳体组成的机械混合物，其平均含碳量为4.3%。用代号"L′d"表示。在727℃高温以上由奥氏体和渗碳体组成的机械混合物，称为高温莱氏体，用代号"Ld"表示。由于组织中是以渗碳体为主，故莱氏体的性能与渗碳体相似，硬度很高，且塑性极差，莱氏体是铸铁的基本组织。

2. Fe－Fe_3C状态图应用

1) 选择材料

Fe－Fe_3C状态图可以使我们了解铁碳合金组织随成分变化的规律并推断合金性能的变化规律，这样便能根据工件的性能要求来选择材料。

若需要塑性和韧性高的材料，应选用低碳钢(C<0.25%)；需要强度、塑性和韧性都较好的材料；应选用中碳钢(C＝0.25%～0.60%)；需要硬度高和耐磨性好的材料，应选高碳钢(C＝0.6%～1.4%)。一般，低碳钢和中碳钢主要用来制造机器零件或建筑结构，高碳钢用来制造各种工具。白口铸铁可用作需要耐磨但不受冲击载荷的工件。

2）制定热处理工艺

$Fe-Fe_3C$ 状态图总结了不同成分的铁碳合金在缓慢加热和冷却时组织转变的规律，即组织随温度变化的规律，这就为制定热加工工艺提供了依据。$Fe-Fe_3C$ 状态图与热加工温度之间的关系见图 1-15。

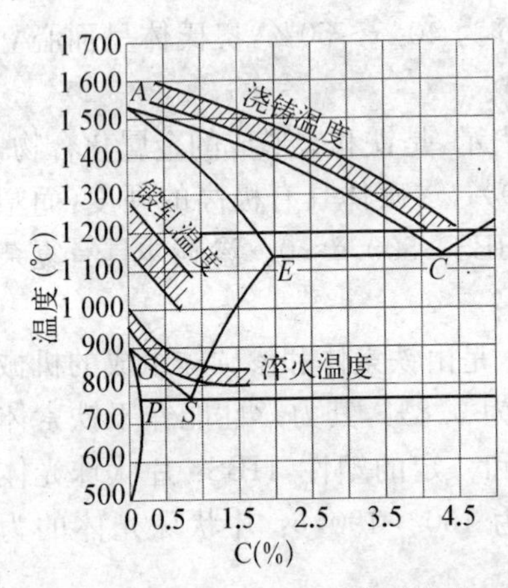

图 1-15　$Fe-Fe_3C$ 状态图与热加工温度之间的关系

3. 钢在加热时的组织转变

1）奥氏体的形成

把钢加热到临界点 A_1 以上的温度，珠光体（共析钢室温组织）转变为奥氏体。奥氏体的形成是通过晶核及其长大来实现的，奥氏体的形成分为四个阶段，见表 1-18。

表 1-18　奥氏体形成四个阶段

顺序	名称	转变方式
第一阶段	奥氏体晶核的形成	晶核首先在铁素体与渗碳体的相界面处形成，借助于原子的扩散，晶核逐渐长大
第二阶段	奥氏体晶核长大	晶核生成后，便形成两个新的相界面，一个是奥氏体与铁素体的相界面，另一个是奥氏体与渗碳体的相界面。奥氏体晶核的长大过程就是这两个相界面同时分别往铁素体和渗碳体方向推移的过程
第三阶段	残余渗碳体溶解	延长保温时间或继续升高温度时，残余渗碳体将通过铁、碳原子的扩散和渗碳体向奥氏体的晶格改组，逐渐溶入奥氏体中，直到全部消失为止
第四阶段	奥氏体成分均匀化	原始组织为铁素体区域，含碳量低，原始组织为渗碳体区域，含碳量高，通过保温，原子充分扩散，使奥氏体成分均匀化

2）奥氏体的晶粒度

晶粒度是表示晶粒大小的尺度。如果不作特别说明，晶粒度一般是指钢经奥氏体化后的奥氏体实际晶粒大小。

奥氏体晶粒度可分为起始晶粒度、实际晶粒度和本质晶粒度三种，详见表1-19。

表1-19 奥氏体的晶粒度

名称	定义
起始晶粒度	钢加热到临界温度以上，奥氏体转变刚结束时的晶粒大小
实际晶粒度	钢在某一具体加热条件下，所得到的奥氏体晶粒大小。实际晶粒度基本上决定了钢在室温下的晶粒大小
本质晶粒度	本质晶粒度是指在特定试验条件下(930±10℃)，保温3～8 h，然后以适当的方法冷却，用100倍金相显微镜在室温下测量原奥氏体晶粒尺寸并评级

钢中奥氏体晶粒分为8级，1级最粗，8级最细。晶粒度级别N与晶粒大小之间的关系为：

$$n = 2^{N-1}$$

式中 n——放大100倍时，每平方英寸(6.45 cm^2)视野中的平均晶粒数；

N——晶粒度等级。

由上式可知，晶粒度级别愈大，单位面积内的晶粒数目愈多，即晶粒愈细。奥氏体晶粒度通常采用与晶粒度标准级别图片相比较而评定。

测定本质晶粒度时，晶粒度为1～4级者称为本质粗晶粒钢；晶粒度为5～8级者，称为本质细晶粒钢。

3) 奥氏体晶粒大小对钢性能的影响

奥氏体晶粒大小是衡量热处理加热工艺是否适当的重要指标之一。奥氏体虽然是一种高温相，但它直接影响钢在室温时的组织和性能。表1-20列出了奥氏体晶粒大小对钢性能的影响，由此可知，奥氏体晶粒越细，则钢的屈服强度、冲击韧度越高。因此，一般情况下都希望获得细小奥氏体晶粒。

表 1-20 奥氏体晶粒度对钢性能的影响

钢的性能	奥氏体晶粒大小	
	粗晶粒	细晶粒
韧性 低温韧性(缺口韧性) 屈服强度 疲劳强度 蠕变强度(在某一温度上)	差 差 低 低 高	好 好 高 高 低
淬透性 淬火开裂、变形 淬火后残余应力 残余奥氏体	大 多 大 多	小 少 小 少
切削加工{粗加工 切削加工{精加工	好 差	差 好
压力加工	差	好

4. 钢在冷却时的组织转变

1) 过冷奥氏体的等温转变

将奥氏体过冷至临界点下的某一温度,在此温度等温停留过程中发生的转变,称为过冷奥氏体的等温转变。在临界点下尚未转变的奥氏体,称为过冷奥氏体。

奥氏体在不同过冷度(等温转变温度)下,经保温不同时间后,其转变产物和转变量是不相同的。奥氏体等温转变的基本规律,可用等温温度-等温时间-过冷奥氏体转变量三者关系的曲线图,即过冷奥氏体等温转变图来说明。此图因其形状与字母"C"相似,亦称为 C 曲线。图 1-16 为共析钢的 C 曲线,图中有两条曲线:左边

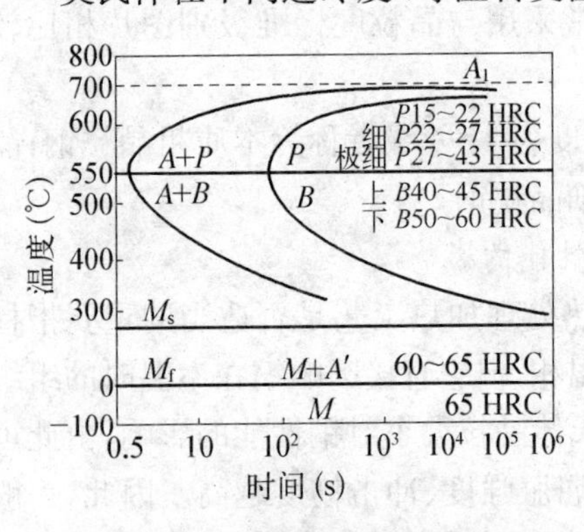

图 1-16 共析钢的等温转变曲线

的曲线为奥氏体转变开始线；右边的曲线为奥氏体转变终止线。图中还有三条水平线：

① A_1 线——位于C曲线上方，在 A_1 线以上，奥氏体是稳定的，不会发生转变；在 A_1 线以下，奥氏体是不稳定的，要发生转变。

② M_s 线——位于C曲线下方，表示奥氏体向马氏体转变开始的温度。

③ M_f 线——位于 M_s 线下方，表示奥氏体向马氏体转变终止温度。

上述两条曲线和三条水平线，将图形分为六个区域。从温度轴至奥氏体开始转变曲线这块区域为过冷奥氏体区；奥氏体转变终止曲线以右为过冷奥氏体转变产物区；两条曲线之间为过冷奥氏体与转变产物共存区；A_1 线以上为稳定奥氏体区，M_s（230℃）和M_f（～50℃）线之间为马氏体与奥氏体共存区；M_f 以下为马氏体区。

奥氏体在不同温度的转变是不同的，大体分为高温转变产物——珠光体型组织，中温转变产物——贝氏体型组织和低温转变产物——马氏体型组织三类，其特征见表1-21和表1-22。

表1-21　奥氏体等温转变产物特征

名称	转变温度	转变产物	特　　征
高温转变产物	A_1 以下至C曲线“鼻尖”（共析钢约为550℃）以上温度	珠光体 索氏体 托氏体	转变产物为珠光体类型组织，具有铁素体和渗碳体层片相间的组织。过冷度越大，层片越细，硬度越高 根据层片粗细不同，分为珠光体（在低倍显微镜下就能看清）、索氏体（在1 000～1 500倍的显微镜下才能看到）、托氏体（在10 000～15 000倍电子显微镜下才能分辨）
中温转变产物	C曲线“鼻尖”以下到 M_s 温度范围内（约550～230℃）	上贝氏体（$B_上$） 下贝氏体（$B_下$）	贝氏体是过饱和的铁素体（α相）和渗碳体（碳化物）组成的两相混合物，组织形态比较复杂。分为上贝氏体和下贝氏体两种 上贝氏体的组织呈羽毛状，硬度40～45 HRC。是由大致平行排列的条状α相和断续分布在α相条间的细条状渗碳体所组成 下贝氏体的组织呈针叶状或片状。硬度43～58 HRC，是由许多细片状或颗粒状的ε碳化物（Fe_xC）分布于α相之内，组织形态与回火马氏体相似

（续　表）

名称	转变温度	转变产物	特　　征
低温转变产物	M_s 点以下温度	马氏体 残余奥氏体	马氏体是碳在 α－Fe 中的过饱和固溶体 低碳钢易得板条状马氏体，高碳钢易得片状马氏体 片状马氏体的显微组织呈针状，硬度高，韧性低 板条状马氏体在显微镜下为一束平行的细长板条组织，具有较高的强度和韧性

表 1－22　贝氏体型、珠光体型和马氏体型转变特征比较

项　目	珠光体型转变	贝氏体型转变	马氏体型转变
形成温度	A_1～500℃ （共析碳钢）	500～250℃ （共析碳钢）	250～80℃ （共析碳钢）
铁碳与合金元素原子的扩散性	具有铁、碳和合金原子的扩散	具有碳原子扩散铁与合金元素原子不扩散	
领先相	渗碳体	α相，在过共析钢中，也有渗碳体领先形核	
形核部位	优先在晶界处	上贝氏体主要在晶界形核 下贝氏体多半在晶内形核	在一定的晶面、晶界、孪晶界及晶体缺陷处
长大速度	在 700～500℃ 温度范围内，为 10^{-2}～10^{-3} mm/s（共析碳钢）	500～230℃温度范围内，为 10^{-2}～10^{-4} mm/s（共析碳钢）	700 ～ 800 m/s（碳钢）
形成的组织	含碳极低的铁素体及碳化物（Fe_3C 或特殊碳化物）的两相组织	上贝氏体为过饱和度极低的 α 相与渗碳体 下贝氏体为过饱和度较高的 α 相与 ε（Fe_xC）合金元素含量与奥氏体相同	与奥氏体完全相同的过饱和 α 相单相组织
表面浮凸和共格性	相变时不产生表面浮凸，位向关系不严格，无共格性	抛光样品产生表面浮凸，位向关系严格，有切变共格	抛光样品产生表面浮凸，位向关系严格，有切变共格

2）奥氏体等温转变曲线的应用

奥氏体等温转变曲线是选择热处理冷却规范时非常重要的依

据。根据等温转变曲线及所采用的冷却介质能大致估计钢在热处理后所得到的组织和性能，如图1-12所示。若将表示各种冷却速度的曲线加在等温转变曲线图上，即可估计其冷却转变情况。例如以速度 v_3 冷却，则奥氏体将在 A_1 以下附近的温度进行转变，得到较为粗大的珠光体组织。若采用速度 v_2 冷却，则奥氏体将在“鼻子”附近转变一小部分，而其余部分的奥氏体转变为马氏体。若采用速度 v_1 冷却，则奥氏体将全部过冷至 M_s 点以下进行马氏体转变。

又如淬火时希望奥氏体全部进行马氏体转变，这就必须以大于或等于速度 v_0（见图1-17）进行冷却，使奥氏体在过冷至 M_s 点之前不进行任何转变。通常把保证不发生任何非马氏体转变的最小冷却速度（例如 v_0）称作临界冷却速度。这速度的大小是选择冷却介质及评定钢淬透性的主要依据。此外，还可以利用钢的等温转变曲线作为选择等温退火、等温淬火、分级淬火的等温温度及等温时间的依据。

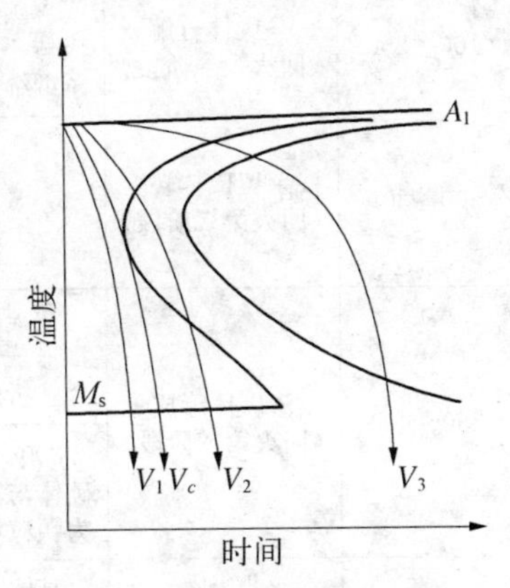

图1-17　利用等温转变曲线，估计冷却转变情况

5. 淬火钢回火时的组织转变

由 Fe-Fe_3C 状态图可知，钢在 A_1 以下的平衡组织是铁素体和渗碳体的两相混合物。通常，淬火钢的组织为马氏体和少量残余奥氏体。马氏体是过饱和固溶体，残余奥氏体是过冷固溶体，两者均属于亚稳定的，都具有向铁素体和渗碳体混合物转变的自发趋向。但是，这种转变必须依靠铁、碳原子的扩散才能实现。在室温下原子扩散困难，淬火钢的组织基本上不发生变化。淬火钢回火时，由于温度升高，增强了原子扩散能力，从而为淬火组织的转变提供了条件。

淬火钢的回火不是一个由马氏体或残余奥氏体直接分解为铁素体和渗碳体混合物的简单过程，而是随着回火温度的升高要经历一系列中间转变，形成不同的中间组织，最后才变成铁素体和渗碳体的混合物。回火不是单一的转变，而是由几种组织转变所组成的错综复杂的过程，见表1-23其性能变化见表1-24。

表1-23　淬火碳钢回火时的组织转变

回火温度（℃）	回火阶段	组织转变	
		低碳板条状马氏体	高碳片状马氏体
20～100	碳原子偏聚（回火准备阶段）	碳原子在位错附近间隙位置偏聚	碳原子在一定晶面上偏聚成富碳区
100～250	马氏体分解（回火第一阶段）	含碳少于0.3%的马氏体不分解，而是碳原子继续偏聚	在马氏体晶内析出薄片状ε碳化物，马氏体中含碳量不断减少
200～300	残余奥氏体转变（回火第二阶段）		在C>0.4%的钢中，残余奥氏体转变为下贝氏体。碳含量及残余奥氏体量对转变温度无影响
250～400	渗碳体形成（回火第三阶段）	在碳原子偏聚区域直接形成渗碳体，最初呈片状析出	先是ε碳化物溶解，然后在一定晶面及马氏体晶界上析出片状渗碳体
		300～400℃时，马氏体内的过饱和碳基本脱溶。渗碳体与马氏体的共格关系被破坏，并开始由片状转变为颗粒状，内应力部分消除	
400～600	α相回复（回火第四阶段前期）	晶体内位错密度下降，嵌镶块开始长大，α相仍保持马氏体外形。渗碳体进行球化。内应力近于基本消除	
600～700	α相再结晶及渗碳体聚集长大（回火第四阶段后期）	板条状α相为多边形等轴晶粒，并随渗碳体聚集长大，而不断长大	由于渗碳体数量较多，阻碍α相的再结晶过程。α相的片状外形消失，渗碳体聚集长大

表1-24　碳钢回火时性能的变化

钢种	性能变化
低碳钢	淬火后得到板条状马氏体组织，回火时，其硬度总的是随温度升高而逐渐下降 低于250℃回火，板条状马氏体中仅只进行碳原子偏聚，并无析出，硬度变化不大，韧性变化也不大 250～350℃回火，过饱和碳原子以片状渗碳体形式析出于马氏体板条间或晶界处，不仅使其强度降低，而且还使塑性、韧性明显下降 400℃以上回火，由于碳化物的聚集长大以及α相的回复再结晶，其硬度、强度将进一步降低，塑性则逐渐升高

（续 表）

钢 种	性 能 变 化
中碳及中碳低合金钢	中碳钢淬火组织是板条状和片状马氏体混合组织 低于250℃回火，其强度随回火温度升高而提高，但由于淬火应力在低温回火时未能充分消除，故呈脆性断裂。硬度随回火温度的升高连续下降，近似于线性关系 300℃左右回火，韧性明显下降，出现最低冲击值 300℃以上回火，其韧性又随温度升高而增加
高碳钢	高碳钢的淬火组织是片状马氏体和一定数量的残余奥氏体 低于100℃回火，由于碳原子的偏聚，增加了晶格畸变，使其硬度略有增高 150～300℃回火，由于过饱和碳原子的析出，其硬度将随温度升高而逐渐降低，硬度的降低很缓慢，在60HRC以上 300℃以上回火，由于碳化物进一步析出以及随后的聚集长大和α相的回复再结晶，随着回火温度的升高，其硬度、强度不断降低，而塑性、韧性则得到改善

6. 回火脆性

淬火钢回火时，随着回火温度升高，其冲击韧度总的趋向是增大。但有一些钢在一定温度范围回火后，冲击韧度反而比在较低温度回火后显著下降。这种在回火过程中发生的脆性现象，称为回火脆性，图1－18表示不同含碳量钢的冲击韧度随回火温度的变化。由图可知，在350℃左右回火后，钢的冲击韧度出现低值。钢出现回火脆性时，除冲击韧度降低外，其他力学及物理性能均不发生改变。

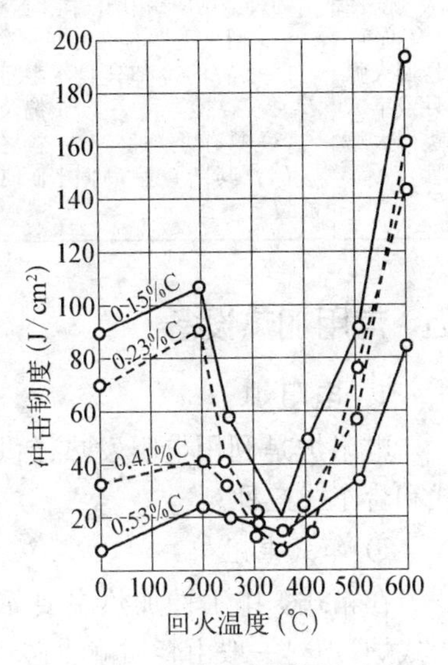

图1－18 不同含碳量钢的冲击韧度与回火温度的关系

钢中常见的回火脆性分为低温和高温两类回火脆性，详见表1－25。

表 1-25　钢的两种回火脆性形成原因及防止方法

脆性类别	特　点	造成原因	防止方法
低温回火脆性（又称不可逆回火脆性或第一类回火脆性）	(1) 所有淬火钢，只要在 250～400℃温度范围回火，都将不同程度地出现脆性 (2) 回火脆性的出现与回火方法和回火后的冷却速度无关 (3) 具有不可逆性，即将已产生脆性的钢，置于更高温度回火，脆性逐渐消失，再置于 250～400℃回火，脆性不会重新出现	由于马氏体分解时，沿马氏体条或片的界面析出碳化物薄片，这种硬而脆的碳化物薄片显著地降低了马氏体界面的断裂强度，因为使钢的脆性增加	目前还没有更好的办法来完全消除这类脆性，只是尽量避免在这个温度范围内回火，或采用等温淬火代替
高温回火脆性（又称可逆回火脆性或第二类回火脆性）	(1) 回火脆性主要在含 Cr、Ni、Mn、Si 等元素的合金结构钢中出现 (2) 回火脆性的出现与回火后的冷却速度有关 (3) 具有可逆性 (4) 其断口呈晶间断裂	在 450～650℃回火时，微量杂质（P、Sb、Sn、As）元素或合金元素间原来的奥氏体晶界偏聚或析出，削弱了晶粒之间的结合强度，从而使钢出现脆性	第二类回火脆性只有在回火保温后缓慢冷却时才出现，如果快速冷却就可以避免 第二类回火脆性一旦出现，可以通过重新加热回火保温后用快速冷却（水冷或油冷）的办法加以消除

五、常用加热设备

1. 电阻炉

电阻炉是利用电阻发热体供热的一种炉型，常用的有箱式、井式和台车式三种。

1）箱式电阻炉

在箱式炉中工件加热主要靠电热元件的辐射，1 000℃以下的箱式炉，炉衬一般由轻质耐火砖（耐火层）和绝热砖或绝热填料（绝热层）构成；1 000～1 250℃的箱式炉，在耐火层及绝热层之间，还有轻质砖或泡沫砖的中间层。电热元件多为用铁铬铝电阻丝（也有用镍铬电热合金材料）绕成的螺旋体，安置在炉膛侧壁搁砖上和炉底上。炉底的电热元件用耐热钢炉底板覆盖，上面放置工件。箱式电阻炉外形见图1－19。箱式炉由于其通用性强，可用于碳钢、合金钢件的退火、正火、淬火和回火以及固体渗碳等多种热处理操作。大型电炉还在炉顶、炉膛后壁和炉门上装有电热元件。尽管箱式电阻炉在使用中存在炉温均匀性差的缺点，难以避免氧化脱碳，但目前仍是热处理车间重要的加热设备。

图1－19　中温箱式电阻炉

工件装炉应离开电热元件至少50～75 mm，且不得遮盖测温热电偶；潮湿工件不允许直接装入热炉；炉底板不准受冲击和超载，工件装炉时不允许抛扔，装炉重量不得超过炉型规定；在装、出炉前应切断电源，以保证安全操作；700℃以上不准空炉打开炉门降温。

炉内氧化铁屑应经常清除，以免造成电热元件短路烧断事故。炉温不允许超过最高使用温度，也不允许在最高使用温度下长期运行。箱式电阻炉，按其工作温度，可分为高温、中温及低温炉三种，中温箱式炉应用最广。箱式电阻炉的型号及技术规格见表1－26。

表1－26　箱式电阻炉型号及技术规格

型号		名称	额定功率(kW)	最高工作温度(℃)	最大装载量(kg)	工作区尺寸(mm)	电源	
							电压(V)	相数
中温箱式炉	RX3－15－9	950℃箱式电阻炉	15	950	80	300×650×250	220	1
	RX3－30－9	950℃箱式电阻炉	30	950	200	450×950×350	380	3
	RX3－45－9	950℃箱式电阻炉	45	950	400	600×1 200×400	380	3

（续　表）

	型　号	名　称	额定功率(kW)	最高工作温度(℃)	最大装载量(kg)	工作区尺寸(mm)	电源	
							电压(V)	相数
中温箱式炉	RX3-60-9	950℃箱式电阻炉	60	950	700	750×1 500×450	380	3
	RX3-75-9	950℃箱式电阻炉	75	950	1 200	900×1 800×550	380	3
高温箱式炉	RX3-20-12	1 200℃箱式电阻炉	20	1 200	50	300×650×250	220	1
	RX3-45-12	1 200℃箱式电阻炉	45	1 200	100	450×950×350	380	3
	RX3-60-12	1 200℃箱式电阻炉	60	1 200	200	600×1 200×400	380	3
	RX3-90-12	1 200℃箱式电阻炉	90	1 200	400	750×1 500×450	380	3
	RX3-115-12	1 200℃箱式电阻炉	115	1 200	600	900×1 800×550	380	3

注：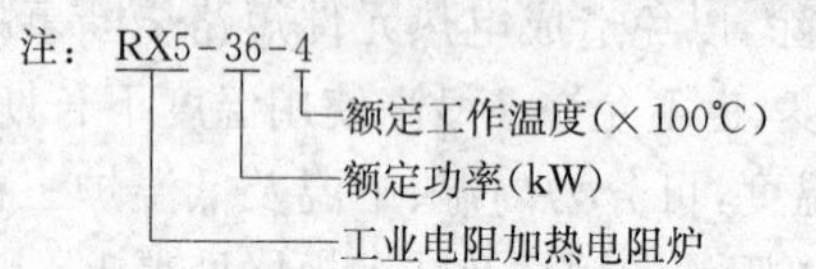

为了减少工件加热时的氧化脱碳，对老型号箱式炉进行改造，在炉上装有通入保护气氛或滴入煤油等液体的进口管和出口气体燃烧管，并且加强炉壳、炉顶、炉门各部分的密封性能，改进后的箱式炉其型号和技术规格见表 1-27。

表 1-27　保护气氛箱式电阻炉型号及技术规格

型　号	名　称	额定功率(kW)	最高工作温度(℃)	工作区尺寸(mm)	最大装载量(kg)
RX3-15-9Q	950℃箱式电阻炉	15	950	300×650×250	80
RX3-30-9Q	950℃箱式电阻炉	30	950	450×950×350	200

（续　表）

型　号	名　称	额定功率(kW)	最高工作温度(℃)	工作区尺寸(mm)	最大装载量(kg)
RX3-45-9Q	950℃箱式电阻炉	45	950	600×1 200×400	400
RX3-60-9Q	950℃箱式电阻炉	60	950	750×1 500×450	700
RX3-75-9Q	950℃箱式电阻炉	75	950	900×1 800×550	1 200
RX3-20-12Q	1 200℃箱式电阻炉	20	1 200	300×650×250	50
RX3-45-12Q	1 200℃箱式电阻炉	45	1 200	450×950×350	100
RX3-60-12Q	1 200℃箱式电阻炉	60	1 200	600×1 200×400	200
RX3-90-12Q	1 200℃箱式电阻炉	90	1 200	750×1 500×450	400
RX3-115-12Q	1 200℃箱式电阻炉	115	1 200	900×1 800×550	600

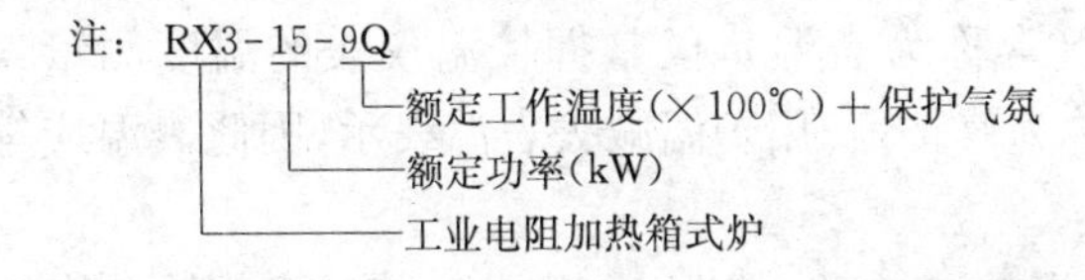

（1）箱式电阻炉操作

① 设备检查。开炉前应对设备做一次全面仔细地检查。对电器和仪表的检查应有专人负责，只有确认无故障隐患后，方可开炉工作。

② 装炉。工件可直接放在炉底板上，也可以装在垫具上或料筐中，确定具体装炉细节时，既要考虑使每个工件加热均匀，又要考虑尽可能减小工件变形。此外，工件的装炉温度不同，有些工件要求在室温下装炉，有些要求在炉温升到某个温度时装炉，操作时必须注意。要求在室温下装炉时，待装炉完毕后再通电升温。要求在某一炉温下装炉时，应先断开电源，装炉后再送电继续加热。

③ 升温。将控温仪表温度指针拨到工艺要求温度，并将电源

控制柜上电源开关扳到“自动”位置上，然后给电热元件送电，再打开仪表开关，炉子开始升温。升温后要时刻监视炉子工作状况。通电一段时间后，如发现仪表温度指针仍停留在原来位置上，应及早切断电源查找故障原因。

④ 保温和出炉。工件最重要的工艺参数是保温温度和保温时间，保温时间从炉温升到保温温度(工作温度)时开始计算。这两个参数必须符合工艺规定，不得随意变动。

保温结束后，按工艺规定直接出炉或炉冷到某一温度后出炉。工件出炉前应确认电源开关已被切断，才可出炉。

(2) 维护事项

① 烘炉　新安装的炉子、长期停产未用的炉子和经过大修砌筑的炉子，使用前应按规定方法通电烘炉，以去除炉砖中的水分。

② 校温　校温就是在空载条件下将炉子升温到常用工作温度，用标准仪表测出炉膛内的实际温度(常称为炉温)，同时记下控温仪表的指示温度(常称为表温)，以掌握控温仪表的温度测量误差。其误差值(常称为修正值)用炉温减去表温表示，因此表温应等于炉温减修正值。

例如，已知工艺规定工件的保温温度为 860℃，修正值为 −4℃，问控温仪表指针应指到何种温度才符合加工要求？由于工件的保温温度就是我们所需要的炉温，故表温＝炉温－修正值＝860℃－(－4℃)＝864℃，即仪表指针应指到 864℃。

为保证加工质量，必须对控温仪表进行定期校验，或根据需要随时校温。

③ 机构润滑　箱式电阻炉的炉门是通过一套简单机构来启闭的，使用中要注意保持清洁和润滑。

④ 其他　保持工作现场和设备清洁，炉内氧化皮要经常清扫，自用工具摆放应符合定置管理要求。

(3) 安全事项

① 装出炉用的工具要彻底擦去油迹，以免使用中滑脱出手。

② 处理易滚动工件时炉膛内应设置简单可靠的防滚装置，装

出炉时也要格外小心。

③ 操作过程中应穿戴必要的劳保用品，以防碰伤和灼伤。

④ 检修和清理设备时必须切断电源开关，并悬挂醒目的警告牌。

⑤ 避免水、酸等液体接近控制柜，更不能用湿布擦拭电器。

(4) 操作规程　箱式电阻炉的电热元件都裸露在炉膛内侧，稍不注意，便会造成人身或设备事故，因此，操作者必须严守操作规程。

① 工件装炉之前，应先检查炉底板是否铺好，板与板之间不能有过大空隙，以免工件和氧化皮落到炉底板下面的电阻丝上，导致电热元件局部短路。

② 工件装炉和出炉，一定要先切断电源，以免发生触电事故。

③ 装炉量不宜过多，立式摆放要做到平稳垂直，集中堆放要做到平稳不滑。这样，在关炉门时，工件才不致因受到振动而发生位移，从而导致接触电热元件而发生设备、人身事故。

④ 在开炉升温过程中，要按规定检查测温仪表，避免仪表失控。

⑤ 电热元件断损后，应用相同材料焊接。用低碳钢焊条焊接，亦属允许范围，但修复后的炉丝电阻应与原来相同，不能超过规定的允许误差。

2) 台车式电阻炉

台车式电阻炉是一种可移动台车的箱式电阻炉。台车炉的特点是加热室(炉膛)固定而炉底可活动。加热室的构造与箱式炉相似，活动炉底是一个台车，台车可沿地面上铺设的轨道靠机械结构拉出炉外，便于装卸工件，减轻工人劳动强度。台车式电阻炉可供大型工件(大型铸锻件及锻模等)的正火、退火、淬火加热及固体渗碳等热处理加热。常用的台车式电阻炉技术规格和型号见表1-28与箱式电阻炉比较，台车式电阻炉增加了炉底通电装置、台车行走驱动装置，为了提高炉温均匀性，在炉顶上还装有风扇。

表 1-28　台车式电阻炉型号及技术规格

型　号	名　　称	额定功率(kW)	最高工作温度(℃)	最大装载量(kg)	工作区尺寸(mm)	电源	
						电压(V)	相数
RT3-130-3	低温台车式电阻炉	130	350	3 000	1 400×4 800×1 100	380	3
RT3-55-4	台车式电阻炉	55	450	1 000	900×1 500×1 150	380	3
RT3-180-6	台车式电阻炉	180	600	3 000	1 300×2 000×1 200	380	3
RT3-100-6	650℃台车式电阻炉	100	650		650×1 300×650	380	3
RT3-110-6	台车式电阻炉	110	650	5 000	1 400×1 400×700	380	3
RT3-65-11	台车式电阻炉	65	1 100	1 000	550×1 100×450	380	3
RT3-105-11	台车式电阻炉	105	1 100	2 500	800×1 500×600	380	3
RT3-145-11	台车式电阻炉	145	1 100	2 500	800×1 500×600	380	3
RT3-180-9	台车式电阻炉	180	950		2 100×1 050×750	380	3
RT3-320-9	台车式电阻炉	320	950		3 000×1 350×950	380	3
RT3-550-6	低温台车式电阻炉	550	650	4 000	2 500×6 000×2 000	380	3

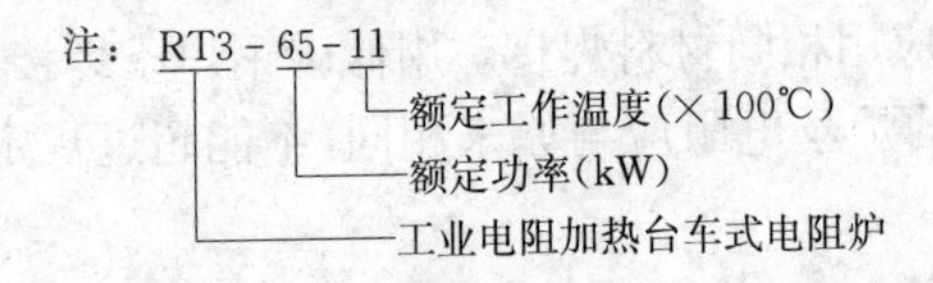

3）井式电阻炉

井式电阻炉适用于需垂直悬挂加热的较长工件。其密封性较好，热效率高，热损失较小，工件进出炉方便，应用极为广泛。国内生产的井式电阻炉有高温井式电阻炉、中温井式电阻炉、低温井式电阻炉和井式气体渗碳炉四种，井式电阻炉的最大功率达1 000 kW，炉膛深度达20～30 m。常用的井式炉型号及技术规格见表1-29。井式电阻炉一般用电阻丝分层绕在四周炉壁上，并分段控温。高温炉也可采用碳硅棒作为电热元件；低温炉上装有使炉气循环的风扇。

表1-29 井式电阻炉型号及技术规格

型号		名称	额定功率(kW)	最高工作温度(℃)	最大装载量(kg)	工作区尺寸(mm)	电源	
							电压(V)	相数
低温井式电阻炉	RJ2-25-6	650℃井式电阻炉	25	650	150	ϕ400×500	380	3
	RJ2-35-6	650℃井式电阻炉	35	650	280	ϕ500×650	380	3
	RJ2-55-6	650℃井式电阻炉	55	650	400	ϕ700×900	380	3
	RJ2-75-6	650℃井式电阻炉	75	650	1 000	ϕ950×1 200	380	3
	RJ2-25-6Q	650℃井式保护气氛电阻炉	25	650	150	ϕ400×500	380	3
	RJ2-35-6Q	650℃井式保护气氛电阻炉	35	650	280	ϕ500×650	380	3
	RJ2-55-6Q	650℃井式保护气氛电阻炉	55	650	400	ϕ700×900	380	3
	RJ2-75-6Q	650℃井式保护气氛电阻炉	75	650	1 000	ϕ950×1 200	380	3
中温井式电阻炉	RJ3-30-9	950℃井式电阻炉	30	950	140	ϕ450×800	380	3
	RJ3-55-9	950℃井式电阻炉	55	950	230	ϕ850×1 000	380	3
	RJ3-65-9	950℃井式电阻炉	65	950	330	ϕ600×1 600	380	3
	RJ3-90-9	90 kW井式电阻炉	90	950		ϕ1 100×1 200	380	3
	RJ3-100-9	100 kW井式电阻炉	100	950	2 000	ϕ600×3 000	380	3
	RJ3-120-9	120 kW井式电阻炉	120	950	1 300	ϕ1 000×1 500	380	3
	RJ3-200-9	200 kW井式电阻炉	200	950	3 000	ϕ600×6 000	380	3
	RJ3-300-9	300 kW井式电阻炉	300	950	4 000	ϕ1 300×6 000	380	3
	RJ3-440-9	400 kW井式电阻炉	440	950	4 000	ϕ1 000×6 000	380	3

注：RJ3-55-9
- 9——额定工作温度(×100℃)
- 55——额定功率(kW)
- RJ3——工业电阻加热井式炉

(1) 低温井式电阻炉,又称井式回火炉。国内生产的低温井式炉的最高工作温度为650℃,主要用于淬火工件的回火及有色金属的热处理加热,其外形见图1-20。炉子一般呈圆井式,由炉壳、炉衬、电热元件等组成。炉盖开启机构目前多为杠杆式。低温炉主要靠对流传热,为强迫炉气流动,在炉盖上装有风扇。风扇转动,强迫炉气沿炉罐外侧向下,再由炉罐底孔板进入炉罐;将热量传给工件使之加热,这种炉子生产率高,装卸料方便,炉内气流循环良好,因此应用较广泛。但也存在着工件不能分层放置的缺点,因为小型工件若堆积过密,将阻碍炉气循环,使工件加热不均匀。

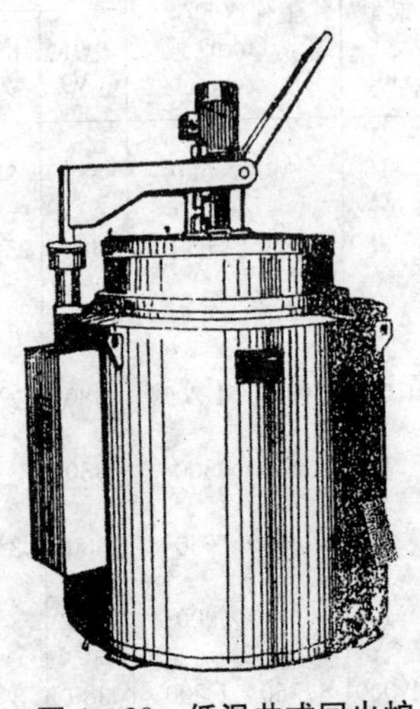

图1-20　低温井式回火炉

(2) 中温井式电阻炉,这种炉型的炉膛通常为圆形或方形截面,深度不等。此炉常分为几个加热区,实行分段控温,以保持整个高度上的温度均匀。使用时可用吊车装卸工件,炉盖可使用砂封、油封等方法严密封闭,因而热损失较小。

国内生产的中温井式电阻炉的最高工作温度为950℃,主要用于轴类工件的退火、正火和淬火加热,高速钢拉刀的淬火预热及回火等。

(3) 井式电阻炉的操作　为了操作维护时安全方便,井式炉通常安装在地坑中,只有上部露在地面上。中小型井式炉的炉盖采用机械、液压或气动装置提升,大型井式炉的炉盖提升机构要用电动机吊动。

大中型井式炉装炉时往往选用起重机吊装。

吊装大型工件时,由于工件晃动而特别容易撞坏炉壁和电热元件,因此必须防止这类事故发生。装炉时,先让吊有工件的桥式起重机定位,工件尽可能对正炉膛有效加热区的中心,待其静止后再缓缓送入炉内。出炉时，将吊钩对准炉子内挂具或料筐上的挂钩，待彼此扣上后再缓缓吊出炉外。

井式电阻炉的其他操作方法与箱式电阻炉相同。

(4) 维护事项　按箱式电阻炉的维护规范进行。

(5) 安全事项

① 大型井式电阻炉工件出炉时，非操作人员不允许站在炉顶平台上，以免被灼伤或发生人身事故。

② 吊运工件时，工件应沿指定的通道行走，不准在人员或设备上越过；起吊工件重量不得超过桥式起重机的最大允许荷重。

③ 经常对桥式起重机上的吊钩和钢丝绳进行检查，当发现吊钩变形、开裂或钢丝绳中有多股钢丝断开时，应停止使用，由专人修理后再使用。

④ 经常检查地坑盖板是否牢靠。

⑤ 其他事项与箱式电阻炉相同。

4) 井式气体渗碳炉

图1－21所示为井式气体渗碳炉。这种炉子，主要用于钢的气体渗碳，也可以进行气体渗氮、碳氮共渗及重要零件的淬火、退火加热。它的结构形式与井式回火炉相似，但要求炉子具有良好的密封性，以不使空气进入炉膛，也不使炉内气体外溢，保证炉内气体的成分和压力稳定。为此，炉盖可用螺栓密封，或用砂封装置。为加速炉气循环和炉温均匀，专门装有风扇机构。还设有液体渗碳剂的滴量器及管道装置。液体渗碳剂的流量大小可按工艺要求调节。液体渗碳剂流入炉膛后，便随即被分解成气体，渗碳气氛在风扇的作用下强烈地循环。废气由炉顶的排气管排出。常用的型号及技术规格见表1－30。

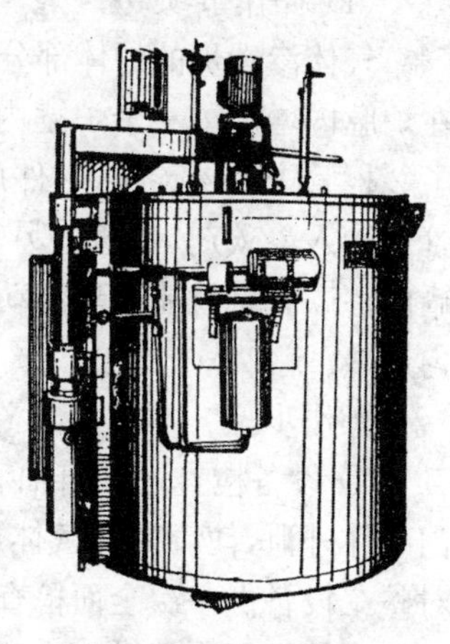

图1－21　井式气体渗碳电阻炉

表 1-30　井式气体渗碳炉型号及技术规格

型　号	名　　称	额定功率(kW)	最高工作温度(℃)	最大装载量(kg)	工作区尺寸(mm)	电压(V)
RQ3-25-9T	井式气体渗碳炉	25	950	50	ϕ300×450	380
RQ3-35-9T	井式气体渗碳炉	35	950	100	ϕ300×600	380
RQ3-60-9T	井式气体渗碳炉	60	950	150	ϕ450×600	380
RQ3-75-9T	井式气体渗碳炉	75	950	220	ϕ450×900	380
RQ3-90-9T	井式气体渗碳炉	90	950	400	ϕ600×900	380
RQ3-105-9T	井式气体渗碳炉	105	950	500	ϕ600×1 200	380
RQ4-75-9	滴注式井式气体渗碳炉	75	950	200	ϕ450×900	380
RQ4-120-9	井式气体渗碳炉	120	950	600	ϕ1 000×1 200	380
RQ4-165-9	井式气体渗碳炉	165	950	1 200	ϕ800×1 800	380
RQ4-165-10	井式气体渗碳炉	165	1 000		ϕ1 000×1 100	380
RQ4-420-10	井式气体渗碳炉	420	1 000		ϕ2 000×2 500	380

注：RQ3-25-9T
9T——额定工作温度(×100℃)渗碳用
25——额定功率(kW)
RQ3——工业电阻加热井式气体渗碳炉

(1) 操作事项

气体渗碳炉的炉体部分与中温井式电阻炉并无不同之处，只是在炉膛内增加了一个炉罐内胆，炉盖上安装了一台电风扇，并增设了2根管子。渗碳时，工件放在密封的炉罐内，通过炉盖上的一根管子滴入渗碳剂，并通过另一根管子将废气引出点燃。有了风扇，罐内渗碳气氛就能循环流动并与工件充分接触，从而使工件受到均匀加热。

操作步骤

① 设备检查。风扇轴和炉盖应有良好的密封性，以防止炉罐内气体外泄，使罐内的气体成分和压力保持稳定。因此，开炉前除对整个设备做一次全面检查外，还要特别注意密封装置是否可靠。

一般根据渗碳过程中所点燃的废气火焰的高度和颜色来判断炉子密封性是否良好。如果上一炉已发现炉子密封出现问题，则开炉前必须进行检修。井式气体渗碳炉炉盖与炉罐采用砂封装置，如图1－22所示。每次开炉前都应当检查砂封盖和砂封槽有无明显变形以及砂封槽中的砂量是否合适。风扇轴的密封性检查应由有经验的人员来做。

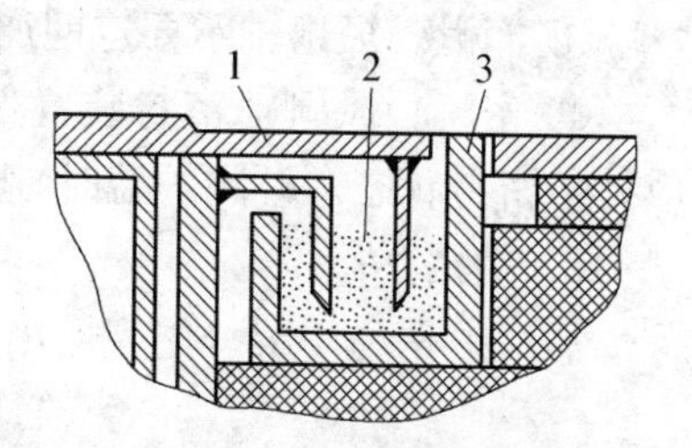

图1－22　井式气体渗碳炉砂封装置

1—砂封盖；2—砂粒；3—砂封槽

② 开炉。接通电源，打开仪表开关，让炉子空载升温到渗碳温度，再保温一段时间，以使炉温均匀。

为节省加工时间，提高生产效率，炉子可提前开炉，而不要等到一切都准备好了之后再去开炉。

③ 装炉。用桥式起重机将准备好了的工件装入炉罐内，仔细盖好炉盖，打开风扇，等炉温回升到800℃时开始缓缓滴入渗碳剂。

起始阶段可将渗碳剂滴入量控制在30～40滴/min，随着炉温升高逐渐增加滴入量，直至炉温升到渗碳温度时将渗碳剂滴入量增加到工艺规定值。

④ 渗碳处理。渗碳处理包括排气、渗碳、扩散和降温4个阶段，工艺上对这4个阶段的温度、时间和渗碳剂滴入量均做了规定。操作者应根据随炉试样的金相检查结果对这些参数做适当调整，而不得随意更动。

开始渗碳时，可将废气点燃。如果火焰稳定、呈浅黄色、焰高在80～150 mm，说明炉罐内压力正常、炉子密封状况良好。反之则可能是炉子出现漏气，严重时应立即停炉检修。

渗碳过程中如遇紧急停炉时，首先应切断电源，让工件在炉内自行缓慢降温，同时逐渐减少渗碳剂滴入量，直到炉温降到800℃后停止滴加渗碳剂。停炉后工件是否应该出炉，要根据情况而定。如密封故障比较容易排除，工件可不出炉；如故障较难排除、密封装置需要拆卸修理，则应等工件温度降至500～550℃才能出炉。

⑤ 停炉。工件完成渗碳后切断电源，转入下道工序处理。

(2) 维护事项

① 润滑。风扇轴承要定期加注润滑油，防止轴承过早磨损。

② 密封。风扇轴密封装置不准随意拆卸。除装出炉外，炉子应处于密封状态。开闭炉盖时，避免炉盖与炉罐或炉体发生碰撞。

2. 盐浴炉

盐浴炉是利用熔盐作为加热介质的热处理设备，其特点是结构简单，炉温均匀，加热速度快，炉温调整和控制方便，正确操作可避免氧化脱碳，多用于淬火加热。盐浴炉按热源方式可分为内热式和外热式两种。内热式以电极盐浴炉应用最普遍，外热式按热源种类不同，分为电热式和燃料加热式两种。

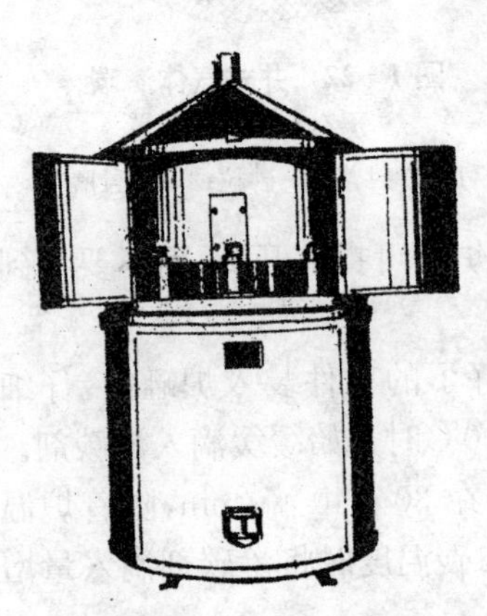

图 1－23　外热式坩埚盐浴炉外形

1）外热式坩埚盐浴炉

由盛盐浴液的耐热钢制的坩埚和支承架及加热坩埚的炉体构成。热源常为电能，也可采用其他燃料。坩埚盐浴电阻炉的结构见图 1－23。其型号及技术规格见表 1－31。

表 1－31　坩埚盐浴电阻炉型号及技术规格

技术规格		型号			
		RYG－10－8	RYG－20－8	RYG－30－8	RYG－40－8
炉膛尺寸(mm)	直径 深度	200 350	300 555	400 575	400 700
外形尺寸(mm)	长 宽 高	1 310 1 086 1 884	1 410 1 190 2 115	1 510 1 290 2 314	
额定功率(kW)		10	20	30	40
电源电压(V)		220	220/380	220/380	220/380
相数		1	3	3	3

(续　表)

技术规格	型号			
	RYG-10-8	RYG-20-8	RYG-30-8	RYG-40-8
最高工作温度(℃)	850	850	850	850
电炉重量(kg)	1 200	1 350	1 600	1 870

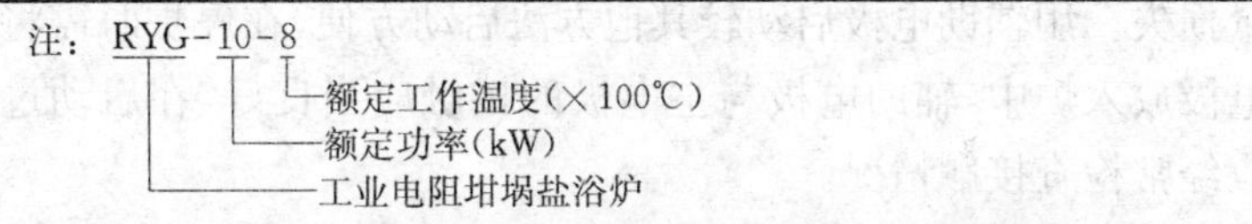

外热式盐浴炉的电热元件(电阻丝)安装在金属坩埚外部,即使坩埚内的盐处于不能导电的凝固状态,仍可以从外部加热使其升温熔化,所以炉子的启动比内热式炉子方便。其操作步骤与箱式电阻炉相同。这种炉子主要用于回火或等温、分级淬火。

外热式浴炉的优点是热源不受限制,不需要变压器。缺点是坩埚尺寸不能太大,坩埚使用寿命短,坩埚内外温差较大,可达100～150℃,往往需要两个热电偶测温。基于上述情况,应用范围受到限制。

2) 内热式电极盐浴炉

(1) 内热式电极盐浴炉结构及型号　内热式盐浴炉利用安装在炉膛内的金属(一般为低碳钢)电极将电流引入熔盐中,借熔盐自身的电阻产生热量将盐熔化成液体介质,故又称为电极盐浴炉。

根据电极在炉膛内的安装方式,可将电极盐浴炉分为埋入式电极盐浴炉(见图1-24)和插入式电极盐浴炉(见图1-25),共两种炉型。

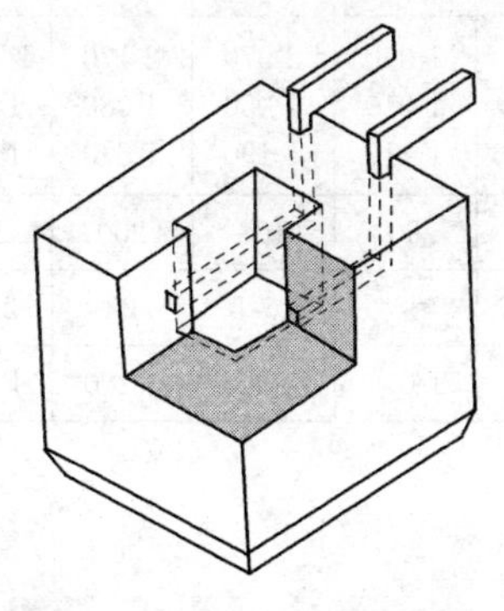

图1-24　埋入式电极盐浴炉

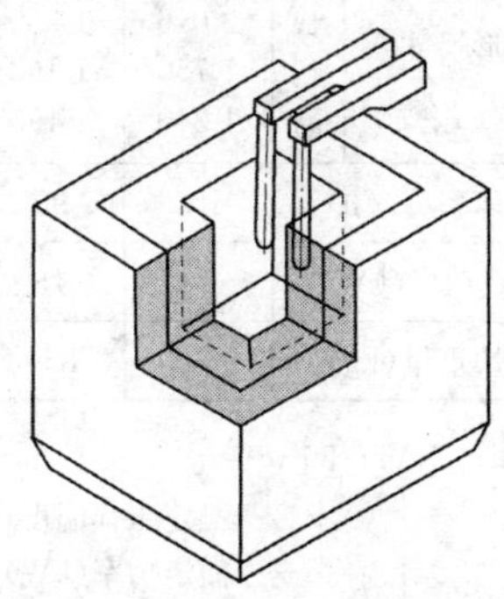

图1-25　插入式电极盐浴炉

前者较后者省电，能延长电极使用寿命和提高炉膛的利用率，故目前被广泛采用。其缺点是电极维修和拆换困难。

电极盐浴炉在低电压大电流下工作，各接头处的电接触必须十分良好，否则会发热，损失巨大能量，电极接头处通水冷却，可减少能量损失。用辅助电极启动较其他方法启动方便，在停炉时需将辅助电极放入炉中，辅助电极与主电极的接触应当良好，在启动过程中应经常检查接触情况。

电极盐浴炉按其工作温度分为高温（1 300℃），中温（850℃）和低温（650℃）三种类型，其型号及性能特点见表 1－32 和表 1－33。

表 1－32　插入式电极盐浴炉的型号及技术规格

技术规格		型号						
		RYD－50－6	RYD－25－8	RYD－100－8	RYD－20－13	RYD－35－13	RYD－45－13	RYD－75－13
额定功率(kW)		50	25	100	20	35	45	75
电压(V)		380	380	380	220	380/220	380	380
相　数		3	1	3	1	3	1	3
最高工作温度(℃)		650	850	850	1 300	1 300	1 300	1 300
工作区尺寸(mm)	长	920	380	920	245	200	340	390
	宽	600	300	600	180	200	260	350
	高	450	490	540	430	430	600	600
外形尺寸(mm)	长	2 016	1 330	1 880	1 950	2 070	2 170	2 250
	宽	1 750	1 160	1 810	1 010	1 050	1 080	1 200
	高	1 310	1 190	1 450	1 110	1 190	1 270	1 330
生产率(kg/h)		100	90	160	90	100	200	250
空载功率(kW)		10	15	27.5	11	16.5	22	27.5
电炉重量(kg)		2 600	850	3 200	1 000	900	1 200	1 700

注：
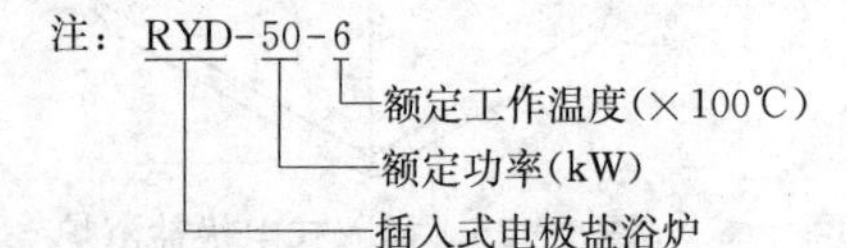

表 1-33 埋入式电极盐浴炉的型号及技术规格

技术规格		低温				中温				高温			
		RDM-35-6	RDM-50-6	RDM-75-6	RDM-100-6	RDM-35-8	RDM-50-8	RDM-75-8	RDM-100-8	RDM-35-13	RDM-50-13	RDM-75-13	RDM-100-13
额定功率(kW)		35	50	75	100	35	50	75	100	35	50	75	100
最高工作温度(℃)		650	650	650	650	850	850	850	850	1 300	1 300	1 300	1 300
电源电压(V)		380	380	380	380	380	380	380	380	380	380	380	380
相数		3	1	3	3	3	1	3	3	3	1	3	3
工作区尺寸(mm)	长	350	450	550	800	300	350	450	550	200	300	350	450
	宽	300	350	400	400	250	300	350	400	200	250	300	350
	高	600	600	665	665	600	600	665	665	500	500	500	565
外形尺寸(mm)	长	1 310	1 410	1 510	1 760	1 260	1 310	1 406	1 510	1 160	1 260	1 310	1 410
	宽	1 116	1 213	1 263	1 263	1 113	1 163	1 213	1 263	1 018	1 096	1 143	1 196
	高	1 244	1 244	1 309	1 309	1 244	1 244	1 309	1 309	1 144	1 144	1 144	1 209
空炉损耗功率(kW)		≤10	≤14	≤20	≤25	≤14	≤20	≤30	≤40	≤21	≤32	≤45	≤65
空炉升温时间(h)		≤3	≤3	≤3	≤3	≤3	≤3	≤3	≤3	≤3	≤3	≤3	≤3
炉温均匀性(℃)		≤15	≤15	≤15	≤15	≤15	≤15	≤15	≤15	≤10	≤10	≤10	≤10
变压器参数	容量(kV·A)	35	55	75	100	35	55	75	100	35	55	75	100
	一次侧电压(V)	380	380	380	380	380	380	380	380	380	380	380	380
	接法	Y	串联	Y	Y	Y	串联	Y	Y	Y	串联	Y	Y

注：RDM-35-6
- 6——额定工作温度(×100℃)
- 35——额定功率(kW)
- DM——埋入式电极盐浴炉
- R——工业电阻炉

(2) 盐浴浴剂　其质量的优劣,直接影响到热处理后产品的质量。

常用热处理浴剂主要是一些金属盐类,其次是碱类。浴剂分为中性浴剂、活性浴剂和脱氧剂。中性盐浴主要包括氯化盐、碳酸盐和硝盐。前两类常用作淬火加热介质和活性盐浴的添加剂或调整剂;硝盐主要用于回火等低温加热和冷却。常用热浴组成及其工作温度范围见表1-34。

表1-34　常用热浴的组成及工作温度范围

热浴组成(质量百分比,%)	熔点(℃)	工作温度(℃)	密度(25℃时)(kg/m³)	熔解热(J/kg)	平均比热容[J/(kg·℃)]	备　注
$100BaCl_2$	960	1 100～1 350	3.86	115	0.574	高速钢加热用
$95BaCl_2+5NaCl$	850	1 000～1 350				
$70BaCl_2+30Na_2B_4O_7$	940	1 050～1 350				
100NaCl	810	850～1 100	2.17	519	1.17	
100KCl	772	800～1 000	1.99	310	1.05	
$100CaCl_2$	774	800～1 000	2.51	227		
$100Na_2CO_3$	852	900～1 000	2.53		1.13	
80～$90BaCl_2$+20～10NaCl	～760	820～1 090				高合金钢、不锈钢加热用
70～$80BaCl_2$+30～20NaCl	～700	750～1 000	～1.5(900℃)			高速钢预热、合金钢加热用
$50BaCl_2+50NaCl$	600	650～900	3.02		0.75	

（续 表）

热浴组成（质量百分比，%）	熔点（℃）	工作温度（℃）	密度（25℃时）（kg/m³）	熔解热（J/kg）	平均比热容[J/（kg·℃）]	备 注
$50BaCl_2$＋50KCl	640	670～1 000	2.93			
$50BaCl_2$＋$50CaCl_2$	600	650～900	3.18		0.15	
44NaCl＋56KCl	660	700～870				碳素钢加热用
50NaCl＋50KCl	670	720～1 000	2.08			合金钢加热用
28NaCl＋$72CaCl_2$	500	540～870	2.41			
50NaCl＋$50Na_2CO_3$	560	590～850	2.34			
50NaCl＋$50K_2CO_3$	560	590～820				
50KCl＋$50Na_2CO_3$	560	590～820	2.24			
35NaCl＋$65Na_2CO_3$	620	650～820	1.7（900℃）			

盐浴并不是绝对纯净的，其中含有一定数量的 O_2、SO_2、CO_2 及金属氧化物（如 BaO）等夹杂，它们会使被加热工件产生不同程度的氧化、脱碳及腐蚀等缺陷。这些有害物质是通过两条途径进入盐浴的：其一是原料盐的纯度不高；其二是盐浴使用过程中产生的。对盐浴进行脱氧，是消除盐浴中的有害物质，防止工件氧化脱碳的一种有效方法。脱氧剂种类很多，脱氧方法主要有还原作用法和沉淀生成法两类。还原作用法是往盐浴中添加还原剂（如木炭、黄血盐），使氧化物还原；沉淀生成法是往盐浴中加入 TiO_2、SiO_2 之类物质，与盐浴氧化物作用，产生熔点较高、密度较大的沉淀物，以沉渣方式捞去。

常用脱氧剂的技术条件见表1-35；常用脱氧剂及其脱氧原理见表1-36。

表1-35 常用脱氧剂的技术条件

脱氧剂	外观	技术条件		
		纯度	允许杂质含量	其他
二氧化钛	白色粉末	$TiO_2 \geqslant 96\%$	铁总含量折合 $Fe_2O_3 \leqslant 0.05\%$，硫酸盐和硫化物折合为 $Ti(SO_4) \leqslant 0.15\%$，硝酸盐	
硅铁		成分：$Si \geqslant 70\%$，Fe余量		粒度 $\phi 0.3 \sim \phi 0.5$ mm
硼砂	透明粒状结晶或白色粉末	$Na_2B_4O_7 \cdot 10H_2O \geqslant 99\%$	硫酸盐（Na_2SO_4）含量$\leqslant 0.1\%$，氯化盐（NaCl）含量$\leqslant 0.1\%$，铁$\leqslant 0.003\%$	
氯化铵	白色粉末状结晶	$NH_4Cl \geqslant 80\% \sim 90\%$		
黄血盐	白色正方晶系结晶	$K_4Fe(CN)_6 \cdot 10H_2O \geqslant 98\%$ 或 $KFe(CN)_6 \geqslant 95\%$		粒度 $\phi 2 \sim \phi 4$ mm
硅钙铁		成分：$Si = 60\% \sim 70\%$，$Ca = 20\% \sim 30\%$，Fe余量		粒度 $\phi 0.5 \sim \phi 1$ mm

表1-36 常用脱氧剂及其脱氧原理

名称	分子式	适用	主要脱氧反应	备注
钛白粉	TiO_2	高、中温	$TiO_2 + BaO = BaTiO_3 \downarrow$ $TiO_2 + FeO = FeTiO_3 \downarrow$	脱氧作用较强、速效，捞渣较困难
硼砂	去结晶水 $Na_2B_4O_7$	高、中温	$Na_2B_4O_7 = 2NaBO_2 + B_2O_3$ $B_2O_3 + BaO = Ba(BO_2)_3 \downarrow$	使用前须脱结晶水，有侵蚀性
MS-1	$MgCl_2 : Si = 2:1$	中温	$MgCl_2 + BaO = MgO + BaCl_2$ Si作用同前	$MgCl_2$ 有吸湿性应经脱水处理，硅粉情况同前

(续 表)

名称	分子式	适用	主要脱氧反应	备注
木炭	C	中温	$C+[O]=CO\uparrow$ $2C+Na_2SO_4=Na_2S+2CO\uparrow$	脱氧效果差,对去除硫酸盐、硝盐效果好
硅粉	Si	中温为主	$Si+O_2=SiO_2$ $SiO_2+BaO=BaSiO_3\downarrow$	高温有渗硅作用,对工件有细微黏附
硅钙铁	60%~70% Si 20%~30% Ca 少量 Fe、Al	高、中温	Si 作用同上,$Ca+BaO=CaO+Ba$ $SiO_2+CaO=CaSiO_3\downarrow$	还原与沉淀双重脱氧,易黏于工件

目前有不少工厂将几种脱氧剂混合使用,取长补短,效果甚好,混合脱氧剂配方如表1-37。

表1-37 混合脱氧剂配方

盐浴成分		脱氧剂				备注
		TiO_2	SiO_2	Si-Ca-Fe	无水 $BaCl_2$	
高温	100% $BaCl_2$ 100 kg	0.4~0.8	0.2~0.4	0.1	0.5~1.0	夏季用上限冬季用下限
中温	70% $BaCl_2$ +30% $NaCl_2$ 300 kg	0.4	0.2	0.2	0.5	可用于 50% NaCl+50% KCl 的盐浴

(3) 插入式电极盐浴炉开炉启动操作　开炉启动时,先将启动电阻(辅助电极)牢固并联在主电极上,然后将配好的盐倒入炉膛内,刚好盖住启动电阻。将盐浴炉变压器先调到较低档,接通电源,给启动电阻(辅助电极)送电,使电极之间的那部分盐加热到该盐熔点以上约100~250℃,然后再利用电极继续加热,使固体盐全部熔化,并逐步将变压器调至较高档次,直至熔盐达到工艺要求温度,然后取出启动电阻,开始工作,变压器调档时必须先断开电源。

① 启动电阻的形状和尺寸。启动电阻通常用低碳钢制造,可为方形、圆形或扁带形。前两种做成螺旋形,扁带弯成之字形。螺

旋形的热量集中，强度较高，制造较方便。

关于启动电阻体常用的规格尺寸，螺旋形多采用 ϕ14～ϕ20 mm 的圆钢，螺旋线圈的直径为 ϕ80～ϕ120 mm 左右。布置有困难时，螺旋线圈的直径应适当加大，之字形的电阻体多采用厚 8～10 mm，宽 40～50 mm(或 20 mm×20 mm)带钢。启动电阻体的长度，可依启动功率按电热元件的计算方法进行计算，也可在有关的规格中直接选用。在成形及放置较合适的前提下，尽量使表面功率小些。启动电阻体引出棒的截面积较启动电阻体截面积约大 2 倍。

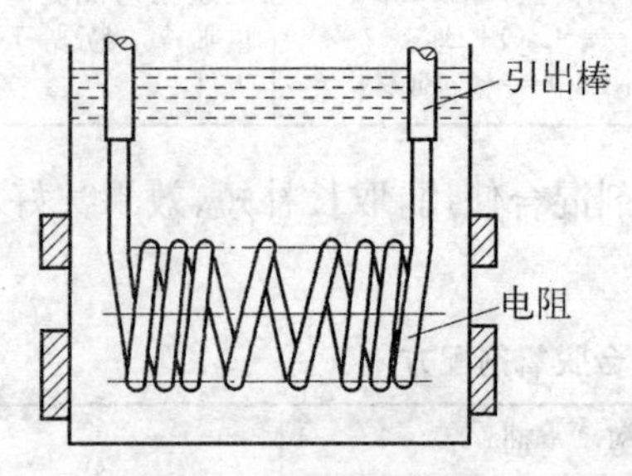

图 1－26　启动电阻体

启动电阻体应放置在电极区，见图 1－26 也可做成如图所示的中间螺距较大、两端螺距较小的形式，这样两端热量较集中，电极宜被较快地通电加热。

② 启动方法。空炉启动：将启动电阻体放在炉膛底的电极区内，加入能将启动电阻体盖没的盐并使其熔化。之后，将启动电阻体取出，再使用高档由电极通电加热，将陆续加入的盐熔化。

二次启动：开始启动时，由于启动电阻处于冷态，其电阻值比热态时小很多，为使启动电流不过载，应用低档启动。当启动电阻体的温度升高后，再调至高档，以加快盐的熔化速度，缩短升温时间。待盐基本熔化后，就可脱开启动电阻，直接由电极通电加热。

(4) 盐浴炉脱氧　盐浴炉工作一段时间后，由于熔盐与空气中的氧和水以及与金属电极、工件、挂具等发生反应，生成能使工件产生氧化脱碳的金属氧化物，为防止工件氧化脱碳，生产中采用脱氧剂定时对熔盐进行脱氧处理，以去除(沉淀)这些有害的金属氧化物。沉淀在炉膛底部的脱氧产生叫做炉渣。

每次脱氧时，脱氧剂的加入量与熔盐总重量，炉子工作温度，工作时间及所加工的工件数量有关，应当灵活掌握，不能一成不变。

加入过量的脱氧剂并不能获得更好的效果,反而造成多余的脱氧剂积累在炉渣中。经常性地在不断搅拌下一点一点地添加少量脱氧剂效果会更好,也更为经济。

为使脱氧剂与熔盐中的金属氧化物充分反应,每一种脱氧剂都有一个合适的脱氧温度。加完脱氧剂后应将熔盐温度降低,以促使脱氧产物沉淀,便于捞渣。这就是脱氧时炉温要先高后低的原因。脱氧的操作要求如下:

① 高温盐浴。脱氧前,先将盐浴升温到1 290~1 310℃,到温后,将脱氧剂徐徐加入,并不断用不锈钢棒搅拌,以防止硅钙在盐液面燃烧。脱氧剂加毕后,保温10~15 min即可调整炉温进行生产。每隔4 h脱氧一次(夏季间隔时间可适当缩短)。为使脱氧剂充分发挥作用,一般不在脱氧后立即捞渣,而是每工作8 h捞渣一次。捞渣时应将炉温降至1 200℃左右,以便炉渣凝聚。

脱氧后盐浴中氧化物含量应为:BaO≤0.5%,FeO≤0.5%。对于严格控制脱碳的工件,应使盐浴达到BaO≤0.3%,FeO≤0.5%。FeO含量一般能够达到要求,不容易升高,故在生产中通常只以BaO含量来判定脱氧的效果。

② 中温盐浴。脱氧温度一般为900℃左右,捞渣温度一般为800℃左右,其余操作与高温盐浴脱氧相同。脱氧和捞渣均为每班一次。盐浴中的BaO含量应该控制在0.3%以下。

(5) 除渣　将沉淀在炉膛底部的炉渣捞出的操作叫做除渣。除渣时,先把长柄铁勺烘干,小心缓慢地将其伸入炉中,一勺一勺地把炉渣捞出来。

捞渣的难易程度,主要与渣的黏度有关。脱氧剂不同时,所形成的炉渣的黏度也不相同。如果渣的黏度较大,不易捞取,可通过适当提高炉温的办法减小渣的黏度,使捞渣变得容易一些。

工厂中通常规定脱氧后进行除渣。为了提高脱氧效果,最好于脱氧前先仔细除渣,脱氧后再除一次渣。生产中除渣工作经常受到忽视,其实除渣的彻底与否对工件加热质量有明显影响。即使采用高效脱氧剂对炉子进行脱氧,如不彻底除渣工件照样会产生脱碳。

捞出的炉渣要保存在专用金属容器中,按规定处置,不得随便丢弃。除渣时必须切断电源。

(6) 盐浴炉的维护事项

① 烘炉。新炉使用前要进行烘炉处理。烘炉时可用木柴、木炭或电热器加热炉膛,用带孔的石棉板盖住炉口,一直烘到炉壁微微发亮。

烘过的炉子仍会有少许潮气残留在炉砖缝隙和孔隙中,为了去除余下的潮气,延长炉衬使用寿命,新炉开炉后先空载保温 24 h,让熔盐充分渗透到炉砖孔隙中,保温温度在熔点以上 20~30℃。

已经烘干过的新炉衬,经数周存放之后是很难使其再彻底干燥的,故炉子烘干后应尽早投入使用。

用耐火混凝土预制的炉衬应按规定方法烘炉。

② 电极和炉衬的检查更换。高、中温盐浴炉的电极和炉衬较易损坏,所以应经常检查,不能再用时应及时加以更换。

熔盐对低碳钢电极有很强的腐蚀作用。插入式新电极使用一段时间后,位于盐浴面附近的一段电极因遭受强烈腐蚀,直径减小而呈"缩颈"状。这样一来,不但电极容易断裂,而且炉温均匀性也会变差。

熔盐和炉渣对炉膛耐火材料也有腐蚀作用。新炉衬使用一段时间后,炉壁会变得凹凸不平,炉砖间缝隙加大,严重时会发生漏盐事故。

③ 防止短路。落入炉内的工件、挂具或别的金属物件易造成电极短路,一旦发生这种情况要立即切断电源,将其捞出。

六、常用热工仪表及温度测量

在热处理生产中,采用性能良好的仪表和调节装置,正确地测量和控制温度,对于保证热处理产品的质量具有十分重要的意义。

1. 常用测温仪表

热处理中使用的测温仪表通常分为一次仪表(如热电偶、辐射高温计)和二次仪表(如毫伏计、电子电位差计)。此外,还有光学高温计、膨胀式温度计等。

1）膨胀式温度计

这类温度计包括玻璃液体温度计、压力式温度计及双金属温度计,其基本测温原理是利用液体介质(水银、酒精等)、气体介质(水银蒸气、惰性气体等)及固体金属受热膨胀的性质进行测温的。

膨胀式温度计的共同特点是结构简单,测量方便,能直接读数;但也存在着测量温度范围较狭窄,不能用于高温测量,测量精度较低等缺点。

膨胀式温度计常用于测量低温烘箱、碱浴、硝盐浴、油浴及淬火介质等的温度。

2）热电偶

在温度测量中,热电偶是使用最广泛的感温元件,具有结构简单、使用方便、测量精度高、测量范围广等优点,主要用来和毫伏计、电子电位差计等二次仪表配套,以测量在 0～1 600℃范围内的液体和气体的温度。

(1) 热电偶的测温原理　两种不同的金属导体两端点相连接,形成一闭合回路时,如若两端温度不同,则会在两端点间产生电动势,称为热电势。随着两连接点之间温度变化,热电势也产生相应变化。因此,可以通过测量热电势的大小来达到测量温度的目的。

图 1－27 所示为热电偶示意图。它由两根不同的金属导线(称热电极)A 和 B 组成。其一端是互相焊接的,形成热电偶的工作端也称热端,用它插入待测介质中;其另一端称自由端,也称冷端,用导线引出并与测量仪表相连接。热电偶的工作端和自由端存在温度差时,二次仪表将指示出热电偶中所产生的热电势,并转换成温度标度指示或记录。

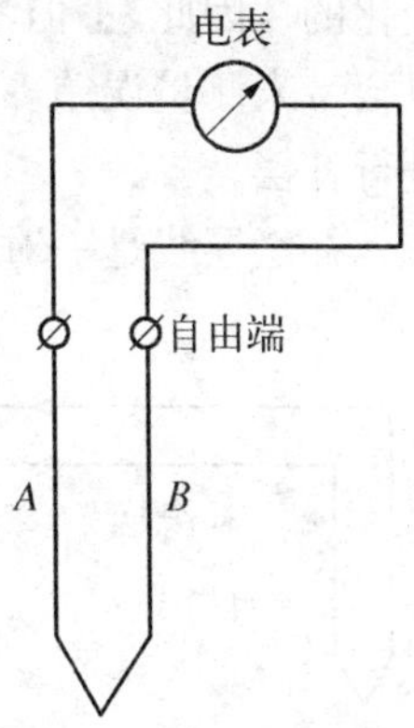

图 1－27　热电偶示意图

热电偶所产生的热电势高低只与热电极的材料和热电偶两端的温度有关,而与热电极的长度和直径无关。温度升高,热电势增大。因此,如果热电极材料确定,又保持自由端温度恒定,则热电势的大小只随工作端温度变化而变化。工业上能够使用的热电偶材料是有一定要求的。首先,材料要能耐高温、能抵抗炉内气氛或介质的侵蚀;组成的热电偶产生的热电势要大,测量范围要宽。另外,材料的电阻率和电阻温度系数要小,加工性能要良好。

(2) 热电偶分度表　根据热电偶中的电势大小与测量端温度的关系,可将两者的对应数值列成表格,制成热电偶分度表。表中的数据是在自由端温度保持0℃的条件下通过实测得到的。由于偶丝材料不同的分度表中数据也不相同,为便于区分,又将偶丝材料不同的分度表分别编上代号——分度号。按照热电偶分度号规定,铂铑-铂热电偶的分度号为LB-3、镍铬-镍硅为EU-2、镍铬-考铜为EA-2。

分度表是在冷端温度为0℃的条件下得到的,与热电偶相配的温度显示仪表也是在这一条件下进行刻度的,因此,用热电偶测温时,只有冷端保持0℃,测量结果才准确。

(3) 热电偶冷端温度的补偿　实际使用中,冷端温度是随室温变化的。因此,不但不会保持0℃,而且常不恒定,有较大波动,所以会带来测量误差。为减少或消除这种误差,常采用补偿导线法来进行补偿。

补偿导线是一对化学成分不同的金属线,它们在一定的温度范围(0～100℃)内与所配接的热电偶有相同的温度和热电势关系,所以,使用补偿导线之后,等于将热电偶的热电极延长,如图1-28所示。

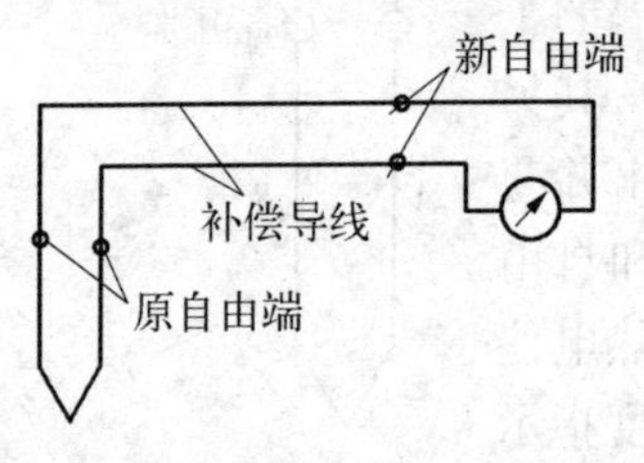

图1-28　补偿导线连接示意图

各种热电偶要选用与其相对应的补偿导线来配接。常用补偿导线特征见表1-38。

表 1-38 常用热电偶补偿导线

热电偶名称	补偿导线				当工作端为100℃自由端为0℃时标准热电势(mV)
	正极		负极		
	材料	颜色	材料	颜色	
铂铑-铂	铜	红	镍铜	白	0.64±0.03
镍铬-镍硅（镍铬-镍铝）	铜	红	康铜	白	4.10±0.15
镍铬-考铜	镍铬合金	褐绿	考铜	白	6.95±0.30
铁-考铜	铁	白	考铜	白	5.75±0.25
铜-康铜	铜	红	康铜	白	4.10±0.15

(4) 热电偶的安装和使用　热电偶的安装方式分为竖直式和水平式，前者适用于盐浴炉和箱式炉测温，后者适用于井式电阻炉测温。其测量端伸入炉膛的长度不宜过短或过长。伸入部分过短，会影响测温的准确性；伸入部分过长，又容易碰损或产生变形。一般情况下，伸入长度应大于保护管外径的 8～10 倍，但又不要超过 500 mm。

安装在箱式电阻炉和井式电阻炉上的热电偶一般不会经常挪动，而盐浴炉在脱氧、除渣、停炉和开炉时都需要将热电偶取出、放入，挪动比较频繁。为避免热电偶因急热急冷受损，热电偶测量端应先在炉口上方充分烤热后才能放入炉内；从炉中取出的热电偶应放在炉口旁缓慢冷却。

(5) 热电偶使用注意事项

① 热电偶插入炉中的位置，应能代表炉内的实际温度。

② 热电偶和补偿导线的安装位置和方向应避开强磁场和强电场的影响，以免引起干扰。热电偶的金属壳必须良好接地。

③ 热电偶保护管与炉壁之间的空隙，必须用耐火泥或石棉绳等堵塞，以防空气在缝隙间对流，影响测温的准确性。

④ 最好把补偿导线装入接地的铁管内，以免机械损伤和电磁干扰。接线时，还应注意不要把补偿导线接反。

⑤ 在使用热电偶中,应经常检查保护管的情况。发现热电偶表面有麻点、泡沫或局部直径变细、腐蚀以及老化等情况,应立即更换。

⑥ 新热电偶应经计量部门鉴定合格后,才能使用,在使用中亦应定期校验。

常用热电偶的型号和规格见表 1-39。热电偶常见故障及其排除方法见表 1-40。

表 1-39　工业用热电偶的型号和规格

型号	结构特征	测温范围(℃)	保护管			时间常数(s)	工作压力(MPa)
			材料	外径(mm)	插入长度(mm)		
WRLL-110	无固定装置	0～1 600	高纯氧化铝磁管	φ16	300 500 750 1 000	小于150	常压
WRL-220	活动法兰				500 600 750 1 000 1 250 1 500		
WRLB-110	无固定装置	0～1 300	耐高温陶瓷	φ16	300 500 750 1 000	小于90	常压
WRB-110	小型			φ8	500		
WRB-220 WRB-221	活动法兰盘			φ16	500 600 750 1 000 1 250 1 500		
WREU-111 WRS-121	无固定装置	0～600	碳钢 20	φ16	200 250 300 350 400 500 600 750 1 000 1 250 1 500 2 000	小于90	常压
		0～800	不锈钢 1Cr18Ni9Ti				
		0～1 000	不锈钢 Cr25Ti				
WREU-210 WRS-420	固定螺纹	0～600	碳钢 20		150 200 300 400 500 750 1 000 1 250 1 500 2 000	小于90	10
WREU-410 WRS-520	固定法兰盘	0～800	不锈钢 1Cr18Ni9Si				

（续 表）

型 号	结构特征	测温范围(℃)	保护管 材料	保护管 外径(mm)	保护管 插入长度(mm)	时间常数(s)	工作压力(MPa)
WREU-510（角尺形） WRS-620（角尺形）	活动法兰盘	0～800	不锈钢 1Cr18Ni9Ti	ϕ16	500×500 750 1 000 1 250 1 500	小于90	常压
WREU-510（角尺形） WRS-620（角尺形）	活动法兰盘	0～1 000	不锈钢 Cr25Ti	ϕ16	500×500 750 1 000 1 250 1 500	小于90	常压
WREA-210 WRK-420	固定螺纹	0～600	碳钢20或不锈钢1Cr18Ni9Ti	ϕ16	150 200 250 300 750 1 000 1 250 1 500 2 000	小于90	4.0
WREA-410 WRK-520	固定法兰盘	0～600	碳钢20或不锈钢1Cr18Ni9Ti	ϕ16	150 200 250 300 750 1 000 1 250 1 500 2 000	小于90	4.0
WRK-222	活动法兰盘	0～600	碳钢20或不锈钢1Cr18Ni9Ti	ϕ16	150 200 250 300 750 1 000 1 250 1 500 2 000	小于90	2.5
WRA-510（角尺形） WRK-620（角尺形）	活动法兰盘	0～600	碳钢20或不锈钢1Cr18Ni9Ti	ϕ16	500×500 750 1 000 1 250 1 500	小于90	常压

表1-40 热电偶常见故障及其排除方法

故 障	可能原因	排除方法
热电势比实际应有的小（二次仪表示值偏低）	热电偶内热电极漏电（短路）	将热电极取出，检查。若是因潮湿引起，应烘干或更换绝缘瓷管
	热电偶接线盒内接线柱短路	打开接线盒，清洁接线板，消除造成短路的原因
	补偿导线短路	将短路处重新绝缘更换补偿导线
	热电极变质	把变质部分剪去，重新焊接工作端或更换热电极
	补偿导线与热电偶的种类配置错误	换成与热电偶同类型的补偿导线
	补偿导线与热电极的极性接反	重装
	热电偶安装位置或受热长度不适当	改变安装位置或插入深度

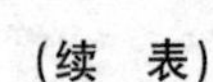

（续 表）

故 障	可能原因	排除方法
热电势比实际应有的小（二次仪表示值偏低）	热电偶自由端接点温度过高	准确进行冷端温度补偿
	热电偶种类与二次仪表刻度不一致	更换热电偶及补偿导线
热电势比实际应有的大（二次仪表示值偏高）	热电偶种类与二次仪表刻度不符	更换热电偶及补偿导线
	补偿导线与热电偶种类不符合	更换补偿导线
二次仪表的示值不稳定（在二次仪表没有故障的情况下）	热电偶接线柱与热电极接触不良	清洁接线盒和热电极端部，重新连接好
	热电极有断续短路	取出热电极，找出断续短路处，加以排除
	热电极已断，或断续连接	重新焊接断开之处，并检查其特性有无改变，若不符合则应更换
	热电偶安装不牢固，发生摆动	将热电偶牢固安装
热电偶热电势变化	热电偶变质	切去变质部分重新焊接或更换热电极
	热电偶安装位置不当	改变安装位置
	热电偶保护管表面积垢过多	清除保护管积垢或更换保护管
热电偶首次使用时热电势偏高或偏低	热电极弯曲焊接后未经热处理	使用一两次后即稳定正常

注：当发现上述各种故障情况时，应先将补偿导线和接线盒分开，然后分别检查热电偶与补偿导线，待确定故障所在，再进行处理。

3）辐射高温计

辐射高温计是通过被测物体辐射出的热能转换成热电势来测量其温度的测温仪表。

辐射高温计主要由辐射感温器和显示仪表两部分组成。感温器包括物镜、补偿光栏、热电偶等。显示仪表常用毫伏计或电子电位差计。图 1 - 29 为辐射高温计结构示意图，被测物体放射的热能由物镜 1 聚集在热电偶 2 的工作端上以转换成热电势。热电势的大小在配套的毫伏表或电子电位差计上显示出来。

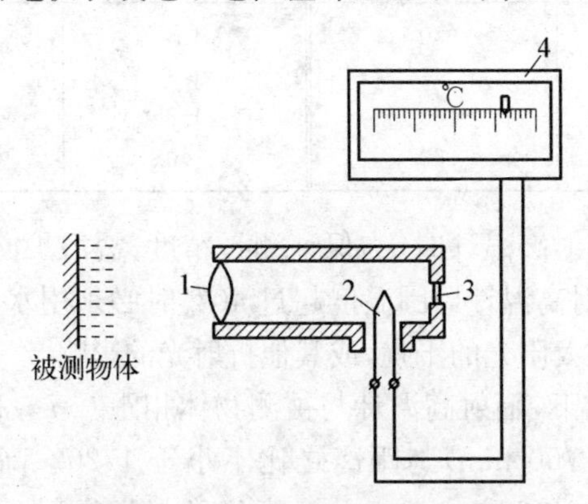

图 1 - 29　辐射高温计结构示意图

1—物镜；2—热电偶；3—目镜；4—毫伏计

使用辐射高温计时，从目镜 3 中所看到的被测物体影像必须把热电偶完全覆盖上(图 1 - 30a)，以保证热电偶充分接受被测物体放射的热能。在图 1 - 30b，图 1 - 30c 中被测物体的影像都没有能把热电偶全部覆盖上，测量结果将是不正确的。其中，图 1 - 30b 反映被测温物体的影像太小，若缩短辐射高温计与被测温物体之间的距离，可放大影像。图 1 - 30c 则是被测温物体的影像歪斜，此时应调整辐射高温计的瞄准角度。表 1 - 41 列出了 FWT - 202 型辐射高温计的工作距离与被测温物体大小之间的关系。

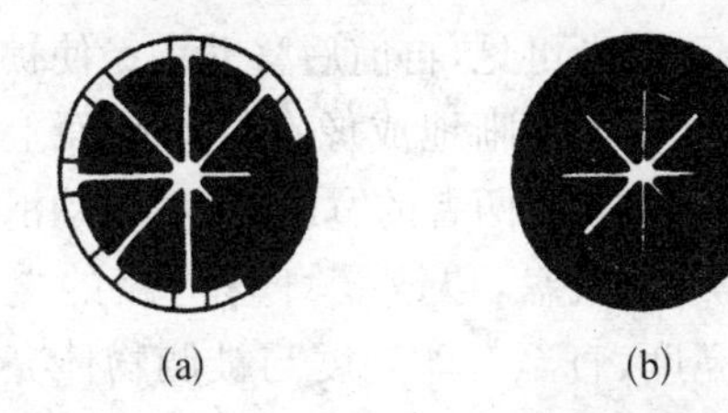

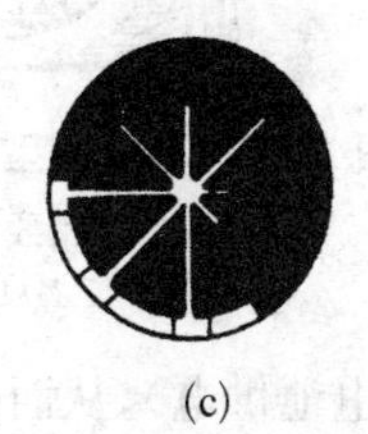

图 1 - 30　辐射高温计瞄准时的图像

(a) 正确；(b)、(c) 不正确

表 1-41 辐射高温计所测物体的尺寸与距离的关系

辐射高温计的工作距离(m)	被测物的最小有效直径(mm)	辐射高温计的工作距离(m)	被测物的最小有效直径(mm)
0.6	40	1.4	70
0.8	42	1.6	80
1.0	50	1.8	90
1.2	60	2.0	100

在使用辐射高温计时，为保证测量精度，盐浴炉必须有良好的抽风装置，辐射高温计周围温度超过 40℃时必须用水冷装置，被测温物体应避免太阳光的干扰，或其他折射光的影响。

一般情况下，辐射高温计与被测物体相距 0.7～1.1 m。被测物直径(ϕ50～ϕ60 mm)与距离之比不小于 1/20。高温计与盐浴面的垂直线应成 30°～60°。并注意经常保证辐射高温计的镜头清洁。

4) 光学高温计

光学高温计是采用了特制光度灯的灯丝所发出的亮度与受热工件所发出的亮度相比较的方法，并根据灯丝亮度与温度之间的对应关系，准确地测定受热工件温度的一种测温仪表。如图 1-31 所示。

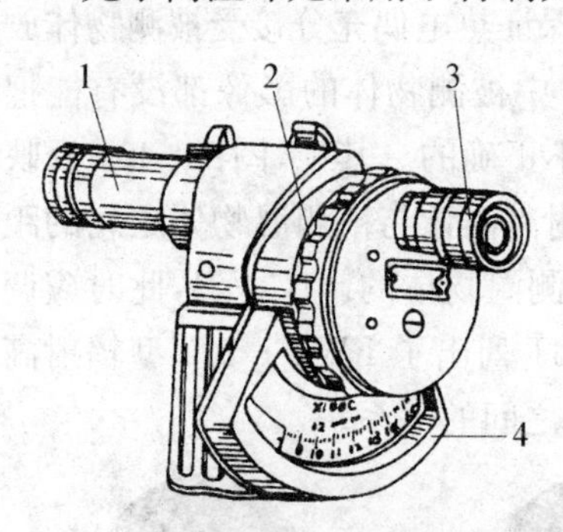

图 1-31 WGG_2 型光学高温计

1—物镜；2—滑线电阻盘；3—目镜；4—温度显示表

使用时，将高温计对准被测物体，前后移动目镜使光度灯的灯丝清晰可见，再前后移动物镜使被测物体清晰地成像在灯丝平面上以便比较两者的宽度，然后转动滑线电阻盘，以改变灯丝电路的电流(由电池供电)，从而改变灯丝亮度，直至灯丝亮度与被测物体亮度相同，即灯丝影像隐灭在被测物体影像中为止。如图 1-32 所示。此时，通过温度显示表可读出工件温度。

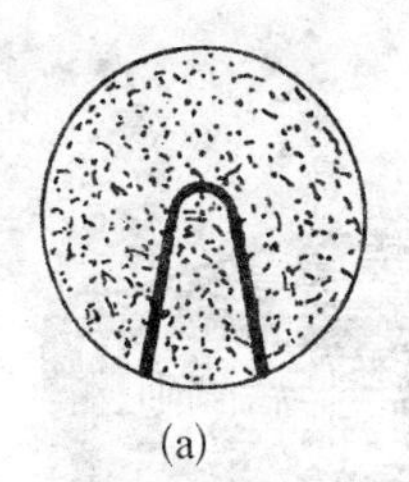
(a)

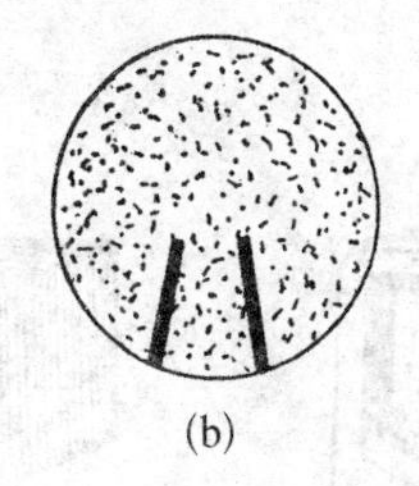
(b)

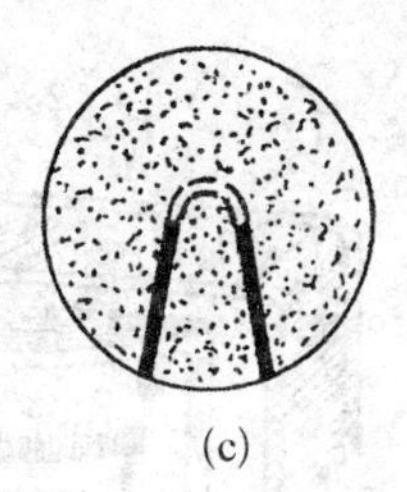
(c)

图 1-32 灯丝隐灭情况示意图

(a) 灯丝为暗色;(b) 灯丝隐灭;(c) 灯丝为亮线

常用的光学高温计型号及规格见表 1-42。

表 1-42 光学高温计的型号及规格

名称	型号	规格
光学高温计	WGG_2-201	双量程：700～1 500℃,1 200～2 000℃,物镜与测量目标的最小距离：700 mm
	WGG_2-323	双量程：(1 200～2 000)℃±30℃,(1 800～3 200)℃±80℃,物镜与测量目标的最小距离：700 mm
	WGG_2-202	双量程：700～1 500℃,1 200～2 000℃,物镜与测量目标的最小距离：700 mm
	WGG_2-302	双量程：(700～1 500)℃±13℃,(1 200～3 000)℃±47℃,物镜与测量目标的最小距离：700 mm
精密光学高温计	WGJ-01	量程：900～6 000℃四档,一般工作距离：1 000 mm

5) 测温毫伏计

毫伏计是测量热电偶产生的热电势的一种磁电式仪表。毫伏计分为指示毫伏计和调节式毫伏计两种。前者仅能测量、指示温度,有 XCZ-101、EFZ-110 等型号。后者除能测量指示温度外,还可以调节温度,有 XCT-101、EFT-100 等型号。如图 1-33 为热处理常见的两种毫伏计的外形图。生产现场使用的毫伏计,一般安装在控制柜上,并用补偿导线与热电偶自由端相连。补偿导线的正负极与热电偶的正负极是对应相接的。

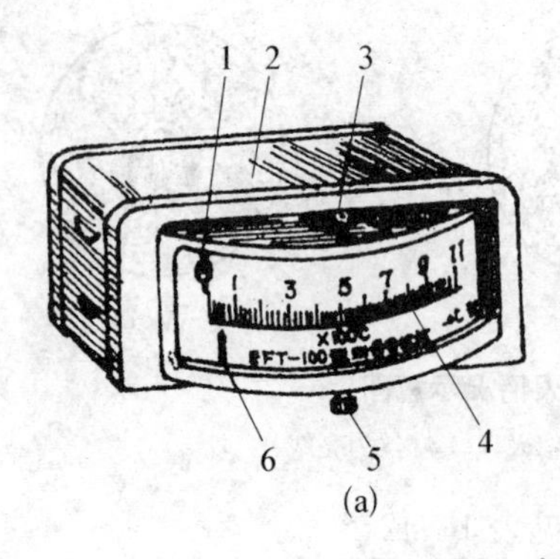

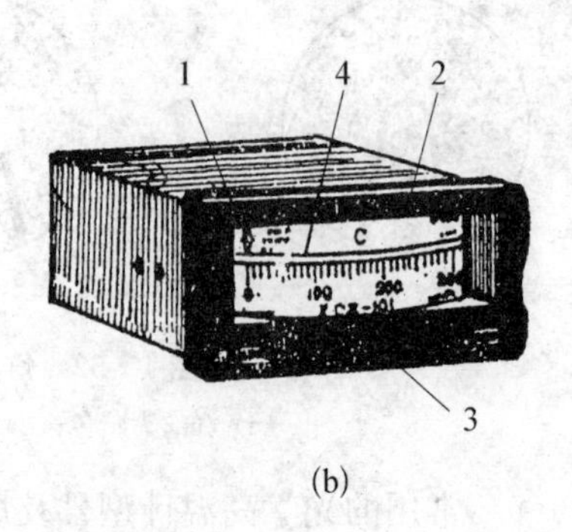

图 1-33 毫伏计的外形示意图

(a) EFT-100 型调节式毫伏计;(b) XCZ-101 型毫伏计
1—温度指针;2—仪表壳;3—零位调节旋钮;4—刻度盘;
5—给定指针调节旋钮;6—给定指针

在毫伏计正面有两个调节旋钮:一个为温度给定指针调节旋钮,用来把仪表控制温度调到工艺规定温度上;另一个为"0"位调节旋钮,用来调整机械 0 点,即将温度指示指针调到标尺的"0"位上。接有补偿导线时,为抵消自由端温度的影响,应将温度指示指针预先调到仪表所在环境的温度值上。

在仪表表盘上标有仪表分度号,使用时要检查热电偶分度号与仪表分度号是否一致,避免因错误混用而导致测量结果不准。

毫伏表结构简单,价格便宜,能适用于高、中、低温。但由于测量精度不高,一般为 1~2.5 级,因此在热处理中已逐渐减少使用。有被其他仪表(如电子电位差计)取代的趋势,生产中常用的毫伏计型号及规格见表 1-43。

表 1-43 常用毫伏计型号及规格

名 称	型 号	精度	分度及量程(℃)	外形尺寸(mm)(长×宽×高)	备 注
便携式测温毫伏计	EFZ-020 EFZ-030 EFZ-050	1	*LB* 0~1 600; *EA* 0~300, 0~400, 0~600;	194×176×76	020 为两个接线柱,030 为三个接线柱,表面弧度长 124 mm,阻尼时间 ≤10 s

（续 表）

名 称	型 号	精度	分度及量程（℃）	外形尺寸(mm)（长×宽×高）	备 注
测温毫伏计（嵌入式）	EFZ-110	1.5		295×125×125	可安装在配电框上，表面标尺长 180 mm
指示调节型测温毫伏计	EFT-100 EFT-110	1.5	*EU* 0～600，0～800，0～1 100；T_2 700～1 400℃，900～1 800℃	295×125×295	110 型为两位控制，接点动作误差±1%，控制不灵敏区<1%，给定范围 10%～100% 110 型为三位控制，给定范围 10%～90%，控制接点容量 220 V，0.5 A，无感负荷 标尺长度 170 mm 单针
动圈式嵌示仪	CZ-101	1.0		160×80×180	单针与电偶配合测量温度
动圈式调节指示仪	XCT-101 XCT-111	1.0 1.0		160×80×272	单针，标尺长110 mm，控制误差±1.0%，控制不灵敏区<0.5% 接点容量：220 V，1 A 101 型为两位控制，给定范围 0～100% 111 型为三位控制，给定范围 10%～90%

6）电子电位差计

电子电位差计是一种精确、可靠并能够自动记录和控制加热炉温度变化的仪表。热处理生产中常用的电子电位差计是配有圆图记录机构的 XWB 型，它的外形如图 1-34 所示。

电子电位差计门上装有温度标尺，由黑色指示针指示温度读数。图形记录纸装在面板的托纸盘上，由同步电动机带动，按每 24 h 一周恒速运转。记录纸上用许多等距离的同心圆来表示温度分度，根据记录笔划出的墨线所处的圆，便可知加热温度的高低。与同心圆交叉的弧形线表示时间分度。每一大格通常表示1 h。根据记录墨线所占有的格子数，可以判断加热时间的长短。限定温度的红色指示针，用以将炉温控制在所需的温度范围。

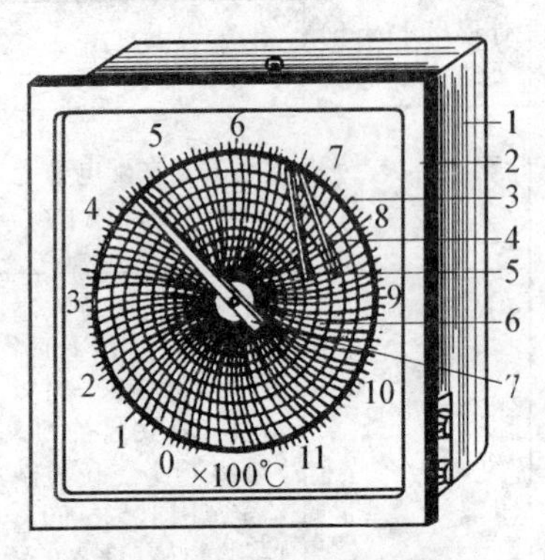

图 1-34 XWB-101 型电子电位差计外形图

1—外壳；2—仪表门；3—记录纸；4—控制针；5—记录笔；6—转动盘；7—指示针

电子电位差计有 EW 和 XW 两大系列。前者采用电子管放大电路，属于旧型；后者采用晶体管放大电路，属于新型。新型仪表质量轻，体积小，抗干扰性能好，因而应用越来越广。

电子电位差计在使用中应注意以下事项：

（1）仪表应安装在干燥、无腐蚀性气体，无强烈振动和附近无强磁场的地方。周围环境温度为 0～50℃，仪表门上的密封衬垫应保持完整接触紧密，仪表内应放置干燥剂以吸收水分。

（2）热电偶的分度号应与使用的电子电位差计的分度号一致；补偿导线的型号应与热电偶配套。

2. 炉温测量方法及炉温均匀性检查

热处理质量与温度有十分密切和重要的关系。在实际生产过程中，炉膛内测温热电偶只能安置一个或数个，它不能反映整个装料区域空间内各部位的真实温度，如果工件位置的实际温度与工艺规定温度及其保温精度发生偏差超过了要求范围，就不能保证该处工件的热处理质量。所以在装料之前必须要知道炉膛内能满足热处理工艺规定的温度及其保温精度的工作空间尺寸，即炉子的有效加热区。有效加热区尺寸比炉子内部空间（炉膛）的尺寸小一些。

炉子空间尺寸（炉膛尺寸）是设计者根据炉子产品技术要求或一般情况下设定的，与今后的热处理对象和应用于何种热处理要求无直接关系。

我国现已实行热处理炉定期测定有效加热区制度，通过定期系统测温来确定热处理炉的有效加热区尺寸。热处理时，零件只有放在有效加热区内加热，才能保证热处理质量。

1）炉温和工件温度的区别

工件加热时，由热处理工艺规定的加热温度叫做工艺规定温度，这种工艺规定温度是根据工件热处理目的和材料种类加以确定的。加热过程中由于介质、炉壁、工件和测温元件之间的热交换过程十分复杂，彼此之间均存在着温差，而且炉膛各处的温度也有差别。

实际情况表明，任何热处理炉，在任何保温温度下，其炉温分布都是不均匀的。炉温均匀性程度用保温精度来衡量。即炉子在工艺规定的温度下保温时，实际保温温度相对于工艺规定温度的最大温度偏差就叫做炉子的保温精度。例如，当某箱式电阻炉在工艺规定温度 860℃下保温时，实际测得的保温温度为 830～890℃即 860℃±30℃，这种情况下炉子在 860℃下的保温精度为±30℃。

由此可见，炉子保温精度越高，炉温均匀性越好。当炉温均匀时，炉子的实际保温温度才会与工艺规定温度一致，只有在这种情况下才记为“炉温”就是“工作温度”。

2）热处理炉有效加热区的确定

为保证工件加热质量，应尽可能提高炉子的保温精度，以使炉温与工艺规定温度相对接近。

从生产实践得知，炉温均匀性与炉膛体积有直接关系。一般来说，炉膛体积越大，炉温均匀性越差。如有炉膛体积一定的某台加热炉，整个炉膛内的温度很不一致，波动范围较大，但炉膛内某个较小空间的炉温均匀性却是较好，这个小空间的保温精度能够满足某种或某些工件的热处理工艺要求，将工件安放在这个空间内加热时工件的加热质量就能够获得保证。这个小空间就称为该炉子的有效加热区。

有效加热区与热处理生产对象和热处理工艺有关，即使在同一炉子，也是随热处理工件或热处理工艺不同而变化的。它还与热处理的形式、结构和质量有关。热处理炉的质量愈好，炉温均匀性愈高，则有效加热区尺寸愈大；反之亦然。热处理炉的有效加热区会因炉子使用日久、损伤，或技术改造而发生变化。热处理炉有效加热区的确定，还与炉子的测温方式有关。因此，在确定某一炉子的有效加热区时，应采用标准规定的方法和测温装置。

国家企业标准规定测温点数与炉膛容积有关，应根据炉膛容积大小来选择测温点数，至少要 5 点，最多不超过 40 点。国内有工厂采用容积(立方米)来分档，其测温点数量与位置见表 1－44 及图 1－35 和图 1－36。

表 1－44　测温点数和位置的规定

工作区容积(m^3)	测温点数量(个)	测温点位置
≤0.1	≥5	前、中、后
0.1～1.0	≥9	前、中、后
>1.0	≥9～40	对称分布

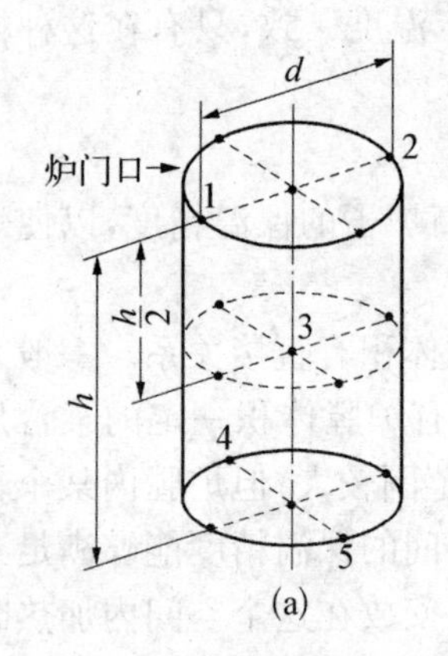

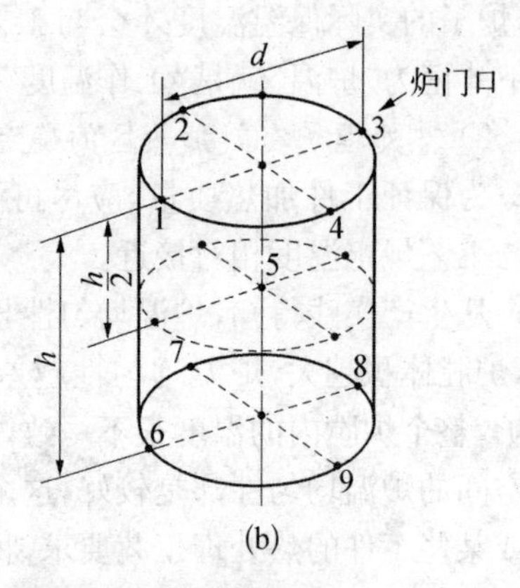

图 1－35　圆柱形炉测温热电偶布局

a) 5 根热电偶测温布置图　b) 9 根热电偶测温布置图

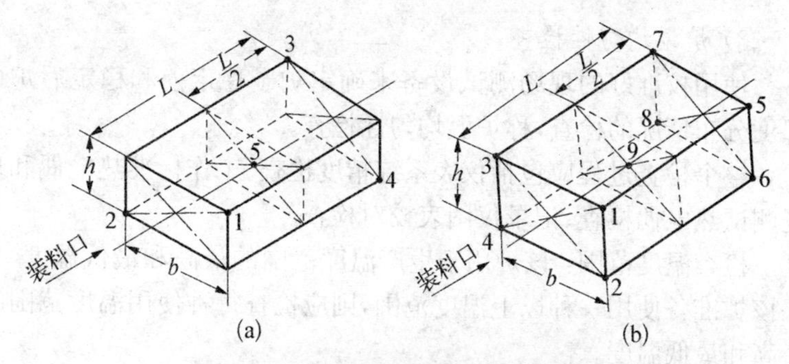

图 1-36 矩形炉测温热电偶布局

a) 5 根热电偶测温布置图 b) 9 根热电偶测温布置图

测试方法：在将测试热电偶插入已达到热稳定的炉子中后，从第一根测试热电偶到达被测温度允差下限值起，读出所有测试热电偶的温度值。如果炉温控制热电偶先到达设定温度，则应在此时读温度，每隔 2 min 读一次数，直到所有测试热电偶在所要求的温度范围中。然后改成每隔 5 min 读一次数，连续 30 min。每一工作区的最高和最低温度热电偶的温度波动特性也应确定。

测定周期：我国在国标 GB/T 9452—1988《热处理炉有效加热区测定方法》中规定高精度炉子每半年测定一次，对于一般地方中小型工厂可适当延长测试周期。

有效加热区是按工艺规定温度和保温精度来判定的。为了便于管理和满足不同热处理层次的需要，我国规定把不同精度的有效加热区的炉子分成六类，见表 1-45。

表 1-45 有效加热区分类 (℃)

类 别	保温精度允许最大偏差	控温指示精度	仪表精度等级不低于
1	±3	±1.0	0.25
2	±5	±1.5	0.3
3	±10	±5.0	0.5
4	±15	±8.0	0.5
5	±20	±10.0	0.5
6	±25	±10.0	0.5

3）炉温均匀性检查

使用校准好的现场测试设备来确定炉子稳定前和稳定后炉内温度分布情况的检查，称炉温均匀性检查。

整个检查过程应包括仪表系统精度检查、工作标准热电偶和现场测试热电偶检查、记录仪图表校对检查。

检查温度范围：该炉用于生产温度范围的最高和最低温度，如果该炉准备使用一种以上温度范围，则应检查每种使用温度范围的最高和最低温度。

炉子装载情况：可以在空炉状况下测温检查。

测温方法：与控温要求中的测试方法相同。

测温结果：只有当炉子温度均匀性在有效加热区内，满足表1-45要求时，该炉子才能用于生产。

复习思考题

1. 什么叫弹性？什么叫塑性？弹性好的材料塑性也一定好，对不对？

2. 试述σ_s，$\sigma_{0.2}$，$\delta\%$，$\psi\%$的含义及计量单位。

3. 说明布氏、洛氏、维氏三种硬度计的试验原理。

4. 说出铁素体、奥氏体、渗碳体、珠光体和莱氏体的定义和性能特点。

5. 含碳量对铁碳合金组织和性能有什么影响？

6. $Fe-Fe_3C$状态图有何实用意义？

7. 淬火钢回火的目的是什么？

8. 什么叫回火脆性？回火脆性有哪几类？

9. 碳钢有哪几种分类方法？钢号是怎样表示的？

10. 指出45、85、T10、T12、A_3、Q235它们各属于哪一类钢。

11. 简述电阻炉的种类，各种电阻炉的适用范围。

12. 比较插入式及埋入式盐浴炉的优缺点。

13. 盐浴为什么脱氧？常用的脱氧剂有哪些？

14. 简述热电偶的测温原理。怎样进行热电偶冷端温度补偿?

15. RX3-45-12箱式电阻炉如何进行炉温均匀性检查?

第2章 钢的热处理基本方法

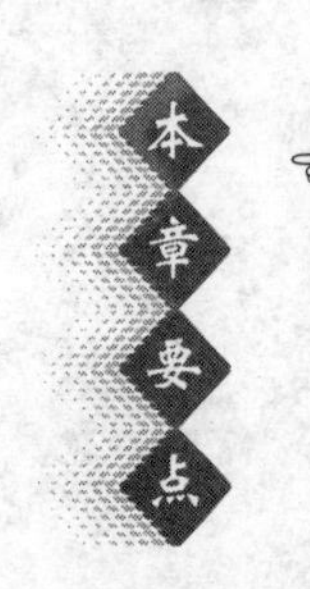

1. 退火与正火的目的及选用依据，退火与正火工艺及操作方法。

2. 淬火的目的、淬火工艺参数的确定、淬火方法和钢的淬透性与淬硬性。

3. 回火的目的、回火工艺参数的确定、回火方法和回火脆性。

4. 淬火和回火操作。

5. 热处理常见缺陷及防止措施。

6. 感应加热表面淬火工艺方法及操作要领。感应器的制造与选用。

7. 感应加热淬火常见缺陷和防止措施。

一、退火与正火

1. 退火与正火的目的

一般把热处理工艺分为预先热处理和最终热处理两大类。最终热处理的目的是使零件达到设计使用的性能要求，而预先热处理的目的则是消除或改善前道工序引起的缺陷，为后道工序作好性能与组织准备。退火与正火是工件预先热处理的主要手段。

机器零件的毛坯一般是轧材，锻件，铸件或焊接件。坯料内部常出现各种组织缺陷，如组织不均匀性，晶粒粗大，带状组织，魏氏组织等。这些缺陷不仅影响以后各种冷热加工的进行，还会降低零件的最终性能。退火与正火用于毛坯预先热处理，可达到以下目的。

1）消除或改善坯料制备时所造成的各种组织缺陷。

2）获得最有利于切削加工的组织与硬度。

3）改善组织中相的形态与分布，细化晶粒，为最终热处理作好组织准备。

此外，在零件加工过程中，还会造成一些新的不利因素，如焊接或切削加工引起的内应力、冷塑性变形引起的冷作硬化等。为此，退火与正火用于中间工序的主要目的是：

1）消除或降低内应力，从而减小后继工序加工后变形或开裂倾向。

2）消除冷作硬化，软化金属，从而有利于冷塑性变形的继续进行。

有些零件经退火或正火后性能已满足设计要求，这些退火与正火就作为最终热处理。例如，低、中碳钢制作的某些齿轮、轴类和紧固件等零件常用正火作为最终热处理，以达到细化组织，提高性能为目的。许多铸钢机体、模底板和大型结构件，常用退火作为最终热处理则以改善组织，稳定尺寸为目的。

正火与退火的作用相似，两者的主要差别是冷却速度。退火冷却速度慢，获得的是接近平衡的组织，正火冷却速度快，则得到的是非平衡组织。因此，同样钢件在正火后强度和硬度较退火后的为高，而且钢的含碳量越高，用这两种方法处理后的强度和硬度的差别越大。

2. 退火与正火的选择

退火与正火在某种程度上有相似之处，实际选用时可以从以下五方面考虑：

1）从切削加工性考虑

一般认为硬度在160～230 HBS范围内的钢材，其切削加工性最好。硬度过高难以加工，而且刀具容易磨损。硬度过低，切削时容易“粘刀”，使刀具发热而磨损，而且工件的表面粗糙。所以，低碳钢宜用正火提高硬度，高碳钢宜用退火降低硬度。图2-1为各

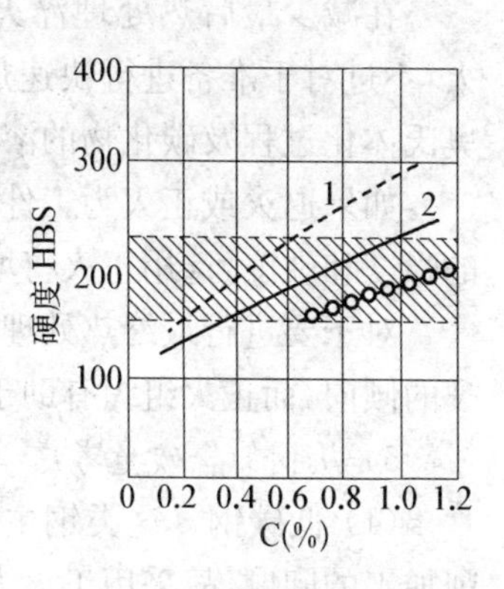

图2-1 退火和正火后钢的硬度值范围

1—正火；2—退火；3—球化退火

种碳钢退火和正火后的大致硬度值，其中阴影部分为切削加工性较好的硬度范围。

2）从使用性能上考虑

对于亚共析钢制的零件来说，正火处理比退火具有较好的力学性能（见表2-1）。如果零件的性能要求不高，则可用正火作为最终热处理。但当零件形状复杂时，由于正火的冷却速度较快，有引起变形或开裂的危险，则以采用退火为宜。

表2-1　45钢正、退火状态的力学性能

状　态	σ_b(MPa)	δ(%)	α_k(J/cm^2)	硬度(HRS)
退　火	650～700	15～20	32～48	～180
正　火	700～800	15～20	40～64	～220

3）从经济上考虑

正火比退火的生产周期短、成本低、操作方便，故在可能的条件下应优先采用正火。在满足钢件加工性能的条件下，应采用正火代替退火，以降低成本，提高工效。

4）从最终热处理方面考虑

在减少最后热处理淬火时的变形开裂倾向方面，正火不如退火，不过对于准备进行快速加热的工件来说，正火组织有助于加快奥氏体化过程及碳化物的溶解。

如果退火或正火为工件的最终热处理，则正火比退火有着较高的强度和硬度，选用正火将增加工件的使用寿命。

对于要进行最终热处理的钢件，退火组织可减少淬火变形或开裂的倾向，而正火组织有助于快速加热时奥氏体化的过程。

5）从钢的含碳量考虑

(1) 低碳钢　这类钢主要应解决塑性过高造成粘刀而不易切削加工的问题，故采用正火为宜。通过正火可获得晶粒比较细小的铁素体和数量较多较细密的珠光体，使组织均匀，硬度适当提高而易于切削加工。

（2）中碳钢　为满足切削加工要求，含碳量不超过0.45%的钢选用正火是合适的，正火后硬度一般不超过HBS229，含碳量超过0.45%的钢和一些合金含量较高的中碳结构钢，因正火后硬度过高，使切削加工困难，故宜采用退火。

（3）高碳钢　从切削加工或最终热处理淬火的需要来看，高碳钢采用退火最为适宜，含碳低于共析成分的高碳钢，根据锻造情况和随后加工要求，可进行不完全退火或完全退火，共析和过共析钢均采用球化退火。

正火常常作为高碳工具钢消除网状碳化物的手段之一。加热时必须保证网状碳化物全部溶入奥氏体中，为了抑制碳化物呈网状析出，需要采用较大速度进行冷却，如吹风冷却、喷雾冷却、甚至油冷或水冷。高碳钢消除网状碳化物后一般还需进行球化退火处理。

3. 正火的工艺方法

1）正火的加热温度

正火的加热温度对于亚共析钢一般推荐为A_{c3}＋(30～50℃)，对于过共析钢推荐为A_{cm}＋(30～50℃)。在实际生产中，共析钢和过共析钢基本上采用此标准。如果对过共析钢的加热温度过高，奥氏体晶粒就会变得过分粗大，从而会降低钢材热处理后的力学性能。对于亚共析钢则不同，即使加热温度再高一些，奥氏体晶粒仍不致过分粗大，不会影响到热处理后的性能。因此，为了加速奥氏体化过程，减少加热时间，缩短生产周期，亚共析钢的实际正火温度往往还要更高一些。

表2－2所列出为常用钢的正火加热温度及硬度值。

表2－2　常用钢号的正火温度及硬度值

钢　号	加热温度(℃)	正火后硬度　HBS	备　　注
08	910～940	≤131	
15	900～950	≤143	
35	860～900	146～197	

（续　表）

钢　号	加热温度(℃)	正火后硬度　HBS	备　　注
45	840～880	170～217	
20Cr	870～900	143～197	渗碳前的预备热处理
20CrMnTi	920～970	160～207	渗碳前的预备热处理
20MnVB	880～900	149～179	渗碳前的预备热处理
40Cr	870～890	179～229	
40MnVB	860～890	159～207	正火后680～720℃高温回火
50Mn2	820～860	192～241	正火后630～650℃高温回火
40CrNiMoA	890～920	220～270	
38CrMoAlA	930～970	179～229	正火后700～720℃高温回火
9Mn2V	860～880		消除网状碳化物
GCr15	900～950		消除网状碳化物
CrWMn	970～990		消除网状碳化物

2）正火加热时间

加热时间包括两部分，即升温时间和保温时间。保温时间是组织转变所需时间，正火温度越高所需保温时间就越短。升温时间受较多因素影响，例如高频、中频感应加热时，所需时间很短，加热几分钟就可以了。对于加热介质使用空气的电阻炉，加热时间较长，若将工件密封装或桶装的则加热时间更长。

在正常正火条件下，工件装炉量不大，非密装或桶装时，工件的加热时间按下式计算：

$$T = aD$$

式中　T——加热时间(min)；

a——加热系数(min/mm)；

D——工件的有效厚度(mm)。

上式中的升温和保温时间未分开，这样可简化计算。加热系数 a 的确定见表 2-3。

表 2-3 加热系数 a(适用较小工件)

工件预热情况	钢 种	空气炉加热	盐浴炉加热
		加热系数 a(min/mm)	
未经预热	碳 钢	1～1.5	0.4～0.5
	合金钢	1.5～2.0	0.5～1.0
经 550～650℃预热	碳 钢	预热：1.4～1.8	预热：0.5～0.8
		加热：0.7～1.0	加热：0.2～0.4
	合金钢	预热：1.5～2.0	预热：0.6～0.9
		加热：1.0～1.2	加热：0.4～0.6

大型和形状复杂的工件，或在密装加热时，加热时间还应适当延长。在空气炉加热时，可按经验确定加热时间，通常炉内工件的颜色达到完全一致时，宜再保温 1～2 h。

4. 退火工艺方法

1）退火加热温度

退火加热温度的确定方法与正火相似。已知工件的钢种后，可以在手册中查到该钢种的加热相变温度 A_{c1}，A_{c3}，A_{cm}，并根据不同的退火工艺方法确定某种钢的退火加热温度。也可在各种手册中直接查到不同钢种的退火温度。

常用结构钢退火温度与退火后的硬度见表 2-4。

表 2-4 常用结构钢的完全退火温度与硬度值

钢 号	退火温度(℃)	退火后的硬度值 HBS
40Cr	860～890	≤207
40MnVB	850～880	≤207
42SiMn	850～870	≤207
35CrMo	830～850	197～229
50CrVA	810～870	179～255
65Mn	790～840	196～229
$60Si_2MnA$	840～860	185～255
38CrMoAlA	900～930	≤229

常用工具钢、轴承钢等温退火温度及硬度见表 2-5。

表 2-5 工具钢、轴承钢的等温退火温度及硬度值

钢 号	保温温度 t_2(℃)	等温温度 t_3(℃)	等温时间(h)	退火后硬度 HBS
T7	750～770	640～670	2～3	≤187
T8A	740～760	650～680	2～3	≤187
T10A	750～770	680～700	2～3	≤197
T12A	750～770	680～700	2～3	≤207
9Mn2V	740～760	630～650	3～4	≤229
9SiCr	790～810	700～720	3～4	197～241
CrMn	770～810	680～700	3～4	197～241
CrWMn	780～800	690～710	3～4	207～255
GCr15	790～810	680～710	3～4	207～229
5CrNiMo	760～780	≈610	3～4	197～241
5CrMnMo	850～870	≈680	3～4	197～241
Cr12	850～870	720～750	3～4	207～255
Cr12MoV	850～870	720～750	3～4	207～255
3Cr2W8V	850～880	730～750	3～4	207～255
W18Cr4V	850～880	730～750	4～5	207～255
W6Mo5Cr4V2	870～890	740～750	4～5	255
W12CrV4Mo	840～860	720～750	4～5	223～269
1Cr13、4Cr13	860～880	730～750	3～4	149～207

2）退火加热时间

退火加热时间可参照正火原则进行估算。通常退火因工件装箱加热，其加热系数 α 可比正火大 15%～20%，有效尺寸 D 按装箱或装桶的外形轮廓尺寸计算。实际生产中保温时间一般不超过 10 h。

等温退火时，其加热时间与正常退火时间一样估算，通常等温段的时间为保温段时间的 1.5～2 倍。在相变点以下的温度进行退火时，其保温时间为 2～3 h，在盐浴炉中退火可缩短到 1～2 h。

3）退火工艺分类

根据钢的成分和退火目的、要求的不同，退火可分为扩散退火、

完全退火、不完全退火(球化退火)、等温退火、去应力退火(低温退火)和再结晶退火。

(1) 扩散退火(均匀化退火)　不同程度的偏析在铸造过程中是难以避免的,在高合金钢铸锭和大型铸件中尤为严重。化学成分的严重不均匀将导致组织的不均匀和性能恶化。化学成分的不均匀主要是靠原子的扩散来改善或消除的,扩散退火就是专门用于消除或改善化学成分不均匀的一种退火操作。其过程是先以一恰当的加热速度将工件加热到高温,再长时间保温使原子有充分条件进行扩散,然后再行缓慢冷却,通常是炉冷至500～350℃后出炉空冷。由于温度越高,原子越易扩散,所以扩散退火加热温度总是比较高的。

扩散退火的加热温度一般选在钢的熔点以下100～200℃,通常为1 050～1 150℃,保温时间一般为10～15 h,以保证扩散充分进行,达到消除或减少成分和组织不均匀性的目的。

扩散退火的加热温度高,时间长,晶粒必然很粗大。为此,必须再进行完全退火或正火,使组织重新细化。

ZG20CrMoV铸钢件的扩散退火工艺曲线,见图2-2。

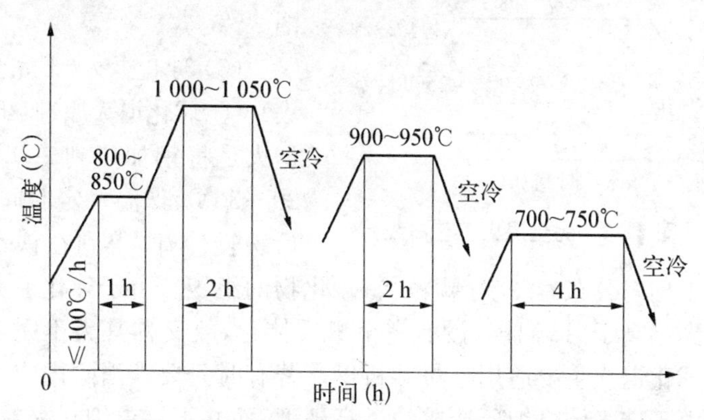

图2-2　ZG20CrMoV汽轮机缸体扩散退火、正火、回火工艺的曲线

(2) 完全退火　完全退火是将亚共析钢加热到A_{c3}以上,保温一定时间,使之完全奥氏体化,然后缓慢冷却。退火后所得到的组织基本上接近平衡组织。这种退火主要用于亚共析钢的铸、锻件借以改善组织,细化晶粒,消除应力,降低硬度。若过共析钢采用这种退火方法,在钢中便会形成网状渗碳体,从而增加脆性及硬度,所以完全退火不适用于过共析钢。

完全退火的加热温度通常推荐为:碳钢的加热温度为 A_{c3} +(30～50℃);合金钢的加热温度为 A_{c3} +(50～70℃)。保温时间以保证碳化物充分溶解及奥氏体成分大致均匀为原则,不必过长。具体时间的确定应根据钢种,加热温度、装炉方式及装炉量而定。一般可按每 25 毫米有效厚度保温 45～60 min 或每毫米有效厚度保温 1.5～2.5 min 估算。

完全退火时工件必须缓慢冷却,其冷却速度应根据处理要求和钢种而定。总的原则是,使工件在珠光体转变范围进行转变,并得到符合要求的组织和性能,具体可以控制在下述范围内:碳钢为 100～200℃/h(一般自退火温度随炉冷却即可);合金钢为 50～100℃/h,高合金钢为 20～50℃/h。为了缩短处理时间及提高炉子利用率,一般缓冷至 500～600℃时,便可出炉。

完全退火的工艺曲线见图 2-3。

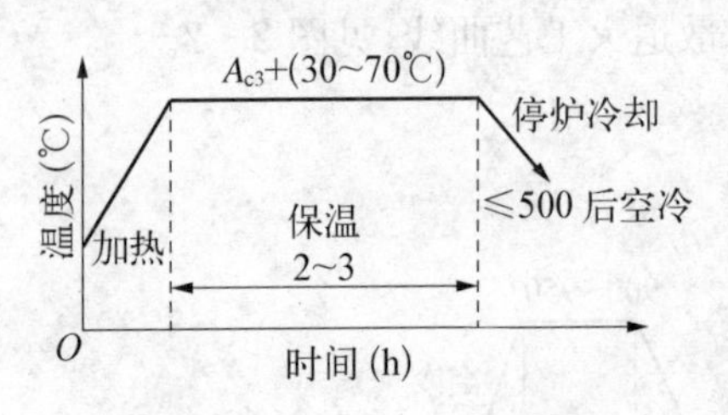

图 2-3　完全退火工艺曲线

(3) 球化退火(不完全退火)　①球化退火原理:球化退火是将钢加热到 A_{c1} 以上 20～30℃,保温一定时间,然后缓慢冷却,得到在铁素体基体上均匀分布着球状(颗粒状)碳化物的组织。由于球化退火只加热到略高于 A_{c1} 温度,没有完全奥氏体化,故又称其为不完全退火。球化退火主要适用于过共析钢。若有时只要求消除内应力及降低由于珠光体过细所造成的过高硬度,而并不要求细化晶粒,则亚共析钢也可采用不完全退火。但是此时钢中铁素体的形态及分布仍保持不变。

由于球化退火温度较低,为了促使碳化物溶解及使未溶碳化物能聚集成球状,其保温时间一般稍长于完全退火的保温时间。

冷却速度对球化影响不大,但对碳化物颗粒的大小(粒度)影响较大。因此为了获得粒度适中的球化组织,必须控制适当的冷却速度。

② 球化退火分类:球化退火工艺常有下面三种:

a. 普通球化退火:将钢加热到稍高于 A_{c1} 温度(20～30℃),保温适当时间,然后随炉缓慢冷却。冷却速度应根据不同钢种在 20～50℃/h 范围内适当选择,当缓冷至 500℃左右时即可出炉空冷。

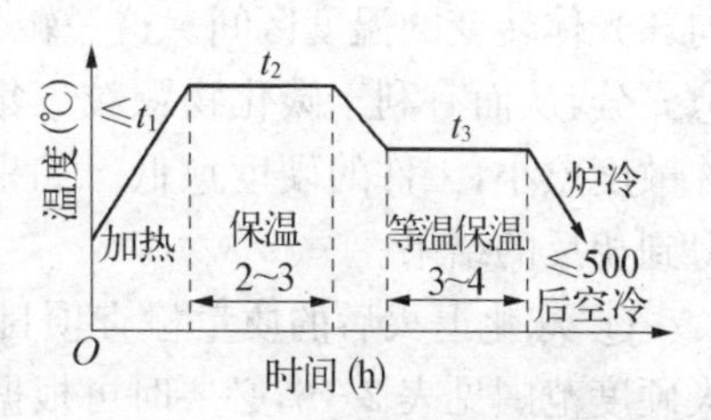

图 2－4 等温球化退火工艺曲线示意图

b. 等温球化退火:工艺曲线见图 2－4。与普通球化退火工艺同样的加热保温后,随炉冷却到略低于 A_{r1} 的 t_3 温度进行等温,等温温度和时间随钢种而定。等温结束后随炉缓冷至 500℃左右出炉空冷。等温球化退火与普通球化退火比较,可缩短退火周期,并使球化组织均匀,还能较严格地控制退火后的硬度。

c. 周期球化退火:周期球化的特点是在 A_1 附近交替加热和冷却若干次,使钢中片状碳化物经过溶解,重新析出和集聚而达到球化目的。周期球化退火有利于促进碳化物球化,缩短退火周期,但是由于其操作繁复,不易控制,特别对于成批处理来说,难以贯彻,所以在实际生产中很少应用。

③ 影响球化退火质量的因素:

a. 加热温度。加热温度是影响球化质量的主要因素,加热温度过高,造成渗碳体溶解过多和奥氏体趋于均匀化,冷却时则会出现粗片状和球状珠光体的混合物。加热温度愈高,则组织中片状珠光体的比例愈大,硬度也相应增高。加热温度过低,造成碳化物溶解很不充分,奥氏体成分极不均匀,冷却过程会使部分碳化物沿原珠光体方向析出,退火后得到细片状和细粒状碳化物混合组织,同样也使硬度偏高。

b. 保温时间。球化退火的保温时间要适当,保温时间太长会使碳化物过度溶解和奥氏体较为均匀。保温时间太短又使碳化物溶解不够,以致残留部分碳化物片层,这均会形成球化不完全的组织。生产中应根据钢种,工件尺寸,装炉量,炉型等因素具体确定保温时间。

c. 冷却速度或等温温度。冷却速度或等温温度决定着奥氏体向珠光体转变的温度区间。这一转变的温度愈高,碳原子的扩散将愈充分,从而有利于碳化物颗粒聚集长大,退火后组织中的碳化物弥散度愈小,工件的硬度愈低。如果冷却速度或等温温度降低,则得到相反的结果。

④ 球化退火后的质量检查项目:主要为硬度和金相组织。退火硬度范围见表 2-6,必要时可根据工件要求作适当调整。金相组织则是评定珠光体的球化率和球粒大小。

表 2-6　常用工具钢球化退火工艺规范

钢　号	A_{c1}(℃)	A_{c2}或A_{cm}(℃)	加热温度(℃)	等温温度(℃)	等温时间(h)	退火后硬度(HB)
Gr15	745	900	790～810	700～720	4～6	207～229
T8A	730	—	750～770	660～680	3～4	≤187
T10A	730	800	750～770	660～680	3～4	≤197
T12A	730	820	750～770	660～680	3～4	≤207
9SiCr	770	870	790～810	700～720	3～4	197～241
CrWMn	750	940	770～790	680～700	3～4	207～255
9Mn2V	720～736	765	760～780	680～700	4～5	≤229
Cr6WV	815		830～850	680～700	6～8	≤229
Cr12	810		850～870	730～750	6～8	207～255
Cr12MoV	810		850～870	720～740	6～8	207～255
W18Cr4V	820	1 330	830～850	730～750	2～6	207～255
3Cr2W8V	815	1 100	830～850	710～740	3～4	207～255
5CrMnMo	710	760	850～870	670～690	4～6	197～241
5CrNiMo	710	770	850～870	670～690	4～6	197～241

(4) 等温退火　等温退火区别于前述退火工艺仅是冷却方式不同。操作时首先迅速将退火工件冷至 A_1 以下某一温度,等温停

留一定时间,使奥氏体在该温度下进行等温转变,待其转变完成后,即可出炉空冷,见图 2-5。

为减小残余应力,也可等温后炉冷至 500℃左右,再出炉空冷。

等温退火主要用于过冷奥氏体比较稳定的合金结构钢,碳钢一般不采用。碳钢的过冷奥氏体稳定性差,用普通退火方法即可达到退火要求。而合金钢的 C 曲线一般位置较右,退火冷却时要求冷速很缓慢,使随炉冷却时间很长,以致退火周期长达数十小时。采用等温退火可有效地缩短退火周期,并获得更加均匀一致的组织和性能,所以生产中合金钢的退火几乎都采用这种工艺。

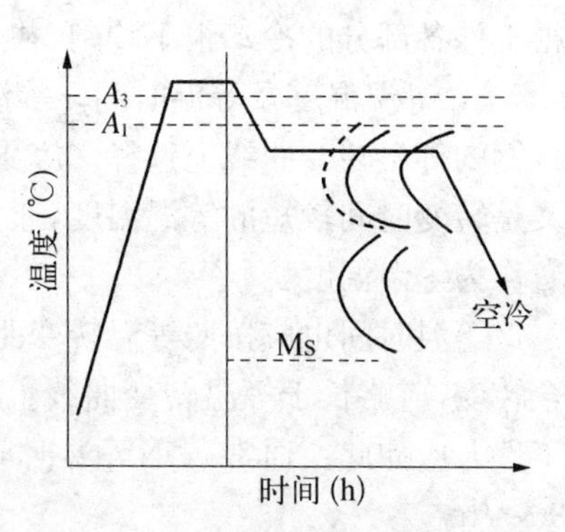

图 2-5　等温退火工艺曲线示意图

与一般普通退火方法相比,等温退火具有如下优点:

① 缩短了退火周期,提高生产率,这是因为从退火温度到等温温度之间不要求奥氏体进行转变,故这阶段可以尽量快冷却,而且等温转变结束后,稍事缓冷,即可出炉空冷,因而大大地缩短了冷却时间,尤其对于合金钢来说,效果更为明显。

② 由于奥氏体是在等温条件下进行转变,因而组织和性能比较均匀一致。

③ 可以使合金钢工件退火后得到在普通退火时不易达到的较低硬度,并且可以借助控制等温温度来调整最后得到的组织和硬度。

由于等温退火有上述优点,所以在实际生产中多数采用等温退火方法。

根据等温退火的工艺过程特点,必须注意控制如下几个环节:

① 钢的奥氏体化规范。对于亚共析钢来说,其加热速度,加热温度及保温时间的选择,完全类同于完全退火。

② 闭炉冷却。这一阶段的冷却速度,一般是在原炉中随炉冷到等温温度不可打开炉门快速冷到等温温度。因为在这种情况下,炉门口和炉膛深处,表面和炉底等处的冷却速度极不一致,从而使得工件各部分的冷却很不均匀,并且使得工件容易氧化脱碳。

③ 等温温度及等温时间。等温温度应根据钢种及技术要求从该钢的等温转变曲线上选择。应尽量选择既能保证所要求的硬度,又是转变时间较短的等温温度,通常是将该钢种的 A_{r1} 以下 30℃左右作为等温温度。

等温时间也应按照等温转变曲线选择,但为了保证奥氏体的完全转变,应略长于等温转变曲线上所标明的时间,对于截面较大的工件尤应如此。通常碳钢等温时间为 1～2 h,合金钢等温时间为 3～4 h。

④ 等温后的冷却。由于等温阶段,奥氏体已完全分解为珠光体,故工件等温完毕后即可出炉。此时,不管如何冷却,不会再有什么根本的组织转变。但考虑到热应力的影响及尽可能减少残余应力,通常多在等温后再以一定速度冷到 500～550℃,然后出炉空冷。

(5) 去应力退火(低温退火)　去应力退火是将工件加热到 500～600℃,经适当保温后,缓慢冷却到 300℃以下出炉的一种热处理工艺。

去应力退火主要是为了消除铸件、锻件、焊接件以及形变加工件的内应力。如果这些内应力不予消除,将会引起工件在一定时间以后,或在随后的切削加工过程中和最终热处理时产生变形或裂纹。

由于去应力退火只将工件加热到 500～600℃,低于 A_{c1} 温度,因此在整个处理过程中不发生组织变化。内应力主要是通过工件在保温和缓冷过程中消除的。为了使工件的内应力消除得更彻底,在加热时应控制加热速度。一般是低温进炉,然后以 100℃/h 左右的加热速度加热到规定温度。焊接件的加热温度应略高于 600℃。保温时间视情况而定,通常为 2～8 h。铸件去应力退火(习惯称为人工时效)的保温时间宜取上限,冷却速度应控制在 20～50℃/h,冷至 300℃以下才能出炉。

去应力退火工艺曲线见图 2－6。

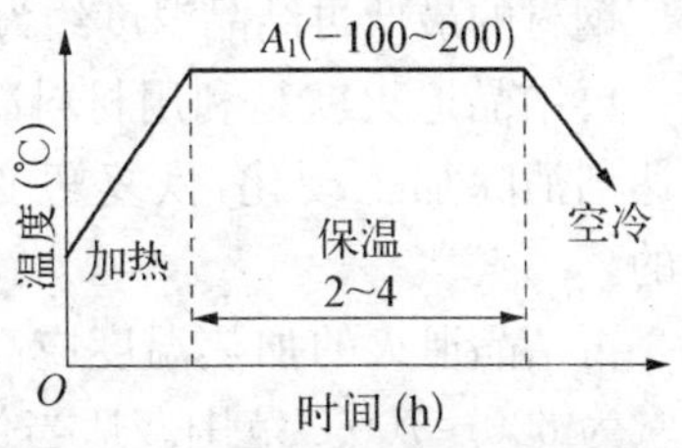

图 2－6　去应力退火工艺曲线

(6) 再结晶退火　工件在经过一定量的冷塑性变形(如冷冲和冷轧等)后,在晶粒内部产生大量的晶格畸变和错位等,从而导致硬度、强度的升高和塑性的降低,即产生加工硬化现象,同时还残存了很大的内应力。这样就给进一步塑性变形带来了困难。图 2－7a为钢材经冷塑变形后的组织,可以看出晶粒沿变形方向成仿锥形。若将这样的钢材加热到一定温度以上(低于 A_{c1}),会重新生核长大成均匀的等轴晶粒,如图 2－7b,从而消除了加工硬化现象和残余应力,钢材又恢复了塑性变形的能力。这一现象称为再结晶。必须注意,由于加热温度低于 A_{c1},故再结晶过程虽有生核长大,但无组织变化,与加热到 A_{c1} 以上的重结晶是有本质区别的。

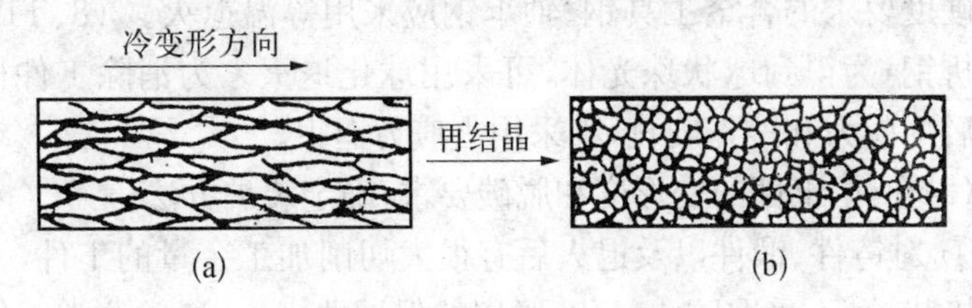

图 2－7　钢的再结晶示意图

再结晶现象的产生,首先必须有一定量的冷塑性变形,其次必须加热到一定温度以上。发生再结晶现象的最低温度,称为最低再结晶温度。一般金属材料的最低再结晶温度($T_{再}$)与其熔点($T_{溶}$)有如下近似关系:

$$T_{再} \approx 0.4T_{熔}$$

式中　$T_{再}$ 和 $T_{熔}$ 均为热力学温度。热力学温度 $T = t + 273℃$,t 为

摄氏温度。

钢材的最低再结晶温度约为450℃。

再结晶退火就是利用材料冷塑变形后,加热时的再结晶现象,来达到消除加工硬化,恢复塑变能力,以利于进一步变形加工的目的。

再结晶退火的加热温度应高于最低再结晶温度100～200℃,通常为600～700℃范围。适当保温后,与去应力退火一样采取缓冷措施。

5. 正火与退火的操作

1) 装炉前的准备工作

(1) 查对正火、退火的工件名称、钢种、技术要求和数量　根据钢种和技术要求确定采用何种类型的正火、退火的工艺操作方法。

要求细化组织,使工件硬度和强度有所提高的结构钢工件采用正火。为使组织均匀或消除网状渗碳体的工具钢,可先正火,再进行球化退火。

铸、锻件一般采用均匀化退火或完全退火。退火后,有金相组织和硬度要求的合金工具钢、轴承钢应采用等温退火。T8、T10等过共析钢,为得到球状珠光体,可采用球化退火。为消除工件机械加工后的应力和冷作硬化,则采用去应力退火。

(2) 根据工件的变形度和脱碳要求,确定装炉方法

① 对铸件、锻件以及退火后有很大切削加工余量的工件,一般可直接装炉,不采取防止氧化、脱碳的保护性措施,通常这类工件的变形要求不严格,每米允许弯曲的最大值可达3～5 mm,所以可随炉散装堆放。

② 对加工余量很少或只进行磨削加工的工件,需要采取防止氧化、脱碳的措施,即使用保护气氛炉或真空炉,以保证工件退火后无氧化、脱碳。而使用箱式电阻炉和井式电阻炉进行退火,则需要以填充物保护密封装箱。

2) 装箱

(1) 准备好常用的装箱填充物　有以下几种:

① 铁屑保护：旧铸铁屑 60%～70%＋新铸铁屑 30%～40%（质量分数）。

② 砂子保护：砂子 90%～95%＋木炭 5%～10%（质量分数）。

填充物要保持干燥，不要和其他化学物品相混，最好在专用容器内存放。

（2）工件装箱操作　先在箱底铺 20～30 mm 填充物，再放进工件并加入填充物。工件之间保持 5～10 mm 间隙，工件距箱壁、箱盖 10～20 mm，盖好箱盖后用耐火泥或黏土把箱口密封好，耐火泥不能太稀，否则封不住箱，或者高温时耐火泥要裂缝。

上述装箱操作中，由于工件与工件之间和工件与箱壁之间留有一定距离，所以透烧情况较好，加热均匀。但是装炉量不足，生产效率不高。由于工件与填充物混装一起，退火完毕每次倒箱时粉尘大，而且要分开工件和填充物比较麻烦。

（3）简易装桶操作　如图 2-8 所示。工件装入退火桶（或箱）内，离桶口 50～60 mm 时，在工件上面盖上一块石棉板或纤维板，板上铺一层木炭，约 30～40 mm 深，木炭粒度约 20～30 mm，靠桶口四周缝隙处木炭块放密集些，中间部位可疏松些，然后在桶口四周可少量、均匀的敷些耐火泥，盖上盖板，再用耐火泥密封好桶口。

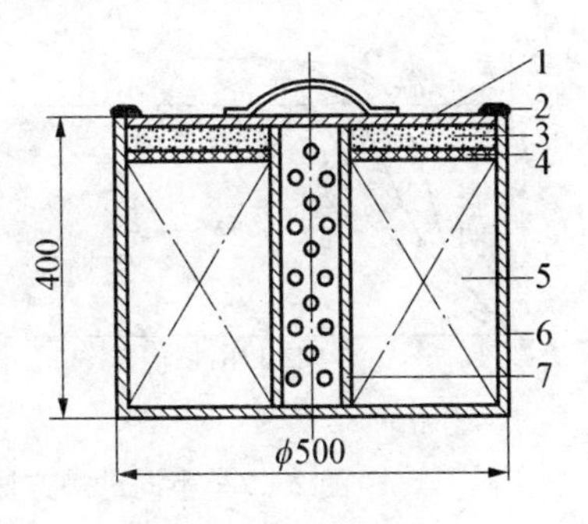

图 2-8　工件装桶

1—桶盖；2—耐火泥；3—木炭块；4—石棉板；5—工件；6—退火桶；7—空心管

当退火完毕，出桶时取下桶盖，将木炭块拣出来，并取出石棉板然后再倒工件。倒桶时由于粉尘少比较干净，整理工件也方便。由于装桶退火工件的排列较密，装量也大。工件应垂直排列，可防止变形。为了减少温差，使内、外温度更趋于均匀分布，桶的中间部位可放一个空心管，管壁钻些透气的小孔，使整桶退火工件呈“环形”加热，而不是“实心”加热，改善了工件透烧情况。

3）进炉方法

进炉的方法通常有两种：

（1）冷炉装料法　冷炉装料就是炉温在室温时，工件进入炉内，并随炉一起升温、保温。开始时炉温和工件温度是一致的，随着加热温度的逐渐升高，在加热阶段，工件心部温度总是比表面要低些。在保温阶段工件内、外温度才趋于一致，如图 2－9a 所示。

冷炉装料虽能减少工件温差，但操作很不方便，如第一炉完成加热后，要等炉子冷下来再装第二炉，浪费了大量热能；增加了生产周期，所以大批生产时一般不用冷炉装料法。

（2）热炉装料法　当炉温处在工艺要求的温度或接近工艺温度时将工件装进炉内。由于打开炉门及装入冷工件，造成炉温短暂下降，但很快又升到工艺温度进行保温，如图 2－9b 所示。

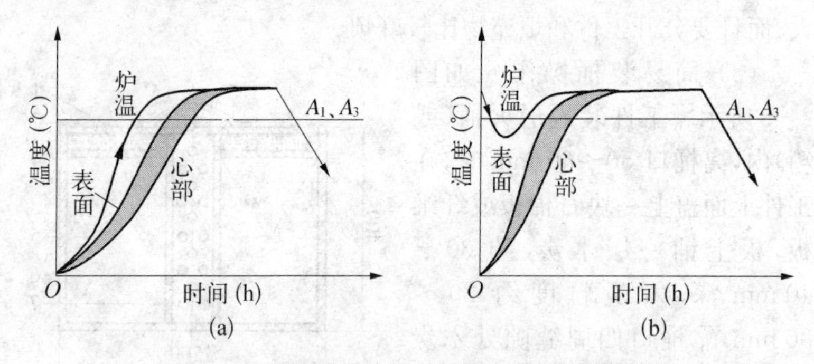

图 2－9　不同进炉方法炉温和工件温度变化图

(a) 冷炉装料；(b) 热炉装料

冷工件进入热炉，温差很大，但因工件从一开始就受到对流和辐射加热，加热速度快，升到工艺温度的时间短，均热也快。所以对大多数结构钢和合金钢工件是适用的，其优点是生产周期短，生产率高，适合大批生产。

4）退火冷却方法

保温完成后，一般停电关闭炉门缓冷至 500℃时出炉空冷。对合金元素含量较高的钢，为防止按上述办法冷却后硬度偏高，可采用等温冷却，即在 650℃附近保温 2～4 h 后再炉冷至 500℃出炉。

5）正火冷却方法

正火的冷却操作主要是将工件放在空气中冷却直到室温。一些形状简单、技术要求不高的工件，可直接放在地面上冷却。要分散放置，不要堆放。细长工件，要求变形量小，则不能随意倒在地面上冷却，必须悬挂在架子上空冷。大工件正火后冷却可用风扇、鼓风，或喷水雾冷却。操作中尽量使工件冷却均匀，以免影响工件的硬度和组织的不一致。

6. 退火与正火常见缺陷及补救方法

钢材在退火与正火中，可能发生下述缺陷。

1）硬度过高

高碳钢硬度过高是球化退火工艺不当所致，一旦发现这种情况，可检查金相组织，分清是欠热还是过热，然后调整工艺参数，重新球化退火。

中碳钢硬度过高，往往是由于退火时加热温度过高、冷却速度太快、等温温度过低等原因所致，或是因为将应进行退火处理的钢材采用正火处理。

补救办法是调整加热和冷却参数，重新处理。如系正火造成硬度过高，则可考虑改用退火处理。

2）网状组织

网状组织形成原因是退火，正火时加热温度过高，特别是冷却速度缓慢造成的。出现网状组织补救办法是再进行一次高温加热，使网状组织全部溶入奥氏体中，随后加速冷却，以抑制先共析相沿晶界析出。

3）石墨碳

钢中石墨碳是由渗碳体分解所致。石墨碳不易溶入奥氏体，使淬火加热时奥氏体贫碳，导致淬火硬度偏低及出现软点；石墨碳严重时会使钢材强度降低，脆性增大，极易断裂，断口呈灰黑色。造成石墨碳的原因是加热温度过高，或保温时间过长，出现石墨碳的钢材是无法挽救的，只能报废。

4）脱碳

脱碳是钢表面层的碳被氧化烧损，使表层含碳量降低的一种现象。

工件退火、正火时如果没有保护措施，会发生脱碳。加热温度越高，时间越长，脱碳越严重。钢中含碳量越高（特别是含有较高硅、钼等元素的合金钢），脱碳越容易发生。对于需要严格控制脱碳的零件，应采用装箱保护加热；对于不允许脱碳的材料或精密零件，可采用保护气氛或真空加热方法进行退火。

脱碳的补救办法是：有加工余量的工件，采用机械加工把脱碳层去掉，没有加工余量的工件，可用吸热式可控气氛复碳。

二、淬火

把钢加热到 A_{c3} 或 A_{c1} 以上一定温度保温一定时间，使之全部或部分奥氏体化，然后以大于临界冷却速度的冷却速度冷却到室温，使获得马氏体组织，这样的热处理操作叫做淬火。

淬火的目的是强化钢件，充分发挥钢材性能的潜力。如：

① 提高钢件的力学性能，诸如硬度、耐磨性、弹性极限、疲劳极限等。

② 改善某些特殊钢的物理性能和化学性能，如增强磁钢的铁磁性，提高不锈钢的耐蚀性等。

1. 淬火加热温度的确定

淬火加热温度，主要根据钢的化学成分，结合具体工艺因素进行确定。

钢的化学成分是确定淬火温度的主要因素。根据 $Fe-Fe_3C$ 状态图，不同含碳量的碳钢常采用淬火加热温度在图 2-10 的阴影线区域。一般情况下，亚共析钢为 A_{c3} +（30～50℃）；共析钢或过共析钢为 A_{c1} +（30～50℃）。合金钢的淬火温度大致上可参考上述范围。考虑到合金元素会阻碍碳的扩散，它们本身的扩散也比较困难，故其淬火温度可取上限

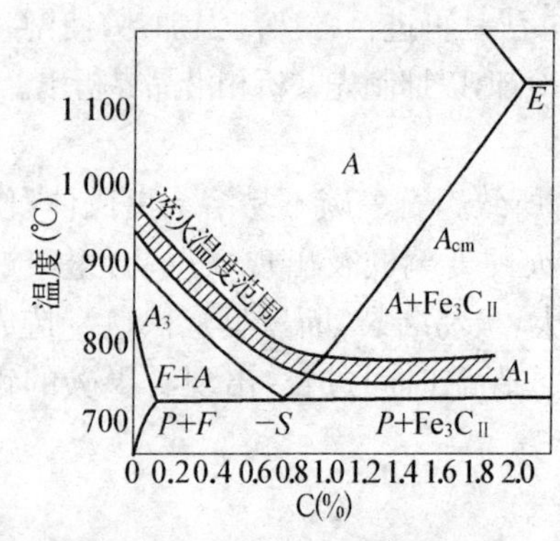

图 2-10 碳钢的淬火温度范围

或更高一些。

2. 淬火加热时间的确定

淬火加热时间应根据工件的有效厚度确定，并用加热系数来综合地估算。估算加热时间的经验公式如下：

$$\tau = \alpha k D$$

式中 τ——加热时间(min)；

α——加热系数(min/mm)(见表 2－7)；

k——工件装炉系数(参看图 2－4)；

D——工件的有效厚度(mm)。

工件有效厚度 D 的计算可见表 2－8。

表 2－7 加热系数 α (min/mm)

材料 \ 加热温度及炉型		<600℃ 箱式炉预热	>750～900℃ 盐浴加热或预热	800～900℃ 箱式或井式炉加热	1 100～1 300℃ 高温盐浴炉加热
碳钢	直径<500 mm		0.3～0.4	1.0～1.2	
	直径>500 mm		0.4～0.45	1.2～1.5	
合金钢	直径<50 mm		0.45～0.5	1.2～1.5	
	直径>50 mm		0.5～0.55	1.5～1.8	
高合金钢		1～1.5	0.35～0.5		0.17～0.25
高速钢			0.3～0.5		0.14～0.25

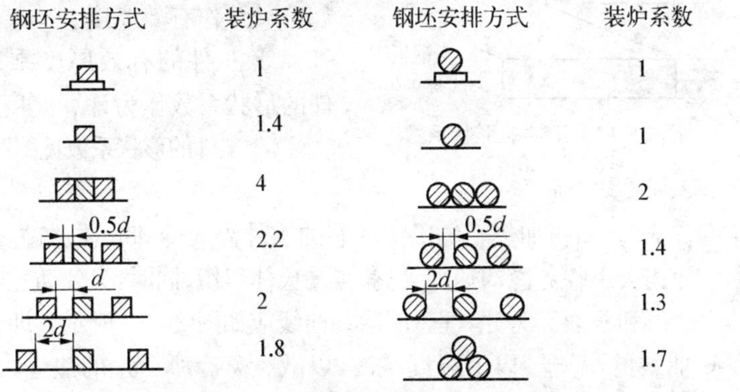

钢坯安排方式 装炉系数 钢坯安排方式 装炉系数

1 1

1.4 1

4 2

0.5d 2.2 0.5d 1.4

d 2 2d 1.3

2d 1.8 1.7

图 2－11 装炉状况对加热时间的影响

表 2-8 常见形状工件的有效厚度

工件形状	$b<a<c$	$D<h$	$D>h$	$\frac{D-d}{2}<h$	$\frac{D-d}{2}>h$
有效厚度	b	D	h	$\frac{D-d}{2}$	h

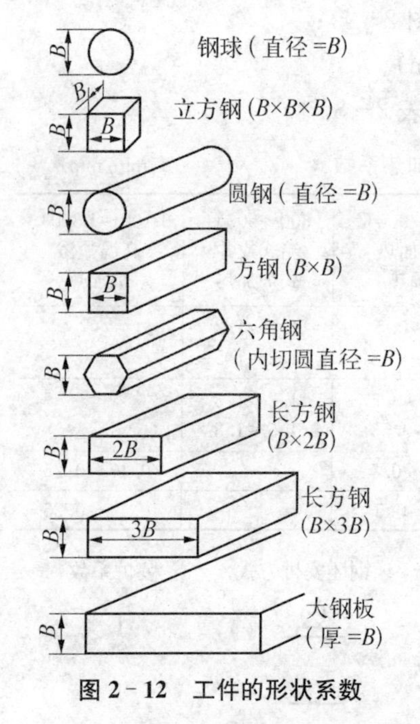

图 2-12 工件的形状系数

有效厚度按下述原则确定：

① 轴类工件以其直径为有效厚度。

② 板状或盘状工件以其厚度作为有效厚度。

③ 套筒类工件内孔小于壁厚者，以其外径作有效厚度；若内孔大于壁厚者，则以壁厚为有效厚度。

④ 圆锥形工件以离小头三分之二处直径作为有效厚度。

⑤ 复杂工件以其主要工作部分尺寸作有效厚度。

⑥ 工件的有效厚度乘以工件的形状系数作为计算厚度。

⑦ 工件的形状系数见图2-12。

3. 淬火介质

淬火时，须将加热至奥氏体状态的工件淬入冷却介质激冷，使工件的冷速大于临界冷却速度，以获得马氏体组织；同时，又要防止工件淬火变形和开裂。为此，理想的冷却曲线应如图 2-13 所示。即希望在 C 曲线的“鼻子”以上温度缓冷，以减小急冷所产生的热应力；在“鼻子”处具有保证奥氏体不发生分解的冷却速度；而在进行马氏体转变时，即在 M_s 点以下温度，冷却速度应尽量小些，以减小组织转变应力。理想冷却曲线为合理选择淬火介质和冷却方法提供了依据和方向。

生产中使用的淬火介质可分为两大类：一类是淬火过程中要发生物态变化的介质，如水溶液及油类等。此类介质沸点较低，工件的冷却主要依靠介质的气化来进行；另一类是淬火过程中不发生物态变化（或变化较少）的介质，如熔盐、熔碱及气体等。工件在此类介质中冷却主要依靠辐射、对流和传导来进行。

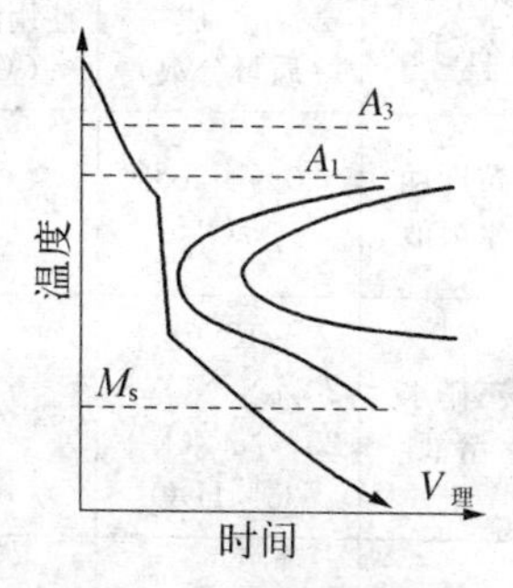

图 2-13 理想淬火冷却曲线示意图

淬火时，既要加热到奥氏体状态的工件冷却速度大于临界冷却速度，以获得马氏体组织，又要防止工件在冷却过程中的变形和开裂。因此，淬火冷却介质的选用有较为严格的要求。应根据工件淬火的要求，选用下列冷却介质。

1）水及水溶液

水的冷却能力较强，属于激冷淬火介质。水一般只适用于截面尺寸不大，形状较简单的碳钢工件淬火冷却。淬火时，必须注意保持水温在 40℃以下，最好在 15～30℃之间，并保持水的流动或循环，以破坏工件表面蒸气膜，改善工件冷却条件，避免产生软点。为克服清水在淬火过程中所产生的气膜，在水中加入适量的盐或碱，形成一定比例的水溶液，使在赤热的工件表面形成蒸气膜的同时，析出盐或碱的晶体并立即爆裂，将蒸气膜破坏，工件表面的氧化皮也被炸碎，因而提高介质的冷却能力。

常用的淬火水溶液及其特性见表 2-9。

表 2-9 常用的淬火水溶液特性及适用范围

名称	组成（质量分数）	使用温度（℃）	特性	适用范围
盐水	5%～15% NaCl	20～50	冷却能力强，安全经济，变形开裂倾向大	大截面或形状简单的中小截面碳钢件

（续 表）

名称	组成（质量分数）	使用温度（℃）	特性	适用范围
苛性钠水溶液	30%～50% NaOH	20～50	冷却能力强，均匀，变形和开裂倾向低于盐水，刺激皮肤	碳钢及大截面 Cr2、GCr15 等钢和模具钢件
三硝水溶液	20%KNO_3＋20%$NaNO_2$＋25%$NaNO_3$＋35%H_2O	20～40	冷却能力低于盐水，高于硝盐浴。变形及开裂倾向低于上面两种淬火介质	低合金工具钢的大型件、碳钢的中型件
氯化钙水溶液	40%～50% $CaCl_2$	20～40	冷却能力低于盐水、高于硝盐浴。变形及开裂倾向低于上面两种淬火介质	低合金工具钢的大型件、碳钢的中型件
聚醚类水溶液	15%～30%聚醚或聚醚-乙二醇水溶液	20～40	冷却能力可调节，变形开裂敏感性低，是一种多用途淬火介质	低浓度用于中小型碳钢件，高浓度用于合金钢件
聚乙烯醇水溶液	0.1%～1%聚乙烯醇水溶液	15～45	冷却能力介于油和水之间，随着浓度增高，冷却能力降低	碳素结构钢用低浓度，合金结构钢用质量分数为 0.5%左右浓度，低合金工具钢用质量分数为 0.6%～1%浓度

2）油

油是一种广泛使用的淬火冷却介质，如机油、变压器油、柴油等。这些矿物油沸点一般较高，比水高 150～350℃。因此，淬火冷却时，在较高温度就能进入冷却速较缓慢的对流阶段，有利于减少工件的淬火变形和开裂倾向，这是油作为淬火介质的最大优点。

油在高温区间冷却能力很小，不能用于淬透性小的碳素钢，只能用于淬透性大的各类合金钢淬火。

淬火油一般采用 10 号、20 号、30 号机油。

油的号数越高，黏度越大，闪点越高，冷却能力越低，但使用温度可相应提高。

闪点是指油表面上的蒸气和空气自然混合时与火接触而出现火苗闪光的温度。闪点高的油,可用于等温淬火或分级淬火。

作为淬火介质的矿物油,要求具有较高的闪点和较低的黏度。但两者难以兼得。一般说来,油的黏度越大,闪点越高,冷却能力就越低。但使用温度可相应提高;油的闪点低,黏度也低,冷却能力可以提高。工件上的附着油损耗也小,但使用时着火的危险性较大,故安全性能差。

淬火油经长期使用后会变质,通常表现为黏度增加,闪点升高,呈油渣的形式附在工件表面,使冷却能力下降,从而影响工件的淬火质量,如淬不透、淬不硬、产生软点、变形增大甚至出现裂纹等淬火缺陷,这种现象是因淬火油的老化所致。生产中常用澄清、过滤、添加或更换新油的方法来保证淬火油的性能。

表2-10所列出的我国常用淬火油性能,供选择及使用时参考。

表2-10 热处理常用淬火油的主要性能

项目 种类	黏度(运动黏度)50℃(mm^2/s)	闪点(℃)不低于	凝固点(℃)不低于	机械杂质(%)不高于	灰分(%)不低于	备注
5号高速机械油	4.0~5.1	110	-10		0.005	
7号高速机械油	6.0~8.0	125	-10		0.005	
10号机械油	7~13	165	-15	0.005	0.007	2号锭子油
20号机械油	17~23	170	-15	0.005	0.007	3号锭子油
30号机械油	27~33	180	-10	0.007	0.007	
40号机械油	37~43	190	-10	0.007	0.007	
50号机械油	47~53	200	-10	0.007	0.007	
0号轻柴油	3.0~8.3	65	0		0.025	20℃黏度

3）使用油作淬火介质时的注意事宜

（1）当油中含水时，工件在 400～600℃时的冷却能力降低，含水的质量分数为 10%时冷却能力约降低一半。应特别注意油中含水时，对一些形状较复杂的或合金元素含量较高的工件在淬火时会引起开裂。在生产现场，定性检查油中是否含水的简易方法是：将油放入试管中，将烧红的铁丝浸入油中，若发出吱吱响声，则证明油中含水。利用水和油的密度不同，将处于淬火油槽中油层下位的水去除后，油还可延长使用。

（2）在氯化盐浴中加热的工件，在油中冷却时，因盐与油中水分溶解而产生碱化。在碱化情况下，油容易产生气泡，淬火时使工件产生软点。生产现场检查油是否有碱化倾向，可将油装进试管加热。若有气泡，说明油有碱化现象。

4）氯化盐浴

这类淬火介质的使用温度高，应用范围较窄。适用于高合金钢工件，如高速工具钢刀具的分级淬火。氯化盐浴是理想的等温淬火和分级淬火介质，当工件从加热炉中取出时，立即放入 580～620℃的盐浴中冷却，在较短时间内即可达到等温淬火效果。分级淬火后取出空冷，可减小工件的变形，避免大件的开裂。

使用氯化盐浴作分级淬火介质时，需注意以下两个方面：

（1）由于工件从高温加热炉中取出进入淬火用炉时，工件带有加热炉盐浴成分，因此实际上淬火用炉的盐浴成分在不断变化，所以要经常调整，调整成分时，一般不需要添加 $BaCl_2$，只需加入 KCl 或 NaCl 就行。经常调整、保持正确成分比例，是保证淬火介质温度和工件质量的基本条件。

（2）分级淬火的时间不宜过长，一般不要超过加热时间。特别是当介质温度偏高时，分级淬火时间过长，则奥氏体在分级淬火时有少量屈氏体组织转变，使工件的硬度降低。

5）硝酸盐浴

硝酸盐浴既可作回火加热介质，又可作为分级和等温淬火的介质。其应用范围很广。主要成分是硝酸钾、硝酸钠、亚硝酸钠。经不同的比例配制,可获得自150～600℃的使用温度范围。单一的硝酸盐,熔点和使用温度要高些,两种或三种硝酸盐经合理配制,熔点有所降低。一般来说,熔点低的盐浴使用温度范围也低,而冷却能力随之增加。

硝酸盐浴作淬火介质时,由于连续使用过程中盐浴的老化以及加热炉氯化盐带进硝酸盐浴中,使熔点发生变化,降低介质的冷却能力。所以使用硝酸盐浴作淬火介质,必须定期对硝酸浴进行过滤和清洁。其方法将硝酸盐浴加热至300～400℃,静置后用细铜丝网将硝酸盐浴槽内的氧化皮或氯化盐过滤除去,并更换一个干净的硝酸盐浴槽,将脏的硝酸盐浴槽清洗干净后待用。

硝酸盐浴的冷却速度介于水和油之间,工件在硝酸盐浴中淬火或等温淬火可减小变形。一般中小型工件、截面形状稍复杂的碳素钢及中合金钢,如40Cr、T8、T12、9SiCr等要求中、高硬度的工件,可选用硝酸盐浴作淬火介质。

为了提高硝酸盐浴的淬火能力,可加入质量分数为3%～5%的水,但要注意工件从加热炉中取出,进入带水的硝酸盐浴中冷却时,盐浴沸腾较大,会增加工件变形,所以不能单一考虑为了提高工件硬度,随意在硝酸盐浴中加水,对一些要求变形小的工件必须在无水硝酸盐浴中冷却。

6) 淬火介质的管理

(1) 淬火介质应保持干净,防止脏物进入,更换溶液时应清洗槽壁,淬火介质不用时应加盖。

(2) 流动的水、油槽应安装开关或阀门。压缩空气冷却的硝盐应有足够风量。水淬油冷用的油槽应定期将槽底的水放出。

(3) 淬火介质的成分应定期化验,根据化验结果调整成分,变质的淬火介质应及时更换。

(4) 淬火介质的温度应随时测量,防止温度过高或过低。

(5) 硝盐槽必须定期过滤,并按硝酸盐比例添加新盐。

常用分级淬火、等温淬火的冷却介质的特性见表2-11。

表 2-11 分级、等温冷却介质特性

热浴组成（质量分数，%）	熔点（℃）	工作温度（℃）	密度（25℃时）（g/cm^3）	熔解热（kJ/kg）	平均比热容［kJ/(kg·℃)］
$55KNO_3 + 45NaNO_3$①	218	230～550	2.16	—	1.59
$50KNO_3 + 50NaNO_3$	218	230～550	—	—	—
$75NaNO_3 + 25KNO_3$	240	280～550	—	—	—
$55NaNO_3 + 45NaNO_2$	220	230～550	2.21	—	1.80
$55KNO_3 + 45KNO_2$	218	230～550	2.14	—	—
$50KNO_3 + 50NaNO_2$②	140	150～550	2.27	—	1.80
$50NaNO_3 + 50KNO_2$	143	160～550	2.22	—	—
$55KNO_3 + 45NaNO_2$	137	150～550	2.14	—	1.63
$95NaNO_3 + 5Na_2CO_3$③	304	380～520	2.26	—	—
$46NaNO_3 + 27NaNO_2 + 27KNO_3$	120	140～260	—	—	—
$25NaNO_3 + 25NaNO_3 + 50KNO_3$	175	205～600	—	—	—
$45NaNO_3 + 27.5NaNO_2 + 27.5KNO_3$	120	140～260	—	—	—
$53KNO_3 + 40NaNO_2 + 7NaNO_3 + (2\sim3)H_2O$	100	110～125	—	—	—
100 光卤石	400	450～600	—	—	—
100 光卤石，另加 7NaCl	410	450～600	—	—	—
$65KOH + 35NaOH$	155	170～300	—	—	—
$80KOH + 20NaOH + (10\sim15)H_2O$（另加）④	130	150～300	—	—	—
$83KOH + 14NaOH + (2\sim3)H_2O$	140	150～300	—	—	—
$60NaOH + 40NaCl$	450	500～700	—	—	—
$75NaOH + 25Na_2CO_3$	280	420～540	2.16	—	—
$100NaNO_3$	317	325～600	2.25	45.3 (189.7)	0.44 (1.84)

(续 表)

热浴组成(质量分数,%)	熔点(℃)	工作温度(℃)	密度(25℃时)(g/cm^3)	熔解热(kJ/kg)	平均比热容[kJ/(kg·℃)]
$100KNO_3$	337	350~600	2.1	25.4 (106.3)	0.30 (1.26)
$100NaNO_2$	284	325~550	2.17	—	0.40 (1.67)
$100KNO_2$	297	325~550	1.9	—	—
$100NaNO_3$ + (2~4)NaOH(另加)⑤	317	325~600	—	—	—
100KOH	360	400~550	2.12	—	—
100NaOH	322	350~550	2.02	40 (167.5)	0.40 (1.67)
50KOH+50NaOH	230	300~500	—	34.4 (144.0)	0.24 (1.00)

注:① 回火、分级淬火用;② 合金钢淬火用;③ 等温淬火用;④ 合金钢淬火用;⑤ 高速钢回火用。

4. 钢的淬火方法

常用的淬火方法有单液淬火、双液淬火、分级淬火及等温淬火等。这些淬火方法的主要不同是在冷却方式上,见表2-12。

表2-12 加热淬火方法与应用

淬火方法	淬火冷却方法	目的与应用
单液淬火	(1) 工件加热后淬入一种冷却剂中 (2) 形状复杂者可以预冷后淬入	(1) 获得马氏体组织,使工件具有高的硬度和耐磨性 (2) 操作简单,适宜于大批量生产 缺点是水淬易产生变形开裂某些钢用油淬又不易达到所需的硬度
双液淬火	(1) 工件加热后,先淬入冷却能力强的淬火剂,然后淬入冷却能力较缓慢的淬火剂中冷却 (2) 通常采用水-油或水-空气 (3) 由水到油,所需要的时间不超过1~2 s	(1) 可以减少工件产生淬火的内应力、变形和裂纹的危险 (2) 此法适用于形状较复杂的碳钢工件,特别适用于高碳钢工件

（续　表）

淬火方法	淬火冷却方法	目的与应用
分级淬火	(1) 工件加热后，先淬入低温盐槽，盐槽温度高于马氏体转变点20～30℃均温后，取出空冷，在槽中不得使奥氏体分解 (2) 另一方法：将工件淬入到150～180℃盐槽，均温后，取出空冷	(1) 淬火应力小，比双液淬火能更有效地减小变形和开裂 (2) 分级淬火适合于处理形状复杂的工件，如高碳钢丝锥，中碳合金钢精密齿轮等
等温淬火	(1) 工件加热后，淬入低温盐槽，使奥氏体完全分解，取出空冷 (2) 等温淬火得到的组织为下贝氏体＋马氏体 (3) 一般不需要回火	(1) 可以减小零件淬火后表面与心部的温差，减少热应力 (2) 此法用来处理要求变形最小的工件
自身回火淬火法	(1) 将工件要求淬硬的部分淬入水中，开始马氏体转变后，取出空冷 (2) 非淬火部分的热量传导到淬火部分，使温度上升，由颜色来判断，待达到所要求的回火温度即水冷	(1) 使工件局部达到高的硬度 (2) 操作过程简单，常用来处理承受冲击的工具和切削工具
喷浴淬火法	工件加热后，放到特殊装置中，由喷出的气体、油或水使工件冷却淬火	(1) 减少工件淬火后的内应力和变形 (2) 工件淬硬部分的硬度均匀，不易发生软点 (3) 用来处理局部淬硬的工件和大型工件，如扁平长大的剪刀

5. 钢的淬透性与淬硬性

1）钢的淬硬性

钢的淬硬性也称可硬性，是指钢淬火后所能达到的最高硬度。决定钢淬硬性高低的主要因素是含碳量，而合金元素对淬硬性影响不大。这是因为合金元素在马氏体的晶格中不是处于间隙位置，而是置换了某些铁原子，对马氏体晶格所造成的歪扭远不及碳的作用大。然而合金元素对钢的淬透性都有重大影响，除Co外，大多数合金元素都在不同程度上提高钢的淬透性。淬硬性高的钢，不一定淬透性就好；而淬硬性低的钢，也可能具有好的淬透性。

2）钢的淬透性

淬透性是指钢接受淬火的能力，又称可淬性。淬透性实际上反映了钢在淬火时，奥氏体转变为马氏体的难易程度。

钢的淬透性是由钢的内在因素决定的，是钢的固有属性。而钢的实际淬透层深度除受其自身淬透性影响外，还与热处理工艺条件等外界因素有关，比如工件尺寸的大小，介质冷却能力的强弱等因素，均对淬火后得到的实际淬透层产生影响。所以钢的淬透性与钢的实际淬透层深度是两个不同的概念，不应混淆。

淬火时工件截面上各处的冷却速度是不同的。表面的冷却速度最大，越到中心冷却速度越小，见图2－14a。如果工件表面及中心的冷却速度都大于该钢的临界冷却速度，则冶工件的整个截面都能获得马氏体组织，即钢被完全淬透了。如中心部分低于临界冷却速度，则表面得到马氏体，心部获得非马氏体组织，见图2－14b。表示钢未被淬透。

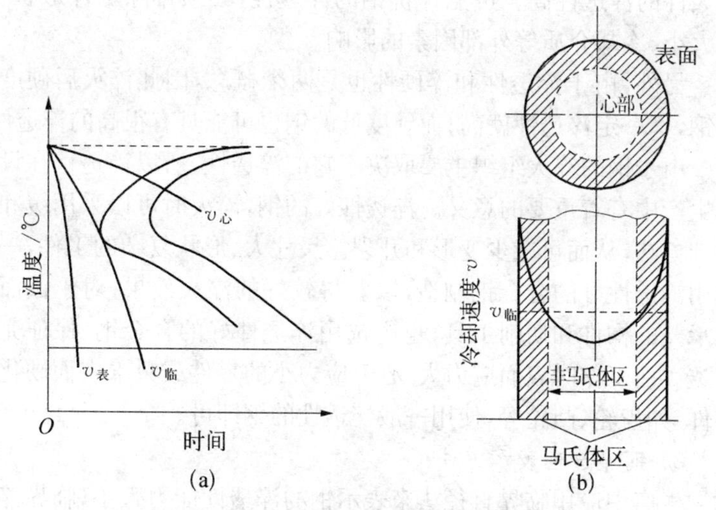

图2－14 工件淬硬层与冷却速度的关系

临界冷却速度的大小可以用来表示钢淬透性的大小，但因其不便于直接用于生产。因此，实际生产中常以一定条件下淬火后所得的马氏体组织层深度来表示其淬透性的大小。从理论上来讲，淬透层深度应是全淬成马氏体的深度，但由于当非马氏体组织数量不多时，无论用金相法或硬度方法都难以区分，而半马氏体区不仅硬度发生陡降，其金相组织的特征也较明显。况且对淬火工件断面进行腐蚀后，会有一条较为明显的白亮淬火层与非硬化区的分界线，该处正是半马氏体区。所以一般规定，自工件表面至半马氏体区（马氏体和非马氏体组织各占 50%）的深度作为淬硬层深度。

还应指出：必须把钢的淬透性和钢件在具体淬火条件下的淬硬层深度区分开来。钢的淬透性是钢材本身所固有的属性，它只取决于其本身的内部因素，而与外部因素无关；而钢的淬硬层深度除取决于钢材的淬透性外，还与所采用的冷却介质、工件尺寸等外部因素有关。例如在同样奥氏体化的条件下，同一种钢的淬透性是相同的，但是水淬比油淬的淬硬层深度大，小件比大件的淬硬层深度大。这决不能说水冷淬火比油冷淬火的淬透性高。也不能说小件比大件的淬透性高。可见评价钢的淬透性，必须排除工件形状、尺寸大小、冷却介质等外部因素的影响。

另外，由于淬透性和淬硬性也是两个概念，因此淬火后硬度高的钢，不一定淬透性就高；而硬度低的钢也可能具有很高的淬透性。

由于钢的淬火组织主要取决于它的淬透性，所以淬透性在设计和生产中有着重要的意义。淬透性好的钢，淬火时可以采用缓和的冷却方法，从而可减少变形和开裂。尺寸大、形状复杂的工件，一般选用淬透性好的合金钢制造，以获得较好的淬火效果；对于截面均匀承载的构件和切削工具，也应选用淬透性好的合金钢，保证完全淬透。而工作时表面应力大，心部应力小的零件或只求表面硬化的零件，如齿轮、凸轮等，使用一般淬透性的钢即可。

3）钢淬透性表示方法

生产中应用临界直径法来表示钢的淬透性能力大小，临界淬透直径见图 2－15。即钢在某种淬火介质中能够被淬透的最大直径，用 D_0 表示。D_0 愈大，表示这种钢的淬透性愈高。常用钢材在水或油中淬火时的临界直径 D_0，见表 2－13。

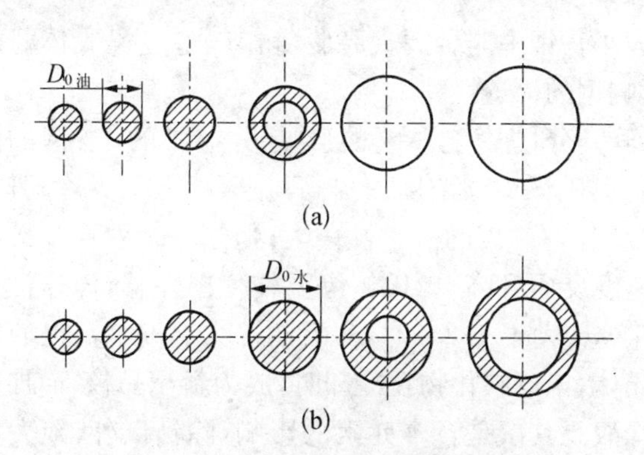

图 2-15 临界淬透直径示意图

(a) 油中淬火;(b) 水中淬火

表 2-13 常用钢材的临界直径 D_0

钢　号	$D_{0水}$(mm)	$D_{0油}$(mm)	心部组织
45	10～18	6～8	50%*M*
60	20～25	9～15	50%*M*
40Mn	18～38	10～18	50%*M*
40Cr	20～36	12～24	50%*M*
18CrMnTi	32～50	12～20	50%*M*
T8;T12	15～18	5～7	95%*M*
GCr15		30～35	95%*M*
9SiCr		40～50	95%*M*
CrWMn		40～50	95%*M*
Cr12		200	95%*M*

利用临界直径 D_0 很容易判断一定尺寸的工件能否被淬透,但对于尺寸超过临界直径的工件,D_0 就无法提供硬度在截面上分布的情况,故应用上受到一定限制。

4) 淬透性的影响因素

钢的淬透性主要取决于其临界冷却速度的大小,而临界冷却速度则主要取决于过冷奥氏体的稳定性,因此诸如奥氏体的化学成分(碳的质量分数及合金元素的质量分数)、奥氏体的状态(均匀化程度及晶粒大小)、钢中非金属夹杂物等影响过冷奥氏体稳定性的因素,都将影响钢的淬透性。

① 化学成分的影响。碳的影响是主要的,当钢的 w_C 低于 1.2%时,随奥氏体中碳浓度的提高,显著降低临界冷却速度,奥氏体等温转变图右移,钢的淬透性增大;但当 w_C 大于 1.2%时,钢的临界冷却速度反而升高,奥氏体等温转变图左移,淬透性下降。这是因为钢中 w_C 大于 1.2%时,实际的淬火温度不足以使碳化物完全溶入奥氏体,未溶碳化物在冷却时,成为新相晶核,而加速了珠光体转变的缘故。其次是合金元素的影响,除钴以外,绝大多数合金元素溶入奥氏体后,均使奥氏体等温转变图右移,降低临界冷却速度,从而显著提高钢的淬透性。

② 奥氏体晶粒大小的影响。奥氏体的实际晶粒度对钢的淬透性有较大的影响,粗大的奥氏体晶粒能使奥氏体等温转变图右移,降低了钢的临界冷却速度,所以粗晶粒的钢具有较高的淬透性。但需要注意的是,晶粒粗大将增加钢的变形、开裂倾向和降低韧性。

③ 奥氏体均匀程度的影响。在相同过冷度条件下,奥氏体成分越均匀,珠光体的形核率就越低,转变的孕育期增长,奥氏体等温转变图右移,临界冷却速度减慢,钢的淬透性越高。

④ 钢的原始组织的影响。钢中原始组织的粗细和分布对奥氏体的成分将有重大影响。片状碳化物较粒状碳化物易溶解,粗粒状碳化物最难溶解,所以实际生产中为了提高钢的淬透性,往往在淬火前对钢进行一次预备热处理(退火或正火),使钢原始组织中的碳化物分布均匀而细小,以提高奥氏体化程度。

三、回火

回火是将淬火钢加热到 A_1 以下某一温度,经过保温,然后以一定的冷却方法冷至室温的热处理操作。

1. 回火的目的

(1) 降低脆性,消除内应力。工件淬火后存在着很大的内应力和脆性，若不及时回火，零件会产生变形或开裂。

（2）得到对工件所要求的力学性能。工件淬火后，硬度高，脆性大，为了获得对工件要求的不同性能，可以用回火温度调整硬度，减小脆性，得到所需要的塑性、强度和韧性。

（3）稳定工件尺寸。淬火后的组织是马氏体和残余奥氏体，这两种组织都是不稳定的，会自发地逐渐地发生组织转变，因而引起工件尺寸和形状的改变。通过回火，可以促使这些组织转变。达到较稳定状态，以便在以后的使用过程中不发生变形。

2. 回火的分类

按加热温度不同，回火可分为低温、中温和高温三类，详见表2-14。

表2-14 各种回火方法

类别	加热规范	冷却方式	目的与应用
低温回火	150～250℃，保温时间：2 h＋每1 mm条件厚度×1 min	空冷或热水冷	（1）减少工件淬火后的内应力和脆性，但不降低硬度或很少降低硬度（1～3 HRC） （2）经过低温回火后的工具，在工作时不致断裂 （3）主要用于各种刃具、量具、冷变形模具、滚珠轴承、渗碳件、高频淬火件，保持回火后具有高硬度（58～62 HRC）
中温回火	300～500℃，保温时间：20 min＋每1 mm条件厚度×1 min	（1）空冷 （2）有回火脆性的合金钢，用热水或油冷	（1）提高工件冲击韧性，并具有较高的硬度（44～54 HRC） （2）获得回火托氏体组织 （3）主要用于各类弹簧、发条件回火以提高弹性
高温回火	500～650℃，保温时间：10 min＋每1 mm条件厚度×1 min	（1）空冷 （2）有回火脆性的合金钢，用热水或油冷	（1）获得回火索氏体组织 （2）使零件具有一定的强度和硬度，又有良好的塑性和韧性相配合的综合力学性能 （3）用于结构钢的机器零件，如连杆、曲轴、螺栓等

(续　表)

类别	加热规范	冷却方式	目的与应用
调质处理中的回火	500～670℃，保温时间：10 min＋每 1 mm 条件厚度×1 min	同高温回火	(1) 调质是淬火后在略低于 A_{c1} 温度作高温回火 (2) 目的是使钢的组织变细，为下一步热处理作好组织准备，并且增加韧性 (3) 调质可用作最后热处理工序，增加韧性和获得所需要的力学性能，亦可用作中间热处理工序，为下一步热处理作好显微组织准备，保证最后热处理获得性能均匀 (4) 降低硬度，提高塑性保证钢的切削加工性能
时效处理	120～160℃，保温时间：3～24 h	空冷	(1) 稳定淬火-回火后工件的尺寸 (2) 用于处理计量工具如样板塞规、卡尺等，以及精密机器的零件

3. 回火规范的确定

为了正确地进行回火，必须根据工件的要求，正确地选择回火温度，合理地确定回火时间以及采用恰当的冷却方法。

1) 回火温度的选择

回火温度是决定工件回火后的组织和性能的最重要因素。工件的力学性能技术要求(如硬度、强度、塑性、韧性等)是选择回火温度的根据，通常是以硬度要求来选择的，这是因为硬度检查简便易行，并且硬度与强度在一定范围内有着对应关系。此外，只要材料选择正确、工艺合理，回火后达到要求硬度，其他力学性能(如塑性、韧性等)一般均能满足使用要求。

常用钢的回火温度与硬度值关系见表 2-15。

在选择回火温度时，必须要考虑到工件的淬火情况。如果淬火温度高，工件尺寸小，淬火冷却剧烈(水冷)，则应选择上限回火温

表 2 - 15 钢材回火温度与硬度对照表

钢种	钢号	淬火规范及硬度			不同温度回火后得到的硬度 HRC												备注
		加热温度(℃)	冷却剂	硬度HRC	180±10	240±10	280±10	320±10	360±10	380±10	420±10	480±10	540±10	580±10	620±10	650±10	
碳素结构钢	35	860±10	水	>50	51±2	47±2	45±2	43±2	40±2	38±2	35±2	33±2	28±2	250±20	220±20		
	45	830±10	水	>55	56±2	53±2	51±2	48±2	45±2	43±2	38±2	34±2	30±2	HBS	HBS		
碳工钢	T8,T8A	790±10	水-油	>62	62±2	58±2	56±2	54±2	5 1±2	49±2	45±2	39±2	34±2	29±2	25±2		
	T10,T10A	780±10	水-油	>62	63±2	59±2	57±2	55±2	52±2	50±2	46±2	41±2	36±2	30±2	26±2		
合金钢	40Cr	850±10	油	>55	54±2	53±2	52±2	50±2	49±2	47±2	44±2	41±2	36±2	31±2	260HBS		具有回火脆性的钢（40Cr、66Mn、30CrMnSi等），在中温或高温回火后用清水或油冷却
	50CrVA	850±10	油	>60	58±2	56±2	54±2	53±2	51±2	49±2	47±2	43±2	40±2	36±2		30±2	
	60Si2MnA	870±10	油	>60	60±2	58±2	56±2	55±2	54±2	52±2	50±2	44±2	35±2	30±2			
	65Mn	820±10	油	>60	58±2	56±2	54±2	52±2	50±2	47±2	44±2	40±2	34±2	32±2	28±2		
	5CrMnMo	840±10	油	>52	55±2	53±2	52±2	48±2	45±2	44±2	44±2	43±2	38±2	36±2	34±2	32±2	
	30CrMnSi	860±10	油	>48	48±2	48±2	47±2		43±2	42±2			36±2		30±2	26±2	
	GCr15	850±10	油	>62	61±2	59±2	58±2	56±2	53±2	52±2	50±2		41±2		30±2		
	9SiCr	850±10	油	>62	62±2	60±2	58±2	57±2	56±2	55±2	52±2	51±2	45±2				
	CrWMn	830±10	油	>62	61±2	58±2	57±2	55±2	54±2	52±2	50±2	46±2	44±2				
	9Mn2V	800±10	油	>62	60±2	58±2	56±2	54±2	51±2	49±2	41±2						

（续 表）

钢种	钢号	淬火规范及硬度			不同温度回火后得到的硬度 HRC												备注
		加热温度(℃)	冷却剂	硬度 HRC	180±10	240±10	280±10	320±10	360±10	380±10	420±10	480±10	540±10	580±10	620±10	650±10	
高合金钢	3Cr2W8	1 100	分级，油	～48								46±2	48±2	48±2	43±2	41±2	一般采用 560～580℃回火二次
	Cr12	980±10	分级，油	＞62	62	59±2		57±2			55±2		52±2			45±2	
	Cr12MoV	1 030±10	分级，油	＞62	62	62	60		57±2				53±2			45±2	一般采用低温回火
	Cr12MoV	1 120±10	分级，油	＞44	44	45			48	48		51±2	63±2	52±2			一般采用 500～520℃回火二次
	W18Cr4V	1 270±10	分级，油	＞64													560℃三次回火，每次1小时

注：1. 水冷却剂为10%NaCl水溶液。

2. 淬火加热在盐浴炉内进行，低温回火可用硝盐浴，中温可在硝盐浴或井式炉中进行，高温回火一般用井式炉。

3. 回火保温时间可参考有效厚度及装炉量，一般碳钢采用60～90 min，合金钢采用60～120 min。

度。反之,则应选择下限回火温度。

对于低温或中温回火的工件,只有在淬火硬度超过要求硬度的上限时,才能按正常温度进行回火,否则必须降低回火温度(约降低30~50℃)。

对于调质工件来说,只有在淬火硬度不低于HRC40时,才能按正常的回火温度进行回火,否则也必须相应降低回火温度。

对于快速加热淬火及表面淬火的工件,宜低于正常回火温度(低20℃左右)进行回火。

2)回火时间的确定

回火保温时间,是根据工件材料、工件尺寸、对工件的性能要求和加热炉型而定的。

对于中温或高温回火的工件,回火保温时间可按下列经验公式计算

$$t = aD + b$$

式中 t——回火保温时间(min);

D——工件有效厚度(mm);

b——附加时间,一般为10~20 min;

a——加热系数(min/mm)。

a根据炉型而定:

盐浴炉 a=0.5~0.8 min/mm

井式回火炉 a=1.0~1.5 min/mm

箱式电炉 a=2~2.5 min/mm

对于以消除应力为主要目的低温回火,则需要更长的时间,一般在1 h以上(视工件尺寸、加热炉型、工件的硬度要求而定)。

回火时间与工件尺寸,回火温度以及加热介质等因素有关,见表2-16。在具体确定回火时间时,还应该考虑到钢的种类,通常,碳素钢取下限;合金钢取上限;高合金钢还应适当延长,装炉量大时也应延长一些时间。

表 2-16　回火保温时间参考表

低温回火(150～250℃)						
有效厚度(mm)	＜25	25～50	50～75	75～100	100～125	125～150
保温时间(min)	30～60	60～120	120～180	180～240	240～270	270～300
中、高温回火(250～650℃)						
有效厚度(mm)	＜25	25～50	50～75	75～100	100～125	125～150
保温时间(min) 盐炉	20～30	30～45	45～60	75～90	90～120	120～150
保温时间(min) 空气炉	40～60	70～90	100～120	150～180	180～210	210～240

生产中可以通过观察工件表面的回火颜色，来大致控制和判断工件回火温度与回火时间是否合适。这是由于光亮的工件表面经加热后发生氧化，随着加热温度的不同，氧化膜厚度的不同，而呈现的颜色也不同。这就是所谓的“回火色”。钢的回火色与回火温度的经验关系见表 2-17。

表 2-17　不同回火温度下钢的回火色

回　火　色	相应的回火温度（℃）	
	碳钢及低合金钢	不　锈　钢
淡麦黄色	225	290
麦 黄 色	235	340
淡红棕色	265	390
淡 红 色	280	450
淡 蓝 色	290	530
深 蓝 色	315	600

3）回火冷却方法

一般钢种回火保温后，大都在空气中冷却。但对某些具有第二类回火脆性的合金钢，高温回火后，必须在油或水中进行快冷，以避免出现回火脆性。但是快冷后又增加了工件的内应力，因此，对于重要的工件来说，快冷后应再进行一次低温回火，以消除内应力。

4）常用回火方法　见表2-18。

表2-18　常用回火方法

回火方法	工艺要求
普通回火	在选定的回火温度，采取整体加热回火，这是应用最广泛的方法
局部回火	将要求硬度低的部位进行快速加热回火，然后在油中冷却或直接送入低温回火炉继续对要求硬度较高部位回火
自回火	利用工件淬火冷却后的余热进行回火的方法叫自回火 将工件加热奥氏体化后，把要求淬硬部位放入冷却剂中，停留一定时间，使工件淬硬，然后取出放在空气中，使未淬硬端的热量传导过去，对已淬硬端进行回火 待其达到回火温度后，立即把工件全部放入冷却剂，以免回火温度继续升高造成硬度不足

4. 回火脆性

淬火钢回火时，随着回火温度升高，其冲击韧性总的趋向是增大。但有一些钢在一定温度范围回火后，冲击韧性反而比在较低温度回火后显著下降。这种在回火过程中发生的脆性现象，称为回火脆性。钢出现回火脆性时，除冲击韧性降低外，其他力学及物理性能均不发生改变。回火脆性通常可分为第一类回火脆性（低温回火脆性）和第二类回火脆性（高温回火脆性）两类。

1）第一类回火脆性

钢淬火后在300℃左右回火时所产生的回火脆性称为第一类回火脆性或不可逆回火脆性。几乎所有的钢在300℃左右回火时都将或多或少地发生这种脆性。第一类回火脆性主要和钢的成分有关，钢中碳质量分数越高，脆化程度越严重。合金元素的种类和含量都不能抑制第一类回火脆性，但能将脆性产生推向更高温度。

第一类回火脆性的特点是：① 只要在此温度范围内回火，其韧性的降低是无法避免的。② 具有不可逆性，即将已产生这种脆性的工件在更高温度回火后，其脆性会消失，若在此温度范围内再行回火，脆性将不会重复出现。因此第一类回火脆性又称不可逆回火脆性。③ 脆性出现的同时，不会影响其他力学性能的变化规律。

目前尚无有效方法完全消除第一类回火脆性，只有适当缩短回火时间以减轻其影响程度。

2）第二类回火脆性

含有铬、锰、铬-镍等元素的合金钢淬火后，在脆化温度（450～550℃）区回火，或经更高温度回火后缓慢冷却通过脆化温度区所产生的脆性，称为第二类回火脆性或可逆回火脆性。

第二类回火脆性的主要特点是：① 它的产生与回火后冷却速度有关。回火后快冷（水冷或油冷），不出现脆性，慢冷（空冷）则出现脆性。② 具有可逆性。即已经消除了这类回火脆性的钢，再在此温区回火并慢冷，其脆性又会重复出现。若在同样温度回火并快冷，则又能消除脆性。因此第二类回火脆性又称可逆回火脆性。

第二类回火脆性对钢的性能十分有害，生产中一般采用回火后快冷（水冷或油冷）的办法来防止或减少这类回火脆性。

3）耐回火性

淬火钢在回火时抵抗软化的能力称耐回火性。由于合金元素对淬火钢在回火时的组织转变起阻碍或延缓作用，推迟马氏体的分解和残留奥氏体的转变，提高铁素体的再结晶温度，使碳化物不易聚集长大，而保持较大的弥散度。因此合金钢的耐回火性较碳钢为好。具有较高耐回火性的钢可采用较高的回火温度，淬火应力消除的更彻底一些，其回火后的综合力学性能也要好一些。

5. 淬火和回火操作

1）加热操作

（1）箱式和井式电阻炉加热　扁平类工件通常在箱式电阻炉中加热。轴类工件最好采用井式电阻炉加热。用电阻炉加热淬火时，常常允许有一定的脱碳层，但加热时仍需采取防护措施。

根据生产量可采用两种加热方法：

① 冷炉装料：工件要求变形量小，产量少时采用冷炉装料，工件随炉一起升温。

② 热炉装料：批量生产，工件数量大时，采用热炉装料，先把炉温升至工艺温度，再装进工件，也可待第一炉工件出炉淬火后，即装

入第二炉工件继续加热淬火。

以上两种加热方法，工件一般不进行预热，直接进炉加热。

箱式电阻炉的炉门一般都在正面，工件水平方向装炉，装炉量大，工件的进出炉和摆放都不方便，一般大工件都采用台车式电阻炉加热。

中型工件加热时，可以单件装炉，装炉中工件可放在垫轨上滑入炉中，加热时因为下面有空隙，有利透烧，工件温度均匀。但要考虑出炉时方便、迅速，工件可用钢丝绑扎，出炉时用铁钩钩住铁丝，可迅速出炉冷却，如图 2-16a 所示。

小型工件加热时，可先装进夹具，夹具上有一挂钩，装炉时用铁钩将工件连同夹具一起送入炉中，并排列整齐，如图 2-16b 所示。如果工件大小不同，钢种相同时，先将大工件放在里面，小工件放在外面，因为小件加热时间短，应先出炉淬火。

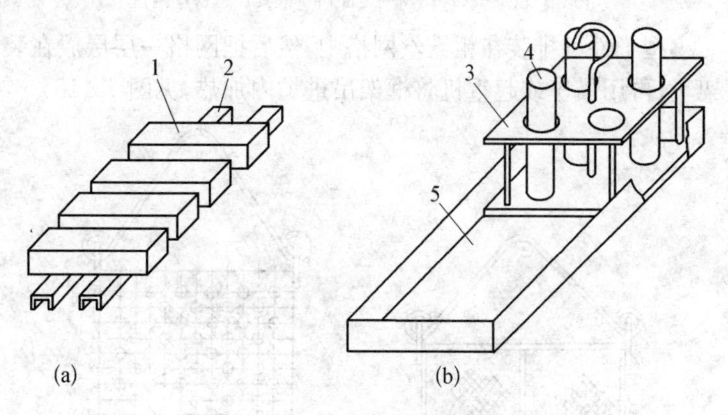

图 2-16　箱式电阻炉装炉方法

(a) 单件装炉；(b) 卡具装炉

1—工件；2—垫轨；3—夹具；4—工件；5—料盒

井式电阻炉的炉门在上部，适宜用吊车或起重机进出工件，操作简便。

大型工件可利用工件孔，或专门做一个吊挂孔，用挂钩或铁丝绑扎，垂直吊挂装炉，见图 2-17。

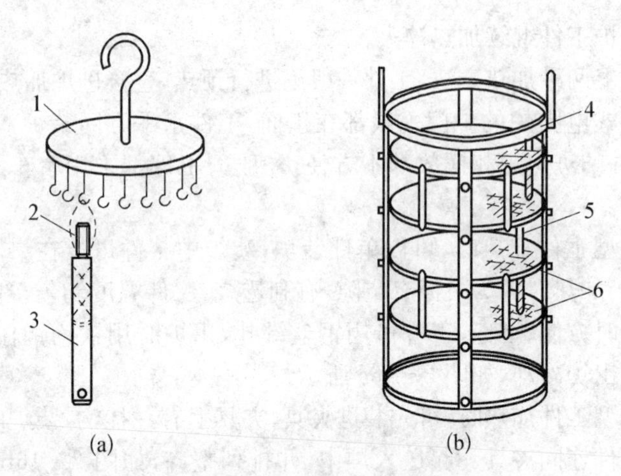

图 2-17　井式电阻炉装炉方法

(a) 吊挂装炉；(b) 网架装炉

1—吊具；2—铁丝；3，5—工件；4—框具；6—铁丝网盘

小型工件可排装在粗铁丝网格中，然后把网格一层层放在装炉框架上，再用吊车或起重机将框架吊进炉内加热，见图 2-18。

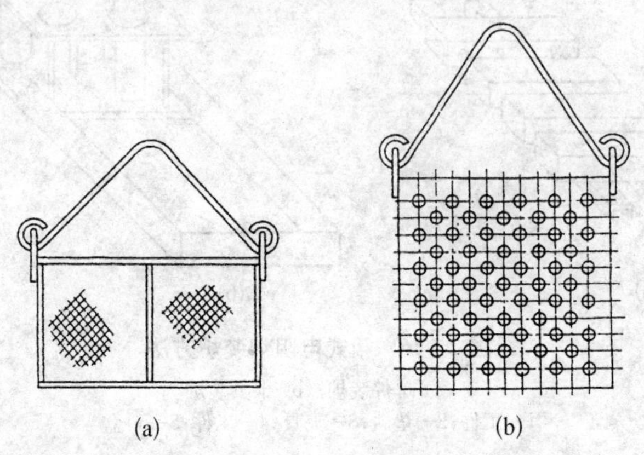

图 2-18　回火筐具

(a) 网筐；(b) 带孔铁筐

(2) 盐浴炉加热　盐浴炉的炉膛小，加热速度快，适合小型工件加热淬火。由于工件小，所以大多以手工操作为主。装炉方法一

般有两种：一种是用夹具，将工件插入夹具孔中，立放，再用铁钩挂起夹具送进炉内；另一种是用铁丝绑扎工件，或用铁丝将内孔工件串起，再用铁钩挂起进炉加热。

采用盐浴炉加热淬火时应注意以下事宜：

① 为防止工件加热过程中产生氧化、脱碳，必须先对盐浴炉进行脱氧、捞渣后才能使用。

② 严格禁止潮湿工件进入盐浴炉中加热。

(3) 回火加热　通常采用低温井式电阻炉进行回火。炉内有风扇，回火时炉温均匀。用井式电阻炉回火时，通常用料筐或回火桶装料加热。为使回火时，温度均匀，料筐及回火桶最好是网格式或在回火桶壁上钻透气孔，常用回火筐具见图 2－18。

有些细长的轴类工件和薄片工件可通过加压回火来矫正淬火变形，加压回火夹具见图 2－19。

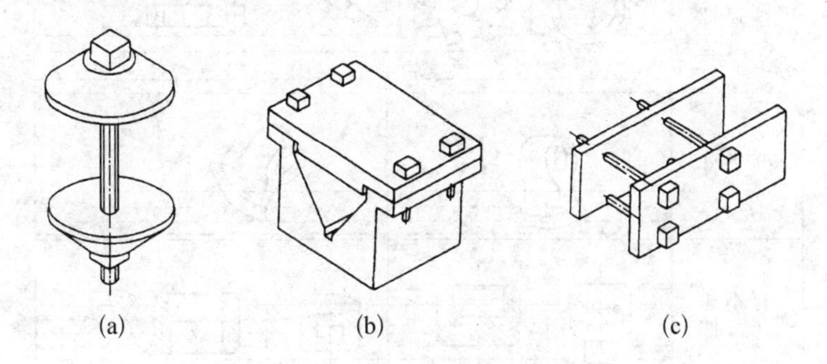

图 2－19　加压回火工具

(a) 适于带孔的圆片状工件；(b) 适于细长轴类工件；
(c) 适于 T 形或长条状工件

2) 冷却操作

工件浸入淬火介质的方法是淬火工艺中极为重要的一环。如果浸入方式不当，会使工件冷却不均匀，不仅会造成较大的内应力，还会引起变形甚至开裂。

浸入方式最根本的原则有：① 淬入时保证工件得到最均匀的冷却。② 保证工件以最小阻力方向淬入。③ 考虑到工件重心的稳定。各种工件浸入淬火介质的操作可参考图 2-20。

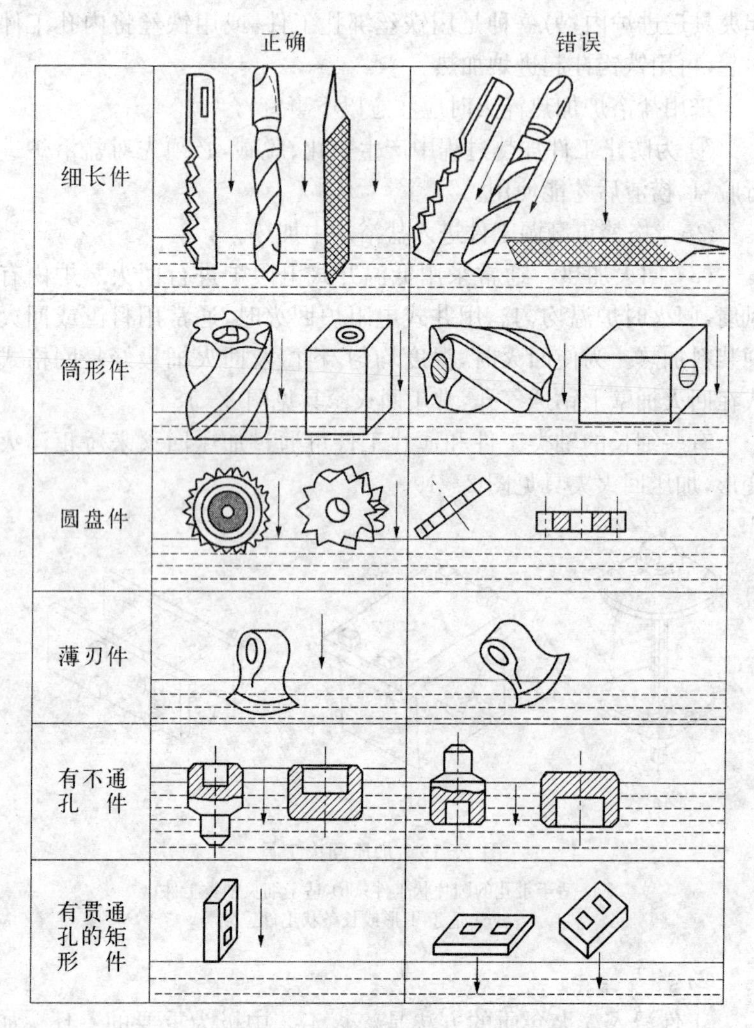

图 2-20　不同形状工件淬火浸入方式

由图可见,不同工件淬入时应遵循以下几点:

(1) 对长轴类(包括丝锥、钻头、铰刀等长形工具)、圆筒类工件,应轴向垂直淬入。淬入后,工件可上、下垂直运动。

(2) 圆盘形工件应使其轴向与淬火介质液面保持水平淬入。

(3) 薄刃工件应使其整个刃口同时淬入；薄片件应垂直淬入，使薄片两面同时冷却，大型薄片件应快速垂直淬入。速度越快，变形越小。

(4) 厚薄不均的工件，应使厚的部分先淬入。截面不均匀的长形工件，可水平快速淬入或倾斜淬入。

(5) 对有凹面或不通孔的工件，应使凹面和孔朝上淬入，以利排除孔内的气泡。

(6) 长方形有贯通孔的工件(如冲模)，应垂直斜向淬入，以增加孔部的冷却。

四、冷处理

冷处理是将淬火钢继续冷至室温以下，使在室温尚未转变的残余奥氏体继续转变为马氏体的一种热处理操作。

1. 冷处理的目的

冷处理的目的是尽量减少淬火钢中的残余奥氏体。通常淬火都是使钢冷却到室温，对于 M_f 低于室温的钢，淬火组织中还存在着一定数量的残余奥氏体。这些残余奥氏体是不稳定组织，在室温下长期使用过程中将会发生马氏体转变，使工件尺寸变化。对于某些精度很高的量具如块规，某些精密零件如油泵油嘴和精密轴承，其尺寸稳定性要求很高。因此必须把钢中残余奥氏体量减少到最低限度，以保证工件在使用过程中不致因尺寸变化超过精度而失效。

2. 冷处理的温度及使用的介质

冷处理温度主要根据钢的 M_f 点，同时结合零件的技术要求及工艺设备条件等确定。由于大多数钢的 M_f 点不低于－100℃，结合工厂一般设备能力，通常采用的冷处理温度不低于－80℃。冷处理既可采用专门的冷冻设备，也可采用保温桶。当采用保温桶时，先往桶内倒入酒精，再加入干冰(固体 CO_2)，依靠干冰升华时的吸热效应可获得－70～－80℃的低温。

生产中常用的冷处理介质(冷冻剂)及其到达温度见表2-19。

表2-19 冷处理用介质及其到达温度

介 质	到达的温度(℃)	介 质	到达的温度(℃)
20%NH_4Cl+80%H_2O	-15.4	丙 烷	-42.1
干冰(固体CO_2)+酒精	-78	F-12(CF_2Cl_2)	-29.8
液 氮	-195.8	F-13(CF_3Cl)	-81.5
液 氢	-252.8	F-14(CF_4)	-128
液 氨	-33.4	F-22(CHF_2Cl)	-40.8

3. 冷处理的操作要点

(1) 冷处理应在工件淬火后立即进行,以避免在室温停留引起残余奥氏体稳定化。室温停留时间愈长,奥氏体稳定化愈严重,冷处理效果愈差。

(2) 马氏体转变主要发生在连续冷却过程中。和淬火时一样,工件达到冷处理温度后,转变即告完成,不需保温。但是为使批量装料时所有工件的心部都能达到冷处理温度,可根据情况保温1~3 h。

(3) 冷处理不应在工件冷至室温之前进行。对于形状复杂、尺寸较大的工件应随设备一起由室温降至处理温度,以防止工件开裂。

(4) 冷处理结束后,工件应在空气中缓缓回升至室温。未到室温不能进行回火,到达室温后应及时回火,这能防止零件开裂。

冷处理后,由于残余奥氏体向马氏体转变的结果,钢的硬度增加,工件的尺寸也略微增大。

五、热处理常见缺陷及防止措施

1. 氧化和脱碳

氧化是指钢表面的铁被氧化成氧化铁,其主要化学反应式为:

$$2Fe + O_2 \longrightarrow 2FeO$$

$$Fe + CO_2 \longrightarrow CO + FeO$$

$$Fe + H_2O \longrightarrow H_2 + FeO$$

金属加热时,介质中的氧、二氧化碳和水蒸气等与金属反应生成氧化物的过程称为氧化。

由于氧化铁皮的形成,使工件尺寸减小,表面粗糙度值增大,还会严重影响到淬火时的冷却速度,造成软点或硬度不足。钢氧化时,首先在钢的表面形成一层氧化膜。其后的氧化速度主要取决于氧和铁原子通过氧化膜的速度。随着加热温度的升高,原子扩散速度加快,特别是在 600℃以上时,所形成的氧化膜是以不致密的 FeO 为主,氧和铁原子容易通过它而透入内部,钢的氧化速度急剧增大。而在 600℃以下时,氧化膜则是比较致密的 Fe_3O_4,所以氧化速度比较缓慢。

脱碳是指钢表面的碳分被氧化成 CO、CH_4 等气体,使钢表面的含碳量降低,其化学反应式为:

$$2(C) + O_2 \longrightarrow 2CO\uparrow$$

$$(C) + CO_2 \longrightarrow 2CO\uparrow$$

$$(C) + H_2O \longrightarrow CO + H_2\uparrow$$

$$(C) + 2H_2 \longrightarrow CH_4\uparrow$$

式中 (C)——溶于奥氏体中的碳。

工件加热时介质与工件中的碳发生反应,使表面碳质量分数降低的现象称脱碳。即钢表层中的碳被氧化,使表层碳质量分数降低的现象。钢的加热温度越高,钢中的碳质量分数越高,钢便越容易脱碳。由于碳的扩散速度较快,所以钢的脱碳速度总是大于其氧化速度,在钢的氧化层下面,通常总是存在一定厚度的脱碳层。脱碳使钢表层碳质量分数下降,从而导致钢件淬火后表层硬度不足,疲劳强度下降,而且常使钢在淬火时容易形成表面裂纹。

氧化使工件表面金属烧损,影响工件尺寸和降低表面质量,脱碳使工件表面碳贫化从而导致工件淬火硬度和耐磨性降低。严重的氧化脱碳会造成工件报废。

对需要控制氧化和脱碳的工件,可采用下列措施。

(1) 控制加热温度和加热时间。在保证工件淬火硬度和组织的前提下,尽量采用较低的加热温度,采用最短的加热时间。加热前先经预热,可有效地缩短高温加热时间,减少工件的氧化和脱碳。

(2) 采用盐炉加热。

(3) 采用保护气氛或可控气氛加热。

此外,加热时将工件装入有保护剂的铁箱中或涂以保护涂料,也有一定的防氧化脱碳效果。

2. 过热和过烧

加热温度过高,或在高温下加热时间过长,引起奥氏体晶粒粗化,淬火后得到粗针状马氏体的现象,称为过热。过热组织增加钢的脆性,容易造成淬火开裂。淬火过热可以返修,返修前需进行一次细化组织的正火或退火,再按正确规范重新加热淬火。

如果加热温度太高,以致奥氏体晶界出现熔化和氧化现象,称为过烧。过烧组织晶粒极为粗大,晶界有氧化物网络,钢的性能急剧降低。这种缺陷无法挽救,工件只得报废。

3. 淬火硬度不够

硬度不够是指整个工件或较大区域内硬度达不到技术要求。其形成原因如下:

(1) 欠热　造成欠热的原因是加热温度过低或保温时间不足,工艺错误,控温仪表失灵,操作时装炉量太大使各层工件温度不均。

(2) 过热　过共析钢因过热奥氏体溶有过量的碳和合金元素,使 M_s 点大为降低,以致淬火后因残留大量奥氏体而降低硬度。

(3) 冷却速度不够　工件在淬火过程中,因冷却速度不够而发生或部分发生奥氏体珠光体转变。造成原因是冷却介质选择不当,冷却介质温度过高或老化及工件尺寸太大等。

(4) 操作不当　如预冷淬火时预冷时间过长,双液淬火时在水中停留时间太短,分级淬火时分级温度太高或停留时间过长等,均会造成奥氏体分解而在最终组织中出现非马氏体组织,使硬度降低。

4. 软点

工件上硬度不足的小区域称为软点。软点往往是工件磨损或疲劳损坏的中心，重要工件上不允许存在软点。造成软点的原因：

(1) 原材料缺陷　钢中存在大块铁素体或带状组织。

(2) 欠热　因加热温度不够或保温时间不足，使奥氏体成分不均匀，或亚共析钢中铁素体未全部溶入奥氏体。

(3) 冷却不均　工件在介质中移动不充分，淬火时堆在一起，工件表面有氧化皮等污物附着以及冷却介质混有肥皂、油污等，都会造成工件冷却不均匀，使局部小区域发生高温转变而形成软点。

5. 变形、开裂和相应措施

工件的变形与开裂是淬火操作中常见的一种疵病。因此，在淬火时，最大限度地减小工件的变形和防止开裂是一个必须注意的重要问题。

导致淬火工件变形或开裂的原因是淬火过程中产生的内应力。淬火内应力按其形成的原因，可分为两类：

(1) 热应力　它是在加热和冷却过程中，由于工件各部分间存在温差所造成的热胀冷缩先后不一致而产生的内应力。

(2) 组织应力　这是工件在热处理过程中，因组织转变的不同时性和不一致性而形成的内应力。

变形和开裂不仅与淬火工艺有关，而且和工件的设计与选材、坯料的冶金与锻造质量、预先热处理、冷热加工的配合等均有密切关系。只有综合考虑这几方面的因素，采取相应的措施，才能取得良好的效果。生产中主要从以下几方面来考虑：

(1) 合理设计零件。

(2) 正确制定锻造和预先热处理工艺。

(3) 冷热加工配合要协调。

(4) 制定合理的热处理工艺。

6. 回火缺陷

(1) 硬度不合格　回火后硬度过高一般是回火不充分所造成

的，补救办法是按正常回火规范重新回火。回火后硬度不足，主要原因是回火温度过高。补救办法是按前述返修规范重新淬火并回火。

(2) 韧性过低　在第一类回火脆性区回火或具有第二类回火脆性敏感的钢材，回火后未进行快冷，都会使工件回火后脆性增加。补救办法是对在第一类回火脆性区进行回火的工件，按返修规范重新淬火并避开该脆性区进行回火；对因在第二类回火脆性区回火而未快冷的工件，可采用稍高一些的温度进行短时回火并快冷。

六、钢的感应加热表面淬火

感应加热表面淬火是对工件表面进行快速加热，使工件表面迅速达到淬火温度，随后冷却使工件表面获得淬火组织，而心部仍保持原始组织的一种淬火方法。

1. 感应加热的基本原理

感应加热的原理如图 2－21，把工件放在纯铜管做成的感应器内(铜管中通水冷却)，感应器在接通高频电流后产生交变磁场。结果在工件内产生频率相同、方向相反的感应电流，称为“涡流”。涡流在工件截面上分布是不均匀的，表面密度大，中心密度小。电流的频率越高，涡流集中的表面层越薄，这种现象称“集肤效应”。由于铜本身具有电阻，因而集中于工件表面的涡流由于电阻热把表面层迅速加热到淬火温度(奥氏体状态)，而心部温度不变。所以在随即喷水(合金钢浸油淬火)冷却后，工件表面层被淬硬。

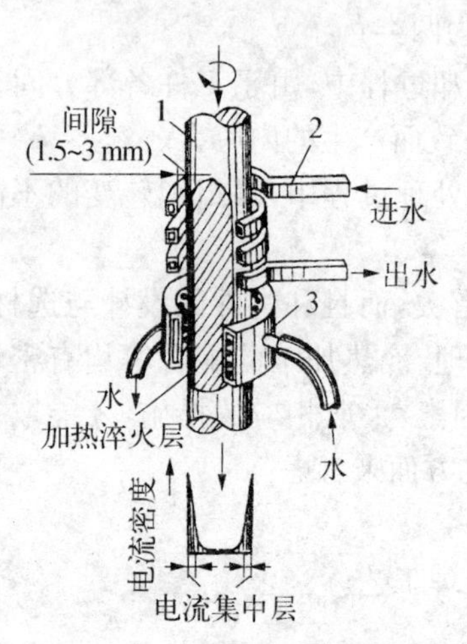

图 2－21　感应加热表面淬火示意图

1—工件；2—加热感应圈；3—淬火喷水套

2. 感应加热淬火方法

感应加热淬火方法一般有两种，即同时加热淬火法和连续加热淬火法。

(1) 同时加热淬火法　将工件上需要加热表面的整个部位置于感应器内，一次完成加热，然后直接喷水冷却或将工件迅速置于淬火槽中冷却。这种方法适用于小型工件或淬火面积较小而尺寸较大的工件，如曲轴、齿轮等。

(2) 连续加热淬火法　即加热和冷却同时进行，前边加热后面冷却。工件不仅转动而且沿轴向移动，对需要淬火部位均匀地进行加热淬火。这种方法适用于轴类等长型工件的表面淬火，如轴、齿条、机床导轨和大型齿轮等。

3. 感应加热工艺参数选择

感应加热表面淬火的工艺参数，包括热参数和电参数。热参数主要有感应加热温度、加热时间和加热速度。电参数包括设备频率，以及决定单位表面功率的阳极电压、阳极电流、槽路电压和栅极电流。热参数和电参数是密切相关的，生产中是通过调整电参数来控制热参数，从而保证感应加热表面淬火质量。

1) 感应加热设备频率的选择

感应加热设备频率应根据对工件表面有效淬硬深度的要求进行选择。

(1) 高频感应加热　凡是频率大于 15 kHz 的电流，即为高频电流。我国目前采用电子管式高频发生装置，电流频率为 200～300 kHz，有效淬硬深度为 0.5～2 mm，主要用于要求淬硬层较薄的中、小型工件，如小模数齿轮、中小型轴等。

(2) 中频感应加热　电流频率常用的为 2.5～8 kHz，有效淬硬深度为 2～10 mm。主要用于淬硬层要求较深的工件，如直径较大的轴类、中等模数的齿轮、大模数齿轮等。

(3) 工频感应加热　电流频率为 50 Hz，有效淬硬深度为 10～20 mm。主要用于大直径工件（轧辊、火车车轮等）的表面淬火，也可用于较大直径工件的透热。

(4) 超音频感应加热　电流频率一般为 20～40 kHz,高于音频,故称超音频。为 20 世纪 60 年代发展起来的先进表面淬火设备。它兼有高、中频加热的优点,淬硬层深度略大于高频淬火的,而且沿工件轮廓均匀分布。所以,它对用高、中频感应加热难以实现表面淬火的工件有着重要作用,适用于中小模数齿轮、花键轴、链轮等。

2) 感应加热工艺参数选择原则　见表 2-20。

表 2-20　感应加热工艺参数确定原则

工艺方法	确　定　原　则
加热温度	感应加热无保温时间。加热温度不仅与加热速度有关,而且还与钢的化学成分、原始组织状态有关
温度测量	单件或小批量生产中,一般采用目测来控制感应加热温度。在批量生产中,往往采用控制感应加热时间的办法来控制加热温度,加热温度主要取决于加热时间
淬火方法	同时加热淬火法:将工件需要淬硬的区域整个被感应器包围,并通电加热到淬火温度后迅速冷却淬火。该法所使用的感应器内壁较厚,有喷水孔,加热完毕后立即通水喷射工件进行淬火 连续加热淬水法:使工件对感应器作相对移动,使加热和冷却连续不断地进行。此法适用于淬硬区较长,设备功率又达不到要求的情况。连续加热时,工件不仅有转动,而且还要沿轴向移动
冷却方法	(1) 喷射冷却:它是将淬火冷却介质,通过冷却圈或感应器上的许多喷射小孔,喷射到工件加热面上进行冷却,此法常用于连续淬火 (2) 浸液淬火:这种方法主要用于同时加热淬火,工件加热完毕后,立即将工件整体浸入淬火槽中 (3) 埋油冷却:将感应圈降到油面以下,浸在油中连续加热和冷却称为埋油淬火
电气规范(高频发生器)	阳极电压 $U_{阳}=11\sim13$ kV,最高 13.5 kV 阳极电流 $I_{阳}=1\sim3$ A,最高 3.5 A 栅极电流 $I_{栅}=0.2\sim0.65$ A,最高 0.75 A $\frac{I_{阳}}{I_{栅}}=5\sim10$

4. 感应器

感应器对感应加热淬火的质量与设备利用率有着直接影响。根据工件形状、尺寸和淬硬层分布的要求以及感应加热设备的频率和功率，合理地设计感应器，是感应加热表面淬火的重要环节。

1) 感应器的分类

(1) 按加热方法可分为同时加热和连续加热感应器。

(2) 按形状可分为外圆、内孔、平面及特殊形状感应器。

(3) 按电源频率可分为高频、中频、工频和超音频感应器。

2) 感应器的结构

感应器主要由感应圈、汇流板、连接板及冷却水管组成，见图2-22。

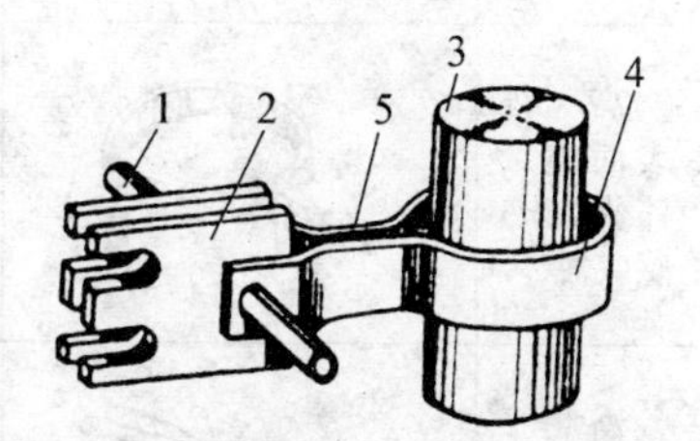

图 2-22 感应器结构示意图

1—冷却水管 2—连接板 3—工件 4—感应圈 5—汇流板

(1) 感应圈　是感应器的核心部分，通过感应圈的电流所产生的交变磁场，使工件产生涡流而加热。

(2) 汇流板　主要作用是连接感应圈和连接板，将电流输入感应圈，它是由一块紫铜板弯制或用黄铜板焊接而成。两汇流条的间距要小于 3 mm。

(3) 连接板　是用黄铜制成统一规格，用于连接汇流板与变频设备的淬火变压器输出端接头。

(4) 冷却水管　管内通水用来冷却感应器本身并供应工件淬火冷却水。

3) 感应器的种类

感应器的形状和尺寸是根据工件的形状和尺寸确定的，按加热形式可将感应器分为平面加热、外圆表面加热、内孔表面加热、内外表面同时加热和特殊表面加热感应器等五类。

表 2-21 所列为常用高、中频感应器实例，供参考使用。

表 2-21 常用高、中频表面淬火加热感应器实例

类　别	图　例	适用工件	主要尺寸	备　注
高频外表面同时淬火加热感应器		圆柱齿轮及锥角小于20°的锥齿轮	工件高度一般小于15 mm	

（续　表）

类　别	图　例	适用工件	主要尺寸	备　注
高频外表面同时淬火加热感应器		锥齿轮		
高频外表面连续淬火加热感应器	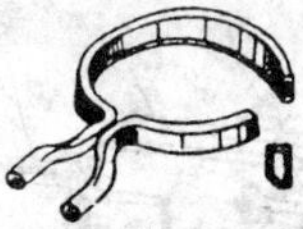	轴类		工件自上而下移动，连续加热淬火
高频平面同时淬火加热感应器		一般端面淬火、锥角很大的锥齿轮	螺旋线间距一般为3～6 mm	
高频平面连续淬火加热感应器		较长的平面		感应圈上可加导磁体，尺寸较大的感应器应有强固装置
高频内孔同时淬火加热感应器	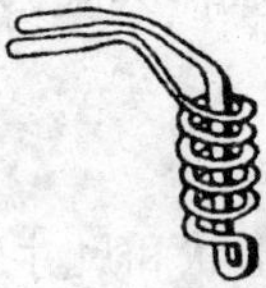	内孔	一般为2～5匝，匝间距2～4 mm	
高频内孔连续淬火加热感应器	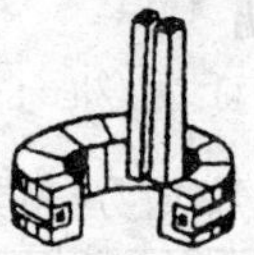	套类件内表面	感应圈高度为6～12 mm，宽度4～8 mm	
中频外表面同时淬火加热感应器	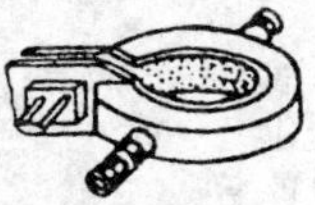	圆柱齿轮、锥角小于20°的锥齿轮		加热时不通水，淬火时通水喷冷工件

4）感应器的维护

感应器在加热工件的同时，自身也会发热，因此感应器都是用空心紫钢管制造的，以便利用循环水冷却。空心铜管的强度不高，使用不当可能产生变形。感应器一旦变形则很难使其复原，用它加热工件，质量往往得不到保证。剧烈碰撞会使空心铜管凹陷，严重时会造成淬火水路堵塞，修理起来相当困难，一般只能报废。因此，在安装和使用感应器的过程中要防止跌落碰撞，不用的感应器应分类存放在专用工具架上；每次使用前都应做好仔细检查，以便将感应器自身的影响因素排除在外。

5. 感应加热淬火常见缺陷和防止措施

详见表2-22。

表2-22 感应加热淬火常见缺陷及防止方法

缺陷名称	造成原因及防止方法
放电烧伤	感应圈与工件间发生放电而烧损工件，这是高、中频感应加热所特有的缺陷。电流频率越高，越容易产生放电 应保持感应圈与工件的适合间隙
加热不均匀	感应器与工件间隙不均匀 借助淬火机床使工件在感应加热时不停地旋转，可减轻不均匀性的影响
夹角过热或开裂	工件夹角效应引起的局部过热或开裂 完善感应圈的设计与制造，尽可能把工件夹角倒钝，对轴类零件的键槽嵌塞适当厚度的铜块，可减轻夹角效应
软带	轴类零件连续加热的感应圈高度不足，或工件旋转太慢而直线位移太快，往往造成螺旋状软带 除改进感应圈高度外，调整工件进给运动的速度，能消除螺旋状软带
硬度不足	淬火冷却的喷水孔与感应加热区的距离过大，将延迟淬火冷却时间，降低淬火温度 调整感应圈与喷水孔的距离，保持喷水孔畅通，水的压力和温度要符合工艺规定
变形	轴类零件变形主要是弯曲。变形原因是硬化层不均匀，通常零件弯向淬硬层较浅或无淬硬层一侧。防止方法是使轴类零件在加热时转动 齿轮零件变形主要是内孔胀缩和齿形变化。防止方法是： (1) 在满足淬硬层要求的前提下，应缩短加热时间 (2) 选用适当的冷却方式和介质 (3) 选用合理的设计与工艺路线

6. 感应加热操作要领

1）淬硬层深度的调整和控制

感应加热时，工件表面的加热层深度与流经感应圈的电流频率有关，电流频率越高，加热层越浅；反之，加热层越深。但是，在实际加工中，试图根据工件淬硬层深度精确选定设备频率的作法并非必要，因为仅在频率变动较大时，影响才会明显表露出来。

当现有设备频率所能达到的淬硬层深度过浅而不能满足加工要求时，可通过以下办法获得较大的淬硬层深度：

（1）连续加热淬火时，降低感应器和工件的相对移动速度或增大感应器与工件的间隙。

（2）同时加热淬火时，降低设备输出功率或采用间断加热。设备输出功率的大小通过减小或增大 $V_{阳}$ 来调整。间断加热相当于分段预热；间断加热过程中工件温度呈阶梯状升高到工艺规定温度。

不管采用上述哪种办法加热工件，其目的都是通过延长加热时间依靠表层热量向心部传导来获得较大的加热层深度，并经淬火冷却获得较大的淬硬层深度。

2）淬火加热顺序

同一工件有多个部位需要淬火硬化时，应按一定顺序分次进行加热，以防止已经淬火硬化的部位产生回火或开裂。例如：

（1）阶梯轴应先淬小直径部分，后淬大直径部分。

（2）齿轮轴应先淬齿轮部分，后淬轴部分。

（3）多联齿轮应先淬小直径齿轮，后淬大直径齿轮。

（4）内外齿轮应先淬内齿，后淬外齿。

3）淬火加热时工件的旋转

工件与感应器之间的间隙不均匀是造成工件淬硬层深度厚薄不一的主要原因。由于感应器的形状不可能做得十分规矩，工件在感应器中的安放位置又不可能正对中心，因此，间隙不均匀现象总是难以避免的。

圆柱形工件淬火加热时通过旋转运动，可解决加热不均匀的难题，工艺上一般不对工件旋转速度作硬性规定，实际操作时应通过试淬确定合适的旋转速度。

4）淬火操作方式

（1）同时加热淬火操作　进行这种操作时，操作者用手把握工件并通过脚踏开关控制感应器通电时间（即工件加热时间）。工件加热温度由火色判断：当工件加热到工艺规定温度后，立即断开脚踏开关，并将其投入或浸入淬火介质中冷却。加热齿轮、轴等圆柱形工件时，把握工件的手还需让工件作旋转运动。

（2）用淬火机床进行同时加热淬火操作　工件在专用淬火机床上进行同时加热淬火时，通过试淬调整好设备电参数和工件加热时间，整批工件的加工即可在淬火机床上完成。因为在设备电参数和感应器固定不变的条件下，工件加热温度只与工件加热时间的长短有关；加热时间一旦固定，加热温度也就确定了。这类淬火机床上均设有淬火冷却装置，加工圆柱形工件的淬火机床还设有工件旋转机构，其加工效率和加工质量较高，特别适合于大批量生产的场合。

（3）用淬火机床进行连续加热淬火的操作　连续加热淬火时，在设备电参数和感应器保持固定的条件下，工件加热温度只与工件和感应器间的相对移动速度有关。移动速度慢，相当于工件加热时间长，加热温度就高；反之，加热温度就低。通过试淬调整好设备电参数和相对移动速度，以后的操作就由淬火机床来完成。

5）不正确的淬火操作

（1）受元件制造工艺和设备装配工艺的限制，即使设备型号相同，在电性能上彼此间也总会存在一些差异。当采用同型号设备加工同一种工件时，如果将这台设备上使用的电参数照搬到另一台设备上使用，往往难以保证工件的加工质量。因此，每次加工前均应通过试淬调整设备电参数使之符合要求，这是感应加热的一个重要操作步骤，绝对不能省略。

（2）高频感应加热淬火一般不容易产生淬火裂纹，但操作不当仍然会出现淬火开裂。有些操作者试图用降低加热温度或减小淬火速度的办法来避免,但结果反而助长了开裂倾向。

为防止淬火开裂,工件上的键槽和孔应填塞铜片,并正确控制淬硬区宽度。此外,必须将工件加热到规定的温度,然后迅速急冷以进行淬火硬化。高频感应加热淬火的奥氏体化温度比普通加热淬火高 50～100℃左右,而且组织应力会使表层处于受压状态,操作者必须在操作中掌握这些规律。

6）工件质量检查

工件感应加热淬火后的质量检查项目有外观、表面硬度、有效硬化层深度、硬化区范围和金相组织。

(1) 外观　工件表面不应有裂纹、锈蚀和影响使用的伤痕。

(2) 表面硬度　表面硬度值应符合工艺规定,其允许波动范围见表 2-23。

表 2-23　表面硬度允许波动范围　(HRC)

工件类型	表面硬度波动范围			
	单件		同一批件	
	≤50	>50	≤50	>50
重要件	5	4	6	5
一般件	6	5	7	6

(3) 有效硬化层深度　有效硬化层深度应符合工艺规定,其允许波动范围见表 2-24。

表 2-24　有效硬化层深度允许波动范围　(mm)

有效硬化层深度	深度波动范围	
	单件	同一批件
<1.5	0.2	0.4
>1.5～2.5	0.4	0.6
>2.5～3.5	0.6	0.8
>3.5～5.0	0.8	1.0
>5.0	1.0	1.5

(4) 金相组织　钢件按图纸及技术要求按"钢铁零件感应淬火金相检验"规定的方法，进行检查。

7. 感应加热淬火实例

1) 齿轮高频表面淬火

(1) 技术要求　齿轮材料为 40Cr，模数为 $m=4$，齿宽 $B=20$ mm，齿顶圆直径为 148 mm。经调质处理，调质硬度为 28～32HRC。要求齿面表面淬火，硬度为 48～54 HRC，淬硬层深度 $\delta \geqslant 1.5$ mm。

(2) 热处理设备及淬火方式选择　热处理设备选用 100 kW 高频加热机，采用感应器套圈齿轮一次加热浸入冷却的表面淬火，如图 2-23 所示。

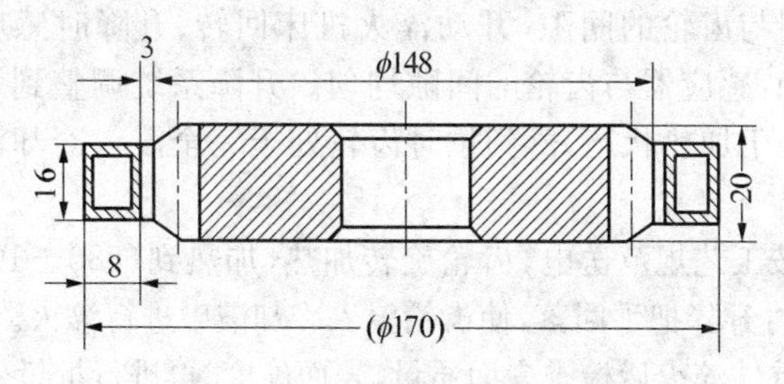

图 2-23　齿轮高频加热示意图

(3) 工艺规范　齿轮高频淬火工艺规范见表 2-25。

表 2-25　齿轮高频淬火工艺参数

电流频率(Hz)	电气参数				加热温度(℃)	加热时间(s)	冷却剂
	电源电压(kV)	屏压(kV)	屏流(A)	栅流(A)			
250×10^3	380	11～12.5	6.5～7.5	0.8～1.0	880±10	8～12	10 号机油 20℃

(4) 工艺准备

① 检查高频加热装置有无异常现象，冷却水箱和淬火水槽的液面位置是否符合要求。

② 各冷却系统管道是否堵塞和漏水，水压应在 1.2～2 MPa。

③ 关好设备门锁，放置好高压栏杆，以保证人身与设备安全，检查淬火机床运转是否正常。

④ 检查零件是否符合图纸及工艺文件，零件表面不允许有氧化皮、油污、毛刺。

(5) 操作

① 把已制作好的感应器连接板夹紧在变压器的连接夹头上，并接通冷却水。

② 按设备操作规程接通冷却水，待灯丝预热 30 min 后才能给高压。

③ 把齿轮放置在淬火机床回转盘上，齿轮用铁圈垫起来，调整感应器与齿轮的间隙，开动淬火机床回转、升降时感应器与齿轮不接触，感应器与齿轮的间隙均匀。升降系统调整到当升到位时齿轮处于加热状态，落到位时齿轮处于完全浸入冷却液中冷却的状态。

④ 按工艺规范送电，齿轮旋转加热，加热到(880±10)℃后停止加热，将升降把手回落，使齿轮浸入冷却液中进行淬火。

⑤ 首件淬火后检查表面质量、表面硬度，再进行批量生产。

⑥ 在操作时严禁感应器与工件相接触，以免造成短路和烧伤齿轮。严禁空载送电。

⑦ 在操作过程中经常检查冷却水的压力、流量和温度，振荡器和高频变压器出水温度不得高于 55℃。阳极槽路与电容器组出水温度不得高于 35℃，水温过高时应停止淬火加热。

⑧ 加热过程中发生异常现象时，应及时切断高压，再分析原因，排除故障。

⑨ 淬火好的齿轮立即装入回火炉中进行回火，回火温度为(200±10)℃，保温 1 h 后出炉空冷。

(6) 质量检验

① 表面质量：用肉眼检查齿部有无过烧、裂纹。裂纹用磁力探伤检查，小批量 100%检查，大批量按规定比例检查。

② 表面硬度：小批量100%检查表面硬度，大批量按规定比例检查。用试块检查淬硬层深度应符合技术要求。

2）丝杠中频表面淬火

（1）技术要求　螺纹磨床5级精度丝杠见图2-24。材料为9Mn2V，表面硬度大于或等于56 HRC。

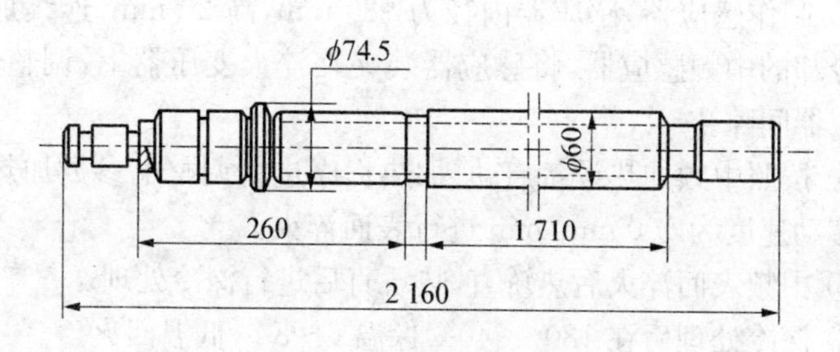

图2-24　螺纹磨床丝杠

淬硬层深度：5.5～6 mm。金相组织：针状马氏体+均匀分布碳化物。

变形要求：径向圆跳动小于或等于0.7 mm。

（2）加热设备及淬火机床　加热设备选用100 kW、2 500 Hz的中频发电机加热设备。淬火机床选用带有三个淬火托架的卧式淬火机床。

（3）丝杠的制造工艺路线　下料→调质→粗车及磨外圆→中频淬火→热矫直→深冷处理→回火→磨外圆、粗磨螺纹→低温时效→精磨螺纹→低温时效。

（4）工艺规范　输出功率为40 kW，电压400 V，电流120 A，功率因数 $\cos\varphi=0.95$，感应器内径为ϕ80 mm，高为20 mm，感应器移动速度100 mm/min。

深冷处理：−70℃，时间2 h。

回火：200～240℃，时间6～8 h。

低温时效：180～200℃，时间12～24 h，两次。

（5）工艺准备及操作

① 检查中频发电机组、控制柜、淬火机床等设备运行正常与否。

② 检查丝杠表面有没有裂纹、磕、碰、划伤，清理丝杠表面，并擦拭干净，装夹在前床身车头三爪卡盘上，用 3 个淬火托架托住。

③ 制作感应器，感应器内径为 ϕ80 mm，高 20 mm，连续加热、连续冷却的中频感应器，将感应器装夹在淬火变压器上，调整丝杠和感应器间隙。

④ 按照中频加热设备启动、加热程序进行调整电参数加热，感应器移动速度为 100 mm/min 进行表面淬火。

⑤ 中频表面淬火后热矫直，热矫直后进行深冷处理。

⑥ 深冷处理后在 180～240℃保温 6～8 h，低温回火。

(6) 质量检验

按技术要求的项目进行检查。

3) 冷轧辊工频表面淬火

(1) 技术要求　冷轧辊材料为 9Cr2Mo，规格 ϕ500×1 200 mm。冷轧辊辊身工频表面淬火，辊身硬度为 90～98 HS，有效硬化层深大于或等于 12 mm。

冷轧辊工艺流程如下：

锻造→等温退火→粗加工→调质→精加工→工频淬火→回火→磨加工→第二次回火。

(2) 加热设备及淬火方式的选择

选用工频加热设备进行冷轧辊三次预热和连续表面淬火加热。淬火方式选用工频连续加热，连续冷却表面淬火方式，回火采用油槽二次回火，冷轧辊工频加热淬火示意图如图 2-25。

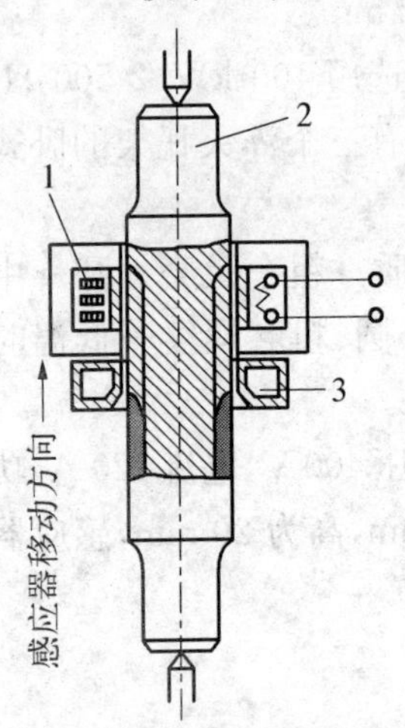

图 2-25　冷轧辊工频淬火示意图

1—感应器　2—工件　3—冷却器

三次预热电参数见表 2-26。

表2-26 冷轧辊预热规范

预热次数	感应器			两次加热间隔时间(min)	辊身表面温度(℃)
	电压(V)	电流(A)	上升速度($mm\cdot s^{-1}$)		
辊身尺寸：ϕ500×1 200 mm 有中心孔					
1	370	1 800	2.0	3	500
2	375	1 900	1.3	10	800
3	340	1 700	1.2	10	820

加热时,应注意轧辊与感应器保持同心。为了使加热均匀,轧辊作匀速转动。轧辊与感应器之间的相对移动速度可按要求进行调整(一般控制在1～2 mm/s左右)。电气参数为电压380 V,电流3 400～3 800 A,功率因数0.52,总加热时间在105 s左右,采用喷水冷却,冷却到低于80℃。

淬火后立即回火,回火温度为120～160℃,时间约为100 h,磨加工后的回火温度在120℃左右,时间约为50 h,以便消除磨加工应力。

(3) 质量检验

① 硬度检查　用邵氏硬度计检测辊身硬度。淬火温度低,冷却水压低,水量不够,会造成硬度低。通过调整电压或升降速度提高加热温度,增大水压或水量可防止硬度低的缺陷出现。喷水器反水,感应器喷水不全,会出现硬度不均匀现象。防止的措施是降低水压,改变喷水角度,调整好感应器、喷水器。

② 软带和裂纹检查　感应器起步位置太高,供水过迟,辊身下端软带过宽,降低起步位置,提前喷水,能避免下端软带过宽。

③ 烧伤和裂纹检查　冷轧辊淬火后检查有无烧伤和裂纹,如发现就报废。

复习思考题

1. 退火与正火的目的是什么?

2. 什么是完全退火？完全退火主要用途是什么？

3. 什么是球化退火？为什么要进行球化退火？有哪几种球化退火方法？

4. 什么是等温退火？有什么优点？适用于什么范围？等温退火时要控制哪些工艺参数？

5. 比较正火及退火的优缺点及适用范围。

6. 退火与正火有哪些缺陷？其产生原因及补救办法有哪些？

7. 什么是淬火？淬火的目的是什么？

8. 怎样选择淬火温度？选择淬火温度时要考虑哪些因素？

9. 淬硬性和淬透性有什么区别？

10. 什么是钢的淬透性？影响淬透性的因素有哪些？

11. 试比较水及油的冷却性能特点。

12. 什么是双液淬火？控制双液淬火的关键是什么？

13. 减小淬火变形和防止开裂的主要措施有哪些？

14. 淬火后硬度不够,或出现软点的原因是什么？如何补救？

15. 什么是回火？回火的目的是什么？

16. 回火可分哪几类？各有什么用途？

17. 什么是回火脆性？回火脆性分几类？是不是所有的钢都有回火脆性？怎样防止回火脆性？

18. 怎样选择回火温度和回火时间？选择时应考虑哪些因素？

19. 什么是冷处理？冷处理的目的是什么？操作时应注意哪些问题？

20. 感应加热的基本原理是什么？

21. 什么叫高频、中频和工频？电流频率对工件感应加热有什么影响？

22. 高频感应加热表面淬火时需控制哪些主要工艺参数？选择原则是什么？

23. 感应加热淬火时有哪些常见缺陷？如何防止？

第 3 章　常用钢的热处理工艺方法

1. 调质钢、弹簧钢、轴承钢、刃具钢(工具钢)、模具钢、量具钢的分类及其基本性能的要求。

2. 上述钢的热处理工艺特点及在热处理操作中应注意的事项。

3. 用上述钢材制成零件进行热处理工艺的实例介绍。

一、调质钢及其典型零件的热处理

1. 对调质钢基本性能的要求

调质钢是指在经淬火、高温回火处理(即调质处理)后使用的钢,一般为中碳优质碳素钢和合金结构钢。主要用于制造循环载荷与冲击载荷或各种复合应力下工作的零件。对调质钢的基本性能要求如下。

1) 良好的综合力学性能

综合力学性能是指强度、硬度与塑性、韧性的良好配合,简言之,就是要既强又韧。实践中,一直习惯以 σ_b、σ_s、δ、4 及 a_k 五项机械性能指标作为衡量材料是否具备良好综合机械性能的标准。但是,随着对金属材料研究的不断深入,发现上述认识不够完善,在某些特殊情况下,还应考虑使用多次冲击抗力,断裂韧度和疲劳性能指标。

2) 足够的淬透性

调质钢必须具备足够的淬透性,才能保证零件获得调质后的正常组织(回火索氏体),从而发挥其良好的综合力学性能。调质零件上马氏体层的厚度,应根据零件工作时受力情况来确定。例如,汽车的半轴工作时承受扭转和弯曲应力,表面拉应力最大,越向心部,应力越小,所以只要求淬火后半轴表面至1/2半径处的范围内能够达到90%以上的马氏体即可。有些重要螺栓,整个截面在工作时受到大的剪切或拉力。因此要求零件整个截面均淬成马氏体。

2. 调质钢的化学成分

1) 碳的作用　调质钢的含碳量一般为0.25%~0.5%。含碳量过低,淬火后硬度低,调质后强度不足;含碳量过高,回火后韧性下降。如果零件要求较高塑性与韧性,则应选用含碳量低于0.4%的调质钢,如果要求较高的强度与硬度,则应选用含碳量高于0.4%的调质钢。

2) 合金元素的作用

(1) 提高淬透性:在调质钢中加入锰、硅、铬、镍等元素,目的是提高钢的淬透性。全部淬透的零件,在高温回火后可获得高而均匀的综合力学性能,特别是高的屈强比。

锰、铬是提高淬透性的最有利元素,而且价格便宜,所以合金调质钢都以锰、铬为主加元素,镍对淬透性的贡献次之,在含铬的钢中加入镍,可明显增加钢的淬透性。

(2) 提高回火稳定性:钢经调质后得到回火索氏体组织,这种组织是在再结晶的细晶粒铁素体上分布着弥散的粒状碳化物,它的强度(或硬度)主要取决于铁素体的强度和碳化物的弥散强化作用。因此,凡是提高回火稳定性的元素,以及能强化铁素体或能增加碳化物弥散度的元素,均可提高回火后的强度。对铁素体强化效果最佳的元素是硅、锰,其次是镍、钨、钼。

(3) 细化奥氏体晶粒:钢中加入钒、钛、钨、钼等元素,起细化晶粒作用。钨、钼还起防止第二类回火脆性的作用。合金调质钢中,合金元素总含量一般不超过5%,属于低合金钢,钢中的硫、磷杂质含量应严格控制。高级优质钢要求硫、磷含量在0.03%以下。

3. 调质钢的分类

调质钢按淬透性分为三类,常用调质钢的牌号、成分、热处理、力学性能见表3-1、表3-2和表3-3。

表 3-1 常用低淬透性调质钢成分、热处理与力学性能

钢号	试样毛坯尺寸(mm)	热处理规范				硬度HBS	力学性能					应用举例
		淬火		回火			σ_b	σ_s	σ_5	ψ	a_k	
		温度(℃)	冷却剂	温度(℃)	冷却剂		(MPa)		(%)		(J/cm^2)	
45	25	850	水	550	水	197	610	360	16	40	50	强度要求较高，韧性中等的零件，如齿轮、轴等
40Mn2	25	840	水	520	水	≤217	1 000	800	10	45	60	ϕ50 mm 以下重要零件，代替 40Cr 钢
45Mn2	25	840	油	550	水或油	≤217	900	750	10	45	60	在 ϕ50 mm 以下代替 40Cr 钢作重要螺栓与零件
42Mn2V	25	860	油	600	水	≤217	1 000	850	11	45	60	强度需较高的轴，汽车重要调质件
35SiMn	25	900	水	590	水或油	≤229	900	750	15	45	60	除低温要求韧性高的零件外，全面代替 40Cr
40B	25	840	水	550	水	≤207	800	650	12	45	70	淬透性及强度稍高于 40 碳钢可作较大截面机件
40MnB	25	850	油	500	水或油	≤207	1 000	800	10	45	60	代替 40Cr 作小截面轴类及齿轮等
40MnVB	25	850	油	500	水或油	≤207	1 000	800	10	45	60	性能略优于 40Cr，用作调质钢代替 40Cr
40Cr	25	850	油	500	水或油	≤207	1 000	800	9	45	60	较重要调质件如汽车转向螺杆、连杆螺栓等
40CrSi	试样	900		540	水或油	≤255	1 250	1 050	11	40	50	轴套、耐热机件、垫板、热锯等
40CrV	25	880	油	650	水或油	≤241	900	750	10	50	90	高压锅炉给水泵轴、受强力的螺栓、机车连杆
50CrV	25	860	油	500	水或油	≤255	1 300	1 150	10	40		耐热、负荷大、疲劳强度高的大型弹簧

表 3-2 常用中淬透性调质钢成分、热处理与力学性能

钢号	试样毛坯尺寸(mm)	热处理规范				硬度HBS	力学性能					应用举例
		淬火		回火			σ_b	σ_s	σ_5	ψ	a_k	
		温度(℃)	冷却剂	温度(℃)	冷却剂		(MPa)		(%)		(J/cm²)	
35CrMo	25	850	油	550	水或油	≤229	1 000	850	12	45	30	代40CrNi作大截面齿轮与轴、汽轮、发电机转子
42CrMo	25	850	油	580	水或油	≤217	1 100	950	12	45	80	代含Ni较高的调质钢，增压传动齿轮
35CrMoV	25	900	油	630	水或油	≤241	110	950	10	50	90	500℃以下叶轮及较大尺寸锻件
40CrMn	25	840	油	520	水或油	≤229	1 000	850	9	45	60	代替40CrMo使用
35CrMnSi	试样	880	280～320℃等温淬火或油冷	230	水或空冷	≤229	1 650		9	40	50	高压鼓风机叶轮、飞机上高强度零件
30CrMnSi	25	880	油	520	水或油	≤229	1 100	900	10	45	50	高压鼓风机叶片、高速负荷的砂轮轴等
35CrMnTi	25	第一次 880 第二次 850	油	580	水或油	≤229	1 150	950	10	50	80	重负荷、大截面重要零件，如连杆、半轴、凸轮等
40CrMoTi	25	880	油	580	水或油	≤241	1 250	1 050	9	45	60	300 mm以上大尺寸锻件
40CrNi	25	820	油	500	水或油	≤241	1 000	800	10	45	70	要求强度高，韧性高的零件如轴、齿轮等

表 3-3 常用高淬透性调质钢成分、热处理与力学性能

钢号	试样毛坯尺寸(mm)	热处理规范				硬度HBS	力学性能					应用举例
		淬火		回火			σ_b	σ_s	σ_5	ψ	a_k	
		温度(℃)	冷却剂	温度(℃)	冷却剂		(MPa)		(%)		(J/cm²)	
30Mn2MoW	25	900	油	610	水或油	≤269	1 000	850	12	50	90	可代替 30CrNi3 及 25Cr2Ni4W 制造轴、杆类调质件
40CrMnMo	25	850	油	600	水或油	≤217	1 000	800	10	45	80	相当 40CrNiMo 高级优质钢
30CrNi3	25	820	油	500	水或油	≤241	1 000	800	9	45	80	制造大的载荷零件如轴、连杆、高强度螺栓等
37CrNi3	25	820	油	500	水或油	≤269	1 150	1 000	10	50	60	制造大截面高载荷调质件
40CrNiMo	25	850	油	600	水或油	≤269	1 000	850	12	65	100	制造承受冲击载荷的高强度零件如锻压机曲轴等
45CrNiMoV	试样	860	油	460	油	≤269	1 500	1 350	7	35	40	
25Cr2Ni4W	25	850	油	550	水或油	≤269	1 100	950	11	45	90	

(1) 低淬透性调质钢　油淬临界淬透直径为 20～40 mm,调质后强度比碳钢高,一般 $\sigma_b = 800 \sim 1\,000$ MPa, $\sigma_s = 600 \sim 800$ MPa, $a_k = 60 \sim 90$ J/cm^2,合金元素总量 $< 2.5\%$。属于这类钢有铬钢、锰钢、铬硅钢、硅锰钢等。

(2) 中淬透性调质钢　油淬临界淬透直径为 40～60 mm,调质后强度可达 $\sigma_b = 900 \sim 1\,000$ MPa, $\sigma_5 = 700 \sim 900$ MPa, $a_k = 50 \sim 80$ J/cm^2,可用于制造截面较大、承受较大载荷的机器零件,属于这类钢有铬-钼系、铬-锰系、铬-镍系、调质钢。

(3) 高淬透性调质钢　油淬临界淬透直径为 60～100 mm,这类钢调质后强度高,韧性好,一般 $\sigma_b = 1\,000 \sim 1\,200$ MPa, $\sigma_s = 800 \sim 1\,000$ MPa, $a_k = 60 \sim 120$ J/cm^2,合金元素总含量比上述钢多,可用作大截面,承受大载荷的重要零件。属于这类钢有铬-镍系、铬-镍-钨系、铬-镍-钼系的调质钢。

4. 调质钢的热处理

1) 预备热处理

由于调质钢含碳量属中碳范畴,加上合金元素的影响,所以不同的钢种,在热加工后,组织上有较大差异,性能上也有较大差异。合金含量较小的钢,正火后组织多为珠光体;合金含量较多的钢,正火后则为马氏体。为便于切削加工和改善组织,需要先进行预备热处理,然后再进行调质处理。一般工件调质前的原始组织多为珠光体组织。

调质钢预备热处理的目的是降低硬度,细化晶粒,消除不良组织和防止白点产生。碳钢和合金元素含量较低的钢,预备热处理采用正火或退火;合金元素较多、淬透性较好的钢,可采用正火、高温回火或完全退火处理。

重要工件和截面尺寸较大的工件在调质前一定要经过预备热处理(正火或退火)。处理后还要进行探伤检查,在确保工件内部没有不允许的缺陷(如白点、裂纹)存在情况下,才可进行最终热处理。

2) 淬火

钢件在 Ac_3 以上(30～50℃)范围内加热,温度过高,会导致奥氏体晶粒粗大,冷却时加大变形和开裂的倾向。温度过低,奥氏体化不充分,钢的淬透性降低,淬火后组织中会出现游离铁素体,无法达到强度要求。实际淬火加热温度应根据具体情况而选定。主要根据的是化学成分,零件尺寸和形状,以及淬火介质等因素。零件尺寸较大时,选较高的淬火加热温度。截面变化较大、形状复杂、容易变形的零件则应取较低的淬火加热温度。常用调质钢淬火工艺参数见表3-4。

表3-4 常用调质钢工艺规范

钢 号	淬火温度(℃)	淬火介质	回火温度(℃)	冷却介质	调质后硬度HBS
35	840~860	水	550~600	空 气	220~250
45	820~840	水	600~640 560~600 540~570	空 气	200~230 220~250 250~280
40Cr	840~860	油	640~680 600~640 560~600	空 气	200~230 220~250 250~280
42SiMn	840~860	油	640~660 610~630	空气或油	200~230 220~250
45MnB	840~860	油	610~630 600~650 550~600	空气或油	220~230 220~250 250~280
40MnVB	830~850	油	600~650 580~620 550~600	空气或油	200~230 220~250 250~280
50Mn2	820~840	油	550~600	油或水	250~280
35CrMo	850~870	油	600~660	空 气	250~280
38CrMoAl	930~950	油	600~700	空 气	220~280

加热时间的确定应根据钢材的化学成分、加热设备、加热方式、工件尺寸及装炉量等因素来确定。合金钢加热时间比碳钢长,当工件截面小于50 mm,装炉量适中时,盐浴炉按0.4~0.6 min/mm,空气炉按1.5~2 min/mm来估算。

淬火冷却以获得马氏体组织为目的,冷却介质及方法根据材料的淬透性,零件的尺寸及形状来选择。一般合金结构钢零件,可在油中淬火。而合金含量较高,淬透性好的钢材,甚至在空气中也能淬火。对于形状复杂的薄壁零件,因容易产生变形和开裂,可采用双液淬火、分级淬火或等温淬火。

3）回火

调质钢回火温度为500～650℃，属于高温回火，合金钢的回火稳定性较高，在性能要求相同的情况下，其回火温度略高于碳钢，回火时间也略长些。对于回火脆性敏感的材料，要采用水冷或油冷，以避免产生回火脆性。

高淬透性的钢或截面尺寸大、形状复杂的零件，在淬火后必须及时回火，以防止变形和开裂。

4）大件的调质淬火

大件（≥ϕ100～ϕ150 mm）调质处理时，由于受到钢的淬透性、散热与淬火介质限制，心部允许存在马氏体、下贝氏体或它们的混合物。大件所要求的硬度在表3-5范围时可进行调质处理。

表3-5　大件调质处理的技术要求范围

钢　　种	最大截面(mm)	调质后硬度 HBS
碳　钢 (35钢、45钢、50钢)	≤ϕ200	241～286
	≤ϕ300	187～241
合金钢 ($40Cr$、$50Mn_2$、$35CrMo$)等	≤ϕ250	241～286
	≤ϕ400	187～241

大件在调质前，须经过预先热处理（正火或退火），并需进行低倍及探伤检查，确保工件内部没有不允许的缺陷（如白点、裂缝等）存在时，才可进行调质处理。对大件调质加热，为减少应力，多采用图3-1所示的分段加热法（也称阶梯加热法）。选用淬火介质的原则是：在不淬裂的前提下，尽量采用水冷。

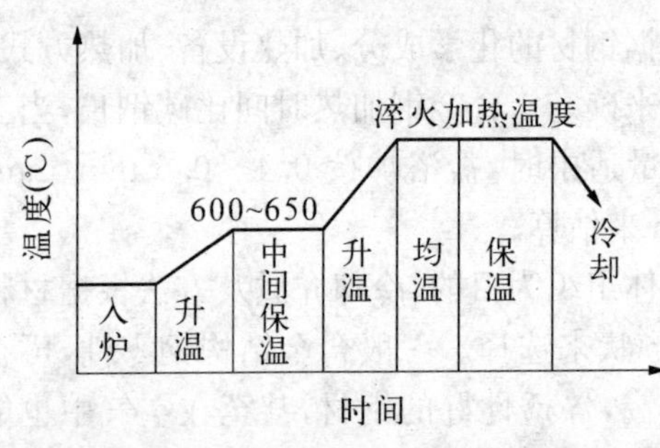

图3-1　分段加热工艺曲线示意图

表3-6为40Cr钢(ϕ120 mm)经水淬或油淬后在同一温度回火,对其表面和心部的力学性能比较。

表3-6 40Cr钢(ϕ120 mm)水淬与油淬后经同一温度回火的力学性能

回火温度(℃)	试样位置	水淬回火后的性能					
		σ_b (MPa)	σ_s (MPa)	δ (%)	ψ (%)	a_k (J/cm^2)	σ_s/σ_b (%)
550	表面	930	810	18.0	58.5	80	86.0
	中心	820	635	18.2	59.0	81	77.0
600	表面	833	704	18.0	61.1	97	85.0
	中心	805	620	19.6	60.0	100	77.0
650	表面	816	675	20.5	62.0	110	85.0
	中心	763	575	22.0	61.6	110	74.0
回火温度(℃)	试样位置	油淬回火后的性能					
		σ_b (MPa)	σ_s (MPa)	δ (%)	ψ (%)	a_k (MPa)	σ_s/σ_b (%)
550	表面	920	780	17.0	48.4	50	85
	中心	830	620	18.0	52.1	54	75
600	表面	790	620	20.0	56.7	108	79
	中心	750	540	19.0	58.0	95	72
650	表面	760	540	21.0	62.0	123	71
	中心	740	500	22.0	60.4	105	68

大件淬火后,其内应力很大,为避免开裂,必须及时回火,间隔时间以不超过4 h为宜,回火后可在炉中冷却到400～450℃左右再出炉空冷,对于具有第二类回火脆性的钢,出炉后应快冷(油冷或水冷),然后在不引起回火脆性的温度(＜450℃)下再进行补充回火,以消除残余应力。

5) 操作注意事项

(1) 零件在加热时产生的氧化、脱碳,将影响其表面性能。所以，加热时应予保护。在箱式炉中加热时可在炉内放些木炭，或零件浸涂一层硼砂，用盐浴炉加热时应很好脱氧。

(2) 零件截面变化大，有尖锐棱角处应尽量增大圆弧半径R，工艺参数选用下限，以防淬裂。

(3) 调质件淬火不应成堆放入冷却槽内，防止冷却不均匀和产生过大变形。

(4) 淬火后应及时回火，间隔时间不应超过 4 h，易开裂零件更要及时回火。

(5) 高温回火装炉时，炉温不得超过工艺要求的温度，出炉后零件不得堆放在潮湿地面上冷却。

(6) 调质零件弯曲矫正后必须进行一次 500～550℃保温 2～4 h的除应力处理。

(7) 调质零件淬火后应抽检硬度，以确定回火温度。

6) 质量检验

(1) 硬度检验

① 调质零件均应按图纸要求和工艺规程进行硬度检验或抽验。

② 检验硬度前，应将零件表面清理干净，去除氧化皮、脱碳层及毛刺等。

③ 硬度检验的位置根据工艺文件或由检验人员确定，在淬火部位检验硬度应不少于 1～3 处。每处不少于 3 点，不均匀度应在规定范围之内。

④ 调质零件淬火硬度用洛氏硬度计检验；回火后允许用布氏硬度计检验。对于尺寸较大者，可用手锤式硬度计检验。

(2) 变形检验　轴类零件用顶尖或 V 形块支撑两端，用百分表测径向圆跳动量。无中心孔及细小的轴类零件可在平台上用塞尺检验。

(3) 外观检验　经调质处理后，用肉眼观察零件表面有无裂纹、烧伤等缺陷。

5. 典型工艺实例

1) 车床主轴调质处理

(1) 技术要求　C616 车床主轴，材料为 45 钢，主要尺寸为

ϕ90×825 mm，要求调质处理，硬度为220～250 HBS，金相组织为索氏体，轴内有ϕ20 mm通孔，力学性能，$\sigma_b = 750$ MPa，$\sigma_s \geqslant 500$ MPa，$\delta_5 \geqslant 14\%$，$\psi \geqslant 42\%$，$a_k \geqslant 50$ J/cm^2。

(2) 热处理设备与工夹具的选择

① 热处理设备为RX3-75-9箱式炉。

② 工夹具为钳子、铁丝，矫直用的压力机。

(3) 工艺规范

淬火加热温度为830℃±10℃，保温2 h，在水中冷却，在580℃±10℃保温3 h回火，回火后矫直，矫直后在500℃回火2 h，出炉空冷。

(4) 工艺准备及操作

① 检查热处理设备及温度控制装置运行是否正常。

② 检查零件棱角是否没有倒角，轴表面有无容易产生裂纹的台阶。

③ 将零件装入炉内有效加热区内，检查零件与电阻丝无接触后，送电加热，在830℃±10℃保温2 h后，将零件用钳子夹出入水冷却，冷却时由于轴有通孔，热水从孔中窜出，操作应注意安全。

④ 淬火后的零件在580℃±10℃保温3 h，进行回火处理，出炉空冷。

⑤ 检查弯曲变形，用压力机进行矫直后，在500℃±10℃保温2 h，消除应力。

(5) 质量检验

① 外观检查。检查有无裂纹、烧伤等缺陷。

② 硬度。用布氏硬度计检测布氏硬度。

③ 力学性能。将试块加工成试验棒后，用拉伸试验机、冲击试验机检测σ_b、σ_s、δ_5、ψ、a_k值。

④ 金相组织。用金相显微镜检查回火索氏体组织。

2) 涡轮轴调质

(1) 技术要求

涡轮发动机主轴涡轮轴，材料为40CrNiMoA，进行调质处理后硬度为 293～341 HBS，力学性能为 $\sigma_b \geqslant 980$ MPa，$\sigma_{0.2} \geqslant 835$ MPa，$\delta_5 \geqslant 12\%$，$\psi \geqslant 55\%$。涡轮轴示意图见图 3-2。

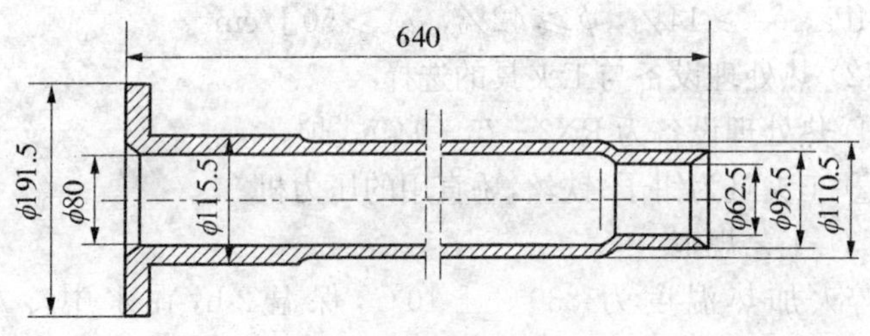

图 3-2　涡轮轴示意图

(2) 涡轮轴工艺路线　锻造→正火→退火→粗加工→调质(或固溶热处理+时效处理)→机械加工至成品。

(3) 工艺规范　淬火温度为 850℃±10℃，保温 45～55 min 后油冷。回火在 650℃±10℃保温 90 min，出炉空冷。

(4) 热处理设备　淬火和回火热处理设备选用箱式电阻炉。

(5) 工艺准备及操作

① 检查涡轮轴棱角是否倒角，表面有无裂纹。

② 将零件装入 850℃±10℃箱式炉，均温后保温 45～55 min，出炉在 30～60℃油中冷却。

③ 在涡轮轴冷却时。斜入或垂直下油中，入油后上下运动冷却，因涡轮轴是空心轴，注意不要让油从孔中窜出来。

④ 淬火后涡轮轴抽检表面硬度后，装入 650℃±10℃箱式炉中保温 90 min，进行回火后出炉空冷。

(6) 质量检验

① 表面质量。检查零件表面，不允许有裂纹。

② 表面硬度。用布硬度计检测零件的表面硬度是否符合技术要求。

③ 检查力学性能。拉伸试验机检测力学性能(测 σ_b、$\sigma_{0.2}$、δ_5、ψ 的数据)，是否符合技术要求。

3) 汽车后桥半轴

(1) 技术要求　汽车后桥半轴，见图 3-3，材料 40Cr 钢，盘部外圆硬度 24～32 HRC,杆部和花键硬度 37～44 HRC,金相组织为回火索氏体。

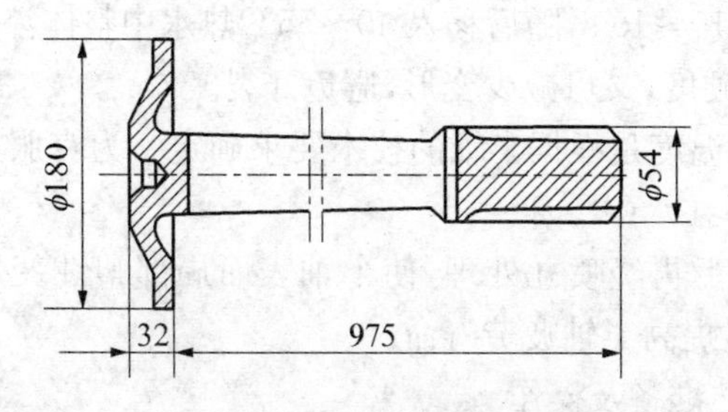

图 3-3 汽车后桥半轴示意图

(2) 工艺路线 下料→锻造→正火(预先热处理)→机械加工→调质(最后热处理)→喷丸→矫直→探伤→装配。

(3) 热处理工艺 见图 3-4。

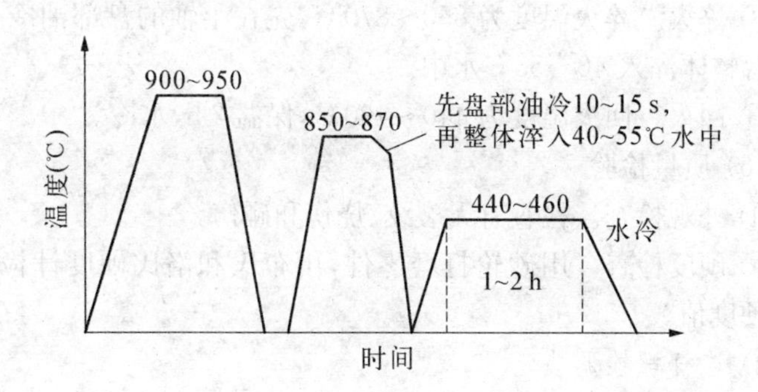

图 3-4 汽车后桥半轴热处理工艺曲线

(4) 工艺分析 后桥半轴零件经锻造后,为消除锻后组织不均匀(带状组织)、晶粒粗大和锻造应力,改善切削加工性,必须进行预先热处理——正火,以获得均匀的细珠光体组织。正火后硬度为 197～207 HBS,易于切削加工。

调质是半轴机械加工后的重要热处理工序。为达到所要求的性能,工艺中应采取以下措施:

① 选择较高的淬火加热温度,以提高淬透性。淬火冷却用

40～55℃热水，因为油冷达不到硬度要求，室温水冷又易开裂。

② 若整体淬火，法兰盘与杆部相连处易产生开裂，故采用盘部在油中冷却 10～15 s，随后移入 40～55℃热水中整体淬火。这样既可保证盘部硬度，又可减少变形，避免开裂。

③ 回火温度是根据半轴的技术要求确定。为克服第二类回火脆性，回火后在水中冷却。

④ 调质后再经喷丸处理，使半轴表面局部塑性变形而增加压应力，能明显提高半轴疲劳寿命。

(5) 工艺准备及操作

① 检查热处理设备，温度控制装置运行是否正常。

② 将零件装入炉内有效加热区，检查零件与电阻丝没有接触后送电升温。

③ 进行预先热处理——正火。正火温度为 900～950℃。

④ 淬火。淬火温度为 850～870℃，先在半轴的盘部油冷 10～15 s 后整体淬入 40～55℃水中。

⑤ 回火。回火温度为 440～460℃，保温 2 h，水冷。

(6) 质量检验

① 外观检查。检查有无裂纹、烧伤和碰伤。

② 硬度检查。用砂轮打磨零件，用布氏和洛氏硬度计检测零件的硬度值。

4) 连杆螺栓调质

(1) 技术要求　连杆螺栓，见图 3-5，材料 40Cr 钢，调质处理，30～35 HRC，调质后的力学性能，$\sigma_b \geqslant 950$ MPa，$\sigma_s \geqslant 800$ MPa，$\delta_5 \geqslant 10\%$，$a_k \geqslant 70$ J/cm^2。

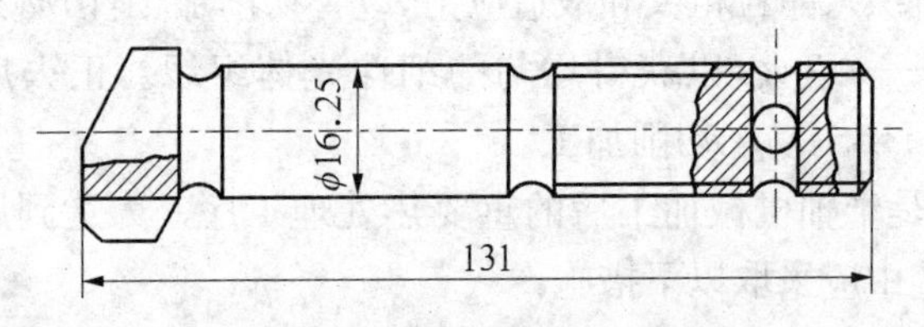

图 3-5　连杆螺栓示意图

(2) 工艺路线 下料→机械加工→调质→机械加工→装配。

(3) 工艺规范 连杆螺栓的调质工艺如图3-6所示。

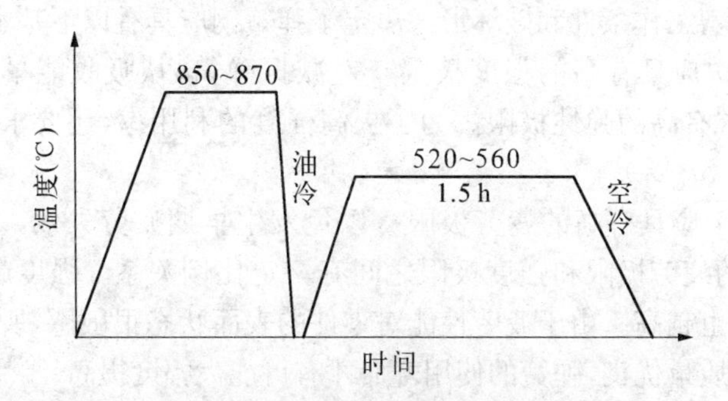

图3-6 连杆螺栓调质工艺曲线

(4) 工艺分析 由于连杆螺栓在整个截面上受到均匀的拉伸力,要求螺栓必须全部淬透。为了达到调质后的力学性能,螺栓淬火后心部的马氏体量应在90%以上,其硬度必须是HRC≥50。为此,加热温度稍高,以提高淬透性。在盐浴炉中加热,保温后在20～60℃的油中淬火,即可达到50 HRC。根据调质后硬度要求,选择520～560℃回火,回火后空冷,其硬度可达30～35 HRC。

(5) 质量检验

① 检查有无裂纹、烧伤,检查变形量。

② 用砂软打磨零件后,检测硬度值。

③ 加工好试棒,检测σ_b、σ_s、δ_5、a_k值。

二、弹簧钢及其典型零件的热处理

1. 对弹簧钢基本性能的要求

弹簧主要在动载荷下工作,即在冲击、振动的条件下,或在交变应力作用下工作,利用弹性变形来吸收冲击能量,起缓冲作用。

弹簧钢是用于制造各类弹簧的用钢。根据弹簧的外形可分为板簧和螺旋弹簧。

弹簧经常承受振动和长期在交变应力作用下工作,其失效形式主要是疲劳破坏，故弹簧钢必须具有高的弹性极限和高的疲劳极限。此外，还应有足够的韧性和塑性，以防止在冲击力作用下突然脆断。

弹簧工作条件和破坏形式决定了弹簧钢应具有以下基本性能：

(1) 应具有高的强度极限　对减振弹簧，从吸收能量方面考虑，要求有高的弹性极限。为了提高强度的利用率，还要求有高的屈强比 (σ_s/σ_b)。

(2) 应具有高的疲劳极限　以免发生早期疲劳失效。一般来说，钢的疲劳极限和强度极限之间有一定比例关系。强度越高，疲劳极限也越高。由于疲劳性能对零件的表面状态很敏感，所以弹簧的表面质量优良，弹簧的使用寿命才有可能大幅度提高。

(3) 应具有一定的韧性及较好的工艺性能　以保证弹簧工作时安全可靠和制造过程中便于加工成形。

(4) 对于淬火、回火的弹簧　应要求不易脱碳，有足够的淬透性，低的过热敏感性。

此外，某些特殊用途的弹簧还要求有良好的导电性、耐磨性和在高温下的抗松弛性能。

2. 弹簧钢的化学成分

弹簧钢分为碳素弹簧钢和合金弹簧钢。为了获得所需要的性能，弹簧钢必须具有较高的含碳量。碳素弹簧钢的含碳量在0.6%～0.9%之间。含碳量过高，不利于加工成形，同时，也因缺口敏感性增大而降低其工作的可靠性；含碳量过低，会使弹簧钢的强度下降。由于碳素弹簧钢的淬透性低，所以只适用于制造截面尺寸不超过10～15 mm 的弹簧。

对于截面尺寸较大的弹簧和重要弹簧必须采用合金弹簧钢制造。合金弹簧钢碳含量在 0.45%～0.75%之间，最常加入的合金元素有锰、硅、铬、钒、钼等。它们的主要作用是提高淬透性与回火稳定性，强化铁素体和细化晶粒，有效地改善弹簧钢的力学性能，其中铬、钨、钼还能提高钢的高温强度。

弹簧钢的冶金质量对疲劳强度有很大影响，所以对磷、硫杂质含量必须严格控制，高级优质钢，磷、硫含量应小于 0.03%。

3. 弹簧钢的热处理特点

根据制造方法不同，弹簧一般分为两种：一种是在热状态下成形的弹簧(直径或厚度一般在10 mm以上)，称热成形弹簧；一种是在冷状态下成形的弹簧(直径或厚度一般在10 mm以下)，称冷成形弹簧。这两种弹簧在成形之后都必须经过热处理，才能满足使用要求。

(1) 热成形弹簧的热处理　用这种方法成形的弹簧，如板簧，多数是将热成形和热处理结合在一起进行的，而螺旋弹簧则大多数是在热成形后再进行热处理。

由于弹簧的主要性能要求是高的弹性极限和屈服极限，并有一定的韧性，只有回火托氏体组织才具有这样的性能，所以这类弹簧钢的热处理方式是淬火＋中温回火。热处理后的组织为回火托氏体，硬度一般在40～45 HRC之间。热处理后的弹簧往往要进行喷丸处理，使表面产生硬化层，并形成残余应力，以提高弹簧的抗疲劳性能，从而提高弹簧的寿命。通过喷丸处理还能消除或减轻弹簧表面的裂纹、划痕、氧化及脱碳等缺陷的有害影响。

各种弹簧钢的热处理规范及硬度要求见表3－7。

表3－7　各种弹簧钢的热处理规范及硬度要求

钢　号	淬　火			回　火			应用范围
	加热温度(℃)	淬火介质	硬度要求HRC	加热温度(℃)	冷却介质	硬度要求HRC	
65	780～830	水或油		400～600			线径小于12～15 mm的螺旋弹簧、弹簧垫圈
75	780～820	水或油		400～600			
85	780～800	水或油		380～440		36～40	受力较小的小卷簧、板簧片
65Mn	810～830	油或水	＞60	370～400	水	42～50	厚度5～10 mm的板簧片及线径7～15 mm的卷簧

（续　表）

钢　号	淬　火			回　火			应用范围
	加热温度（℃）	淬火介质	硬度要求 HRC	加热温度（℃）	冷却介质	硬度要求 HRC	
55Si2Mn	860～880	油	>58	370～400	水	45～50	线径 10～25 mm的卷簧
60Si2MnA	860～880	油	>60	410～460	水	45～50	
55Si2Mn	860～880	油	>58	480～500	水	HB363～444	厚度 8～12 mm 的板簧片
60Si2MnA	860～880	油	>60	500～520	水		
70SiMnA	840～860	油	>62	420～480	水	48～52	大截面的重载弹簧
65Si2MnWA	840～860	油	>62	430～480	水	48～52	大截面的重载弹簧
50CrMn	840～860	油	>58	400～550	水	HB388～415	截面较大和较重要的板簧片及螺旋弹簧
50CrVA	850～870	油	>58	400～450	水	45～50	大截面重要的弹簧
				370～420		45～52	300℃以下工作的高温弹簧
60Si2CrVA	850～870	油	>60	430～480	水		
50CrMnVA	840～860	油	>58	430～520	水		
55SiMnVB	860～880	油		440～460	任意冷却	45～52	大截面的重载弹簧
55SiMnMoV / 55SiMnMoVNb	860～880	油		440～460	水		

（2）冷成形弹簧的热处理　一般用于线径或厚度在 10 mm 以

下的小型弹簧,采用冷拉弹簧钢丝冷绕成形,弹簧在生产过程中由于冷塑性变成使材料强化,已达到弹簧所要求的性能,弹簧冷绕成形后,不再进行淬火,只需在250～300℃,保温30 min左右的去应力退火处理,以消除在冷绕过程中产生的应力,并使弹簧定形。

冷成形弹簧去应力退火规范见表3-8。

表3-8 冷成形弹簧去应力退火规范

弹簧名称	规格(mm)	去应力退火				尺寸修正后的去应力退火			
		温度范围(℃)	常用温度(℃)	保温时间(min)	冷却	温度范围(℃)	常用温度(℃)	保温时间(min)	冷却
压扭簧	0.1～1.1	240～280	250±10	20	水	比第一	240	10	水
	1.1～2.5	240～280	250±10	30	水	次低	240	15	水
	2.5以上	240～280	250±10	40	水	10～20℃	240	20	水
拉　簧	0.1～1.1	200～300	240±20	20	水	比第一	230	10	水
	1.1～2.5	200～300	240±20	30	水	次低	230	15	水
	2.5以上	200～300	240±20	40	水	10～20℃	230	20	水

注:1. 拉簧去应力退火时间可延长到60 min。
2. 如去应力退火后尺寸还要修正,则修正后还需再进行一次去应力退火。

由此可见弹簧的热处理方式主要有两种:一种是淬火、回火处理;另一种是250～300℃低温消除应力退火处理。采用何种方式,要根据供货状态决定。当弹簧截面尺寸较大时,供货方式为热轧态,用热成形法制造弹簧,随后进行淬火、回火处理。截面较小的弹簧,冷拉后的力学性能基本上达到要求,用户只需在冷卷成形后消除冷卷应力即可使用。

对热轧弹簧,热处理时为了尽可能地减少弹簧钢的氧化脱碳程度,淬火温度一般为Ac_3或Ac_m以上30～50℃,见表3-7。淬火温度不宜太高,保温时间不宜过长,淬火介质一般使用油冷。尺寸较大的钢材或碳素弹簧钢材采用水淬油冷的工艺方法,以减少变形。水淬时间要严格控制,以免零件变形开裂。

弹簧钢一般采用中温回火,回火温度在400～500℃比较合适。

回火时间一般为 30～60 min。因为这温度在第一类回火脆性区以上温度和第二类回火脆性区下限温度范围内，为避免回火脆性，回火后要水冷。

弹簧表面的弯曲和扭转应力最大，所以表面状态非常重要，最忌讳的是表面发生氧化脱碳。加热时一定要严格控制炉气，并尽量缩短加热时间。

弹簧淬火时常见缺陷及防止措施见表 3-9。

表 3-9　弹簧淬火时常见缺陷及防止措施

缺陷名称	对弹簧性能影响	防止措施
脱　碳	降低使用寿命	(1) 采用盐浴炉或控制气氛加热炉加热 (2) 采用快速加热工艺
淬火后硬度不足，非马氏体数量较多，心部出现铁素体	产生残余变形，降低使用寿命	(1) 选用淬透性较好的材料 (2) 改善淬火冷却剂的冷却能力 (3) 弹簧进入冷却剂的温度应控制在 Ar_3 以上 (4) 适当提高淬火加热温度
过　热	脆性增加	(1) 严格控制成形及淬火加热温度 (2) 加强淬火时的金相检验
开　裂	脆性增加，严重降低使用寿命	(1) 控制淬火加热温度 (2) 淬火时冷到 250～300℃时，取出空冷 (3) 及时回火

4. 操作注意事项

(1) 热处理前应检查表面是否有脱碳、裂纹等缺陷。这些表面缺陷将严重地降低弹簧的疲劳极限。

(2) 淬火加热应特别注意防止过热和脱碳，做好盐浴脱氧，控制炉气气氛，并严格控制加热温度与时间。

(3) 为减少变形，弹簧在加热时的装炉方式，夹具形式和冷却时淬入冷却液方法，应特别注意。

(4) 淬火后要尽快回火，加热要尽量均匀。回火后快冷能防止回火脆性和造成表面压应力，提高疲劳强度。

5. 质量检验

1) 热处理前

(1) 钢材的轧制表面往往就是制成弹簧后的表面，故不应有裂纹、折叠、斑疤、发纹、气泡、夹层和压入的氧化皮等。

(2) 表面脱碳会显著降低弹簧的疲劳强度，应按规定检验脱碳层深度。

2) 热处理后

(1) 用肉眼或低倍放大镜观察弹簧表面不应有裂纹、腐蚀、麻点和严重淬火变形。

(2) 硬度及其均匀性应符合工艺要求。

(3) 金相显微组织应为索氏体和托氏体混合组织。

(4) 板簧装配后，还要进行工作载荷下的永久变形以及静载挠度试验。

6. 典型工艺实例

1) 冷拔碳素钢丝弹簧去应力退火

(1) 技术要求　液压件调压弹簧钢丝直径 $\phi 2.6$ mm，材料为T9A，要求去应力退火，消除冷拔钢丝和冷绕簧时产生的内应力。提高钢丝的抗拉强度、屈服极限和弹性极限。减少弹簧的变形并提高其抗应力松弛性能。

(2) 热处理设备　热处理设备选用硝盐炉。

(3) 工艺规范　去应力退火温度为 280～300℃，保温 60 min 后出炉水冷。

(4) 工艺准备及操作

① 检查并要求硝盐炉供电系统、测温系统、排风系统运行正常。

② 盐浴炉操作应戴上防护眼镜和手套。

③ 零件表面清理干净，表面应无油污，零件与工具应烘干。

④ 盐浴炉定期捞渣，添加新盐并清除炉膛的氧化皮等污物。

⑤ 打开排风装置，启动盐浴炉，炉温升到 280～310℃时，将零件浸入硝盐炉中，保温 60 min 后，出炉水冷。

(5) 质量检验　检查表面质量，应无裂纹，无锈斑。

2) 卡簧的淬火和回火

(1) 技术要求　钻机牙轮钻头用卡簧，材料 55CrSiA，卡簧的基本形状如图 3-7 所示。

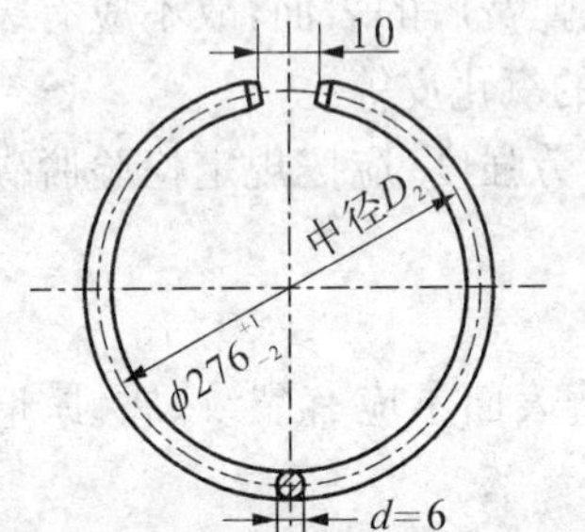

图 3-7　卡簧(圈)的基本形状

卡簧淬火回火后硬度为 48～52 HRC。

金相组织为均匀细小的托氏体。

卡簧表面应光滑，无铁锈、氧化皮和脱碳等缺陷。

(2) 卡簧的制造路线　退火态磨光料 55CrSiA→检验→冷卷簧→端部加工→等温淬火→回火→预压缩处理→检验→表面磷化和浸油→成品、包装入库。

(3) 热处理设备的选择　淬火加热和回火等温加热炉选用盐浴炉。

(4) 工艺规范　淬火加热温度为 860～900℃，保温 2 min 后，在 300～320℃ 等温 30 min 后出炉油冷，等温淬火后，在 300～320℃硝盐炉里保温 30 min 后出炉油冷回火。

(5) 工艺准备及操作　① 检查并要求淬火热处理设备及回火硝盐炉运行正常，测温灵敏、准确。

② 操作人员应戴防护眼镜、手套并穿工作服。

③ 开动排风装置进行脱氧、捞渣，升温加热的同时将零件在箱式炉中预热。

④ 当浴炉加热到 860～900℃时，调整变压器进行保温，预热好的零件装入浴炉内，保温 2 min 后取出马上放到等温炉里(预先加热到 300～320℃的低温硝浴炉)等温 30 min 后出炉油冷。

⑤ 等温淬火后的零件，在 300～320℃的硝盐炉中保温 30 min 回火处理。

⑥ 盐浴炉淬火要注意安全操作。

(6) 质量检验

① 检查外观。卡簧表面应光滑，无铁锈、氧化皮和脱碳等

缺陷。

② 硬度。用洛氏硬度计或维氏硬度检测硬度。

③ 金相组织。用金相试验检查马氏体形态。

④ 卡簧进行试压和扭曲试验。扭曲试验时卡簧的一端夹在卡钳上,另一端扭转,以其扭转角大于180℃为合格。

3) 板簧的淬火和回火

(1) 技术要求　汽车板簧见图3-8,材料60Si2Mn,要求淬火,回火。淬火回火后硬度要求40～47 HRC。

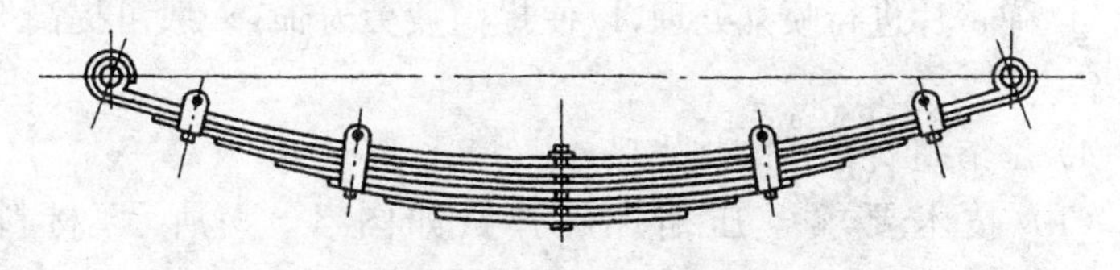

图3-8　汽车板簧总成结构图

(2) 热处理设备　板簧的淬火、回火选用连续式生产加热炉或者周期性作业的加热炉。

(3) 工艺规范　淬火温度870℃±10℃,保温15～20 min后油冷,回火温度为500～520℃,保温30～40 min后水冷。

(4) 工艺准备及操作

① 检查并要求连续式炉加热供电系统、测温系统、传动、输送机械运行正常。

② 检查并要求板簧与图纸、工艺文件相符,检查板簧表面无裂纹、氧化皮、腐蚀坑等。

③ 将检查好的板簧装入连续式加热炉内加热,升温到870℃±10℃,保温15～20 min,将板簧置于淬火机上压形,随即入油冷却淬火。

④ 淬火池中安装多台淬火机生产线,采用板式输送链,工件放在淬火机上夹紧,入油冷却,自动卸片,再油输链将板簧送出淬火油池。

⑤ 板簧回火,采用连续式回火炉,回火温度为500～520℃,保

温 30～40 min 后出炉水冷。

(5) 质量检验

① 要求 100%检查板簧表面无裂纹、氧化皮和腐蚀坑。板簧表面氧化及脱碳严重，是由于炉温过高、保温时间太长造成的。

② 用洛氏硬度计检测板簧的表面硬度。淬火板簧的硬度不足或过高，是由于板簧加热温度过低或过高，或冷却不足、不均匀造成的，或回火工艺不当造成的。

③ 检测板簧变形，应符合技术要求。

④ 弹簧片进行喷丸处理，以便提高疲劳寿命，一般可提高 5～10 倍。

4) 压缩螺旋弹簧的热处理

(1) 技术要求　压缩螺旋弹簧如图 3－9 所示，材料为 50CrV 钢。

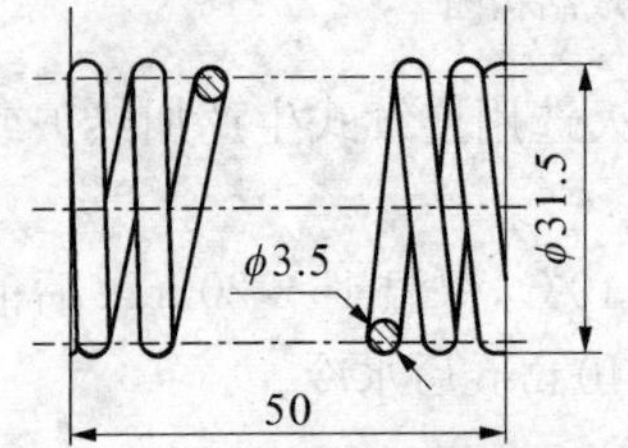

图 3－9　压缩螺旋弹簧示意图

要求淬火、回火处理，硬度要求 43～50 HRC 在规定的载荷内压缩弹簧的长度变化应符合技术要求。

(2) 工艺过程　压缩螺旋弹簧的直径小，采用冷卷成型。工艺流程如下：冷卷→定型处理→切断修正→淬火→矫正回火→检验修正→最后回火→检验，喷砂，表面处理。

(3) 工艺规范　先经 420℃定型处理，然后用 850～870℃保温 10 min 淬火，420℃回火 40 min，出炉水冷。其热处理工艺曲线见图 3－10。

(4) 工艺分析

① 定形处理：冷卷成形后为消除冷卷应力，稳定尺寸，减小淬火变形，需进行定形处理。

② 淬火加热时要防止氧化、脱碳。为减少淬火变形，成形弹簧可套在心轴上加热，在油中淬火，然后洗净油污。

③ 矫正回火，即通过回火以减小淬火应力，矫正弹簧。

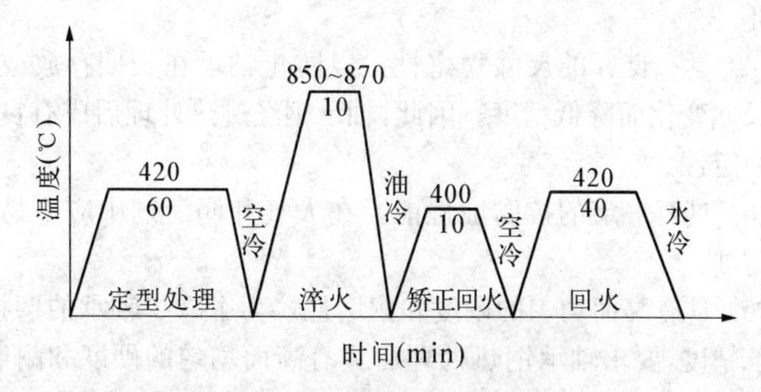

图3-10 压缩螺旋弹簧热处理工艺曲线

④ 最终回火,指将经过矫正后的弹簧装在夹具上回火。根据要求的性能决定回火温度。回火后水冷,可提高疲劳强度。

(5) 质量检验

① 弹簧表面应光滑,无氧化皮和脱碳等缺陷。

② 用洛氏硬度计或维氏硬度计检测硬度。

③ 检查马氏体组织形态。

三、轴承钢及其典型零件的热处理

1. 轴承钢的基本性能要求

轴承钢不仅用于制造滚动轴承中的钢球、钢柱、钢针及套圈,也可以用来制造要求高耐磨性的工模量具的零件。

轴承工作时,套圈与滚动体之间呈点接触或线接触,承受着集中的周期性交变载荷,并在其高速运转中,同时存在着滚动摩擦和滑动摩擦。因此疲劳断裂和磨损是轴承正常破坏的主要形式。基于轴承的工件条件和破坏形式,对轴承钢的性能提出以下要求:

(1) 具有高的接触疲劳强度和抗压强度。

(2) 具有高的弹性极限和屈服极限。以防止在高接触应力作用下,发生较大的塑性变形,保证轴承正常工作。

(3) 具有一定的韧性。以防止轴承在承受冲击载荷作用时发生破坏。

(4) 具有良好的尺寸稳定性。以防止轴承在长期存放或使用中因尺寸变化而降低精度。因此,轴承钢经过热处理后应有良好的尺寸稳定性。

(5) 具有一定的抗腐蚀性能。在大气和润滑剂中应不易生锈或被腐蚀。

(6) 具有高而均匀的硬度和耐磨性。为了减少轴承的磨损,保持轴承精度,要求轴承钢热处理后具有高而均匀的硬度和耐磨性。套圈和滚动体在使用状态的硬度应为61～65 HRC。

(7) 具有良好的工艺性能。如冷、热成形性能,加工性能,热处理性能等,以便适应大批量生产的要求。

2. 轴承钢的化学成分

1) 碳的作用

轴承钢一般含碳量为0.95%～1.15%,以保证轴承在淬火和低温回火后得到高硬度、高耐磨性和高的接触疲劳性能。

2) 合金元素的作用

(1) 主加元素为铬　含铬量通常为0.5%～1.65%,铬除了可以增加淬透性外,还能部分溶于渗碳体,形成较稳定的合金渗碳体,热处理后得到的细小均匀的碳化物,对提高钢的耐磨性,尤其是对提高接触疲劳强度十分有利。铬还能提高马氏体的低温回火稳定性,热处理后得到均匀及高的硬度,从而有效地提高钢的耐磨性。如果钢中含铬量超过1.65%,则会使淬火后残留奥氏体量增加,使硬度和尺寸稳定性降低。

(2) 加入硅、锰元素　以进一步提高淬透性,适合制造大型轴承。但是锰会增加钢的过热倾向,含量过高会引起残留奥氏体量增加。硅还会增加钢中氧化夹杂,故需加以限制,一般锰含量控制在0.9%～1.2%,硅控制在0.4%～0.7%之间。

(3) 严格控制有害元素磷、硫含量　磷在加热时会促使晶粒长大,并增加钢的脆性,降低强度、增加淬火开裂倾向。硫会增加钢中的硫化夹杂。

常用轴承钢的特点和用途见表3-10。

表3-10 常用轴承钢的特点和用途

类别	钢号	主要特点	用途举例
铬轴承钢	GCr9 GCr15 GCr15SiMn	淬透性好，淬火后硬度高，耐磨性好，疲劳寿命长，热处理工艺简便	一般工作条件下的轴承零件 汽车、拖拉机发动机 变速箱及车轮上的轴承
无铬轴承钢	GSiMnV GMnMoV	钢含碳量约为1%，加入Si、Mn、Mo元素，取代Cr，使过共析钢，淬透性、锻造性较好	制造一般工作条件下的轴承套圈和滚动体
不锈轴承钢	9Cr18 1Cr18Ni9Ti	有优良的耐腐蚀性能，也可用作高温轴承	制造耐腐蚀、耐高温，在特殊工作条件下的轴承

3. 轴承钢的热处理特点

1）预先热处理

（1）正火 如果毛坯锻造工艺不当，出现沿奥氏体晶界析出的二次网状碳化物和条状珠光体组织，因为它们在随后的球化退火过程中不能完全消除，从而影响零件的使用寿命，所以需先采用正火工艺来消除这些组织。有粗大网状碳化物的GCr15钢，采用900～950℃的加热温度，工件透热后保温40～60 min，正火。

若正火加热温度过高，在冷却过程也易析出网状碳化物，故需采用较快的冷却速度。在油、乳化液或水中冷却时，待零件冷至500℃左右即应取出，以免产生裂纹。正火后应立即进行球化退火。铬轴承钢的正火工艺见表3-11。

表3-11 铬轴承钢正火工艺

正火目的	钢号	正火工艺		
		温度(℃)	保温时间(min)	冷却方法
消除和减少粗大网状碳化物	GCr15	930～950	40～60	根据零件的有效厚度和正火温度正确选择正
	GCr15SiMn	890～920	40～60	

（续 表）

正火目的	钢号	正火工艺		
		温度(℃)	保温时间(min)	冷却方法
消除较细网状碳化物，改善锻造后晶粒度以及消除大片状珠光体	GCr15	900～920	40～60	火后冷却条件，以免再次析出网状碳化物或产生其他缺陷（如脱碳裂纹等）。一般冷却速度大于50℃/min。冷却方法有：(1) 分散空冷 (2) 强制吹风 (3) 喷雾冷却 (4) 乳化液中（70～100℃）或油中循环冷却 (5) 70～80℃水中冷却
	GCr15SiMn	870～890		
细化组织和增加同一批零件退火组织的均匀性	GCr15	860～890	40～60	
	GCr15SiMn	840～860		
改善退火组织中粗大碳化物颗粒	GCr15	950～980	40～60	
	GCr15SiMn	940～960		

(2) 球化退火　经过锻造后的工件，如果其显微组织为细片状珠光体，则可直接进行球化退火。其目的是：降低硬度，便于切削加工，获得均匀分布的细颗粒状珠光体、为淬火做好准备，改善热处理的综合力学性能，消除加工硬化，增加塑性。GCr15 钢通常采用等温球化退火。其工艺是将钢材加热到 780～810℃，保温 3～6 h，然后在 680～720℃保温 3～4 h，以便组织全部球化。790℃被认为是最佳的球化加热温度。因为加热温度过高，大量碳化物溶解，球化结晶核心少，球化后为粗大的球状珠光体或部分片状组织；加热温度偏低，球化退火后组织中仍保留尚没转变的片状珠光体。轴承钢常用球化退火工艺及其适用范围见表 3-12。

表 3-12　轴承钢球化退火工艺规范

退火方法	退火工艺				
	加热温度(℃)	保温时间(h)	冷却方法	等温温度(℃)	冷却方法
低温球化退火①	670～720	2～8	炉冷到 600℃出炉空冷		
普通球化退火②	780～810	3～6	10～30℃/h 的冷速冷却到 650℃出炉空冷		

（续 表）

退火方法	退火工艺				
	加热温度（℃）	保温时间（h）	冷却方法	等温温度（℃）	冷却方法
等温球化退火[3]	780～810	3～6	快速冷至等温温度	680～720	炉冷到650℃出炉空冷
快速球化退火	760～780	2～3	以大于60℃/h速度冷到650℃出炉空冷		
	760～780	2～3	快冷至等温温度	700～720	炉冷到650℃出炉空冷

注：1. 退火前需加热到900～925℃，保温2/3～1 h后正火。
2. 保温时间随工件大小、加热炉的均匀性、装炉方法及装炉量、退火前的原始组织均匀性而定。
① 主要适用于冷冲球、冷挤压套圈的再结晶退火。
②③ 主要适用于锻造套圈、热冲球以及横锻球的退火。

2）最终热处理

一般采用淬火和低温回火，其目的是提高钢的强度、硬度、耐磨性与抗疲劳性能。以GCr15钢为例，淬火温度在820～860℃，温度太高，就会出现过热组织，使轴承的韧性和疲劳强度下降；温度过低，奥氏体中溶解的Cr、C数量少，影响淬火后的硬度。

轴承工件淬火组织中的马氏体和残余奥氏体是不稳定相，室温下停留时间过久，将会导致工件尺寸发生变化，使轴承的精度降低，所以，轴承淬火后，应及时采用160℃±10℃的低温回火，回火时间一般为2～4 h。

3）精密轴承零件尺寸稳定处理

（1）冷处理　对于精密轴承零件，为减小淬火后组织中的奥氏体含量，稳定尺寸，淬火后应进行－60～－80℃冷处理，保温时间为2～4 h，冷处理后零件恢复到室温，在4 h内进行回火，以防止零件开裂。

（2）补充回火处理　淬火未经冷处理就回火的轴承零件，在磨削加工时会产生磨削应力，低温回火时未能完全消除的残留应力在磨削加工后会重新分布。这两种应力会导致零件尺寸发生变化，甚至会产生龟裂。为此，应再进行一次补充回火，回火温度为120～160℃，保温5～10 h，或更长。

4. 淬火缺陷及防止措施

见表3-13。

表3-13　淬火缺陷及防止措施

检查项目	缺陷名称	产生原因	防止办法
显微组织	过热针状马氏体组织	(1) 淬火温度过高或在较高温度下保温时间过长 (2) 原材料碳化物带状严重 (3) 退火组织中碳化物大小分布不均匀或部分存在细片状珠光体	(1) 降低淬火温度 (2) 按材料标准控制碳化物不均匀程度 (3) 提高退火质量，使退火组织为均匀细粒状珠光体
断口	欠热断口	淬火温度偏低	提高淬火温度
	过热断口	淬火温度过高	降低淬火温度
	粗颗粒状断口显微组织合格	锻造过烧	控制锻造加热温度不要超过1 100℃
	带小亮点的断口	网状碳化物严重	按标准控制碳化物网状≤3级
软点	体积软点(40～55 HRC)	锻造过程局部脱碳，淬火加热温度低，保温不够，冷却不良	提高淬火加热温度或适当延长保温时间以及增加冷却能力
	表面软点(比正常硬度低2～3 HRC)	苏打水配制不当，温度较高，或苏打水上面有油	采用热配苏打水溶液，温度<35℃，或增加苏打水浓度15%～20%
表面缺陷	氧化、脱碳、腐蚀坑严重	炉子密封性差；淬火前工件表面清洗不干净；淬火温度高或保温时间长；锻件和棒料的脱碳严重	改进炉子密封性；淬火前工件表面清洗干净，在保护气体炉中加热或涂3%～5%硼酸酒精；盐炉加热淬火后零件需清洗干净

(续　表)

检查项目	缺陷名称	产生原因	防止办法
硬度	硬度偏低,显微组织合格	(1) 淬火保温时间太短 (2) 表面脱碳严重 (3) 淬火温度偏低 (4) 油冷慢,出油温度高	(1) 延长保温时间 (2) 适当提高淬火温度5～10℃ (3) 在保护气体炉中或涂3%～5%硼酸酒精溶液加热
硬度	硬度偏低,显微组织出现块状或网状托氏体	淬火温度偏低或冷却不良	(1) 适当提高淬火温度或延长保温时间 (2) 强化冷却
变形	淬火裂纹	(1) 组织过热,淬火温度过高或在淬火温度上限保温时间过长 (2) 冷却太快,油温低,淬火油中含水分超过0.25% (3) 应力集中,如圆锥内套油沟呈尖角。车加工套圈表面留有粗而深的刀痕,以及套圈断在打字处 (4) 表面脱碳 (5) 返修中间未经退火 (6) 淬火后未及时回火	降低淬火温度;提高零件出油温度或提高淬火油的温度;提高车加工表面光洁度;增加去应力工序;减少表面的脱碳、贫碳以及从设计和加工中避免零件产生应力集中
变形	变形量超过规定	退火组织不均匀;淬火加热温度高;装炉量多,加热不均;冷却太快和不均;加热和冷却中机械碰撞	提高退火组织的均匀性;增加去应力退火工序;降低淬火加热温度;提高加热和冷却的均匀性;在热油中冷却或压模淬火;清除加热和冷却中机械碰撞等。采用上述措施后若变形量仍超过规定,可采用整形方法

5. 操作注意事项

(1) 钢的组织不均匀性对轴承零件的质量有较大的影响。因此对原材料中的非金属夹杂物、带状碳化物和一般碳化物的分布均匀性及球化等级均应有严格的要求。

(2) 淬火加热时严防零件表面氧化、脱碳，因此，加热时必须保护。预热时，预热温度不能太高(在空气炉预热应<600℃)。

(3) 回火不足，零件脆性大，应特别注意油浴炉炉底部温度偏低的情况。对于截面较大的零件可适当延长回火时间。

(4) 对于精密轴承零件，为保证制造和使用过程中的尺寸稳定性，必须在淬火后及时进行冷处理，以及随后充分低温回火和精磨后都应进行消除磨削应力长时间低温时效处理。

6. 典型工艺实例

1) 轴承快速球化退火

(1) 技术要求　轴承材料 GCr15SiMn，要求球化退火。退火后硬度 179～217 HBS，金相组织均匀分布细小球状碳化物。

(2) 热处理设备选用　轴承快速球化退火选用 RX3-75-9 箱式电阻炉。

(3) 工艺规范制定　轴承快速球化退火工艺见图 3-11。

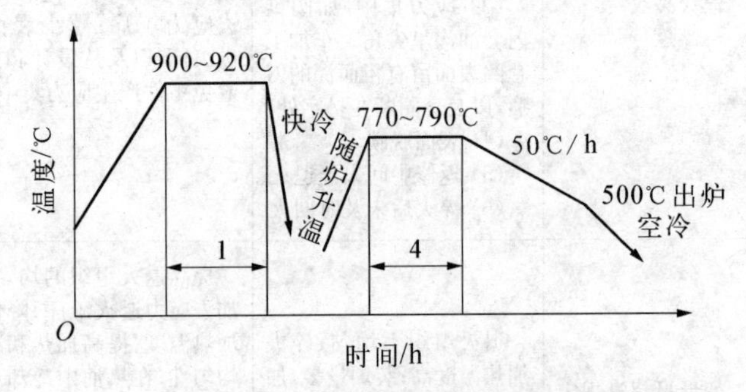

图 3-11　轴承快速球化退火工艺

(4) 工艺准备及操作　工件装炉后升温到 900～920℃，保温 1 h，出炉快冷(空冷)，进行正火处理细化组织，再进行球化退火。球化退火温度为 770～790℃，保温 4 h，然后以 50℃/h 的冷却速度，随炉冷到 500℃后，出炉空冷。

(5) 质量检验　按工艺要求进行硬度和金相组织检验。

2) 轴承套圈等温退火

(1) 技术要求　锻造轴承套圈，材料 GCr15，要求等温退火，退火后硬度179～241 HBS,脱碳层不得超过加工余量(单边)的2/3。

(2) 热处理设备　选用RX3-75-9箱式电阻炉。零件装箱密封进行等温退火。

(3) 工艺规范制度

等温退火温度为800～820℃,保温2～4 h,随炉以50℃/h的冷却速度冷到720℃±10℃等温4 h,炉冷到500℃后出炉空冷。

(4) 工艺准备及操作

① 检查热处理设备,供电系统,测温,控温系统运行是否正常,炉膛清理是否干净。

② 检查轴承外套锻件表面有无裂纹,折叠,加工余量是否足够。

③ 核对零件与图样、材料、工艺文件、试样等是否符合要求。

④ 用低碳钢板或不锈钢板焊接退火箱,箱底铺一层20～30 mm铸铁屑,工件距箱壁应为20～30 mm,距箱盖20～30 mm,工件间应保持5～10 mm的间隙,盖好后用黏土封好。

⑤ 退火箱装入箱式炉有效加热区内,退火箱之间要留有大于100 mm的间隙。

⑥ 确保退火箱与电阻丝没有接触后送电升温,进行等温退火,按工艺规范加热、保温、冷却、等温、出炉空冷。装箱退火时保温时间延长2～4 h。

(5) 质量检验及质量分析

① 检查表面质量。目测零件表面有没有裂纹、烧伤等缺陷。

② 检查硬度。零件打磨检测硬度,硬度以达到179～241 HBS为合格。如果硬度太高,主要原因是欠热、有片状珠光体残留、冷却太快,则需调整工艺进行第二次退火。加热充分、冷却合适可防止硬度太硬的缺陷。

③ 用金相组织检查脱碳层深度,不超过2/3加工余量时为合格,超过2/3加工余量为不合格。脱碳层超差的原因是原材料锻造、退火时脱碳严重,退火温度过高,保温时间过长。防止的措施是加强对原材料和锻件的脱碳控制,控制加热温度和保温时间。

3）轴承套圈淬火和回火

（1）技术要求

轴承套圈，材料 GCr15，规格为 218 型单列向心球轴承套圈。

① 要求淬火回火处理。

② 套圈淬火后硬度大于 63 HRC。

③ 套圈淬火后显微组织应由隐晶或细小结晶马氏体，均匀分布的细小残余碳化物和少量的残余奥氏体组成。不允许有过热针状马氏体组织。

④ 淬火后断口应具有细小晶粒闪烁，不允许有欠热、过热等现象存在。

⑤ 套圈表面不允许有裂纹、脱碳和软点等缺陷。

⑥ 套圈外径圆度误差不允许超出 0.30 mm。

（2）热处理设备

① 淬火热处理设备选用 RX3－45－9 箱式电阻炉。回火热处理设备选用 RJ2－75－6 低温井式电阻炉。

② 工夹具用炉钩子、铁板和料筐。

（3）工艺规范

淬火温度为 840℃±10℃，保温 20 min。回火温度为 160℃±10℃，保温 4 h，出炉空冷。

（4）工艺准备及操作

① 检查淬火加热炉、回火炉，温度控制装置是否运行正常，检查淬火加热炉炉底板是否平整。

② 淬火冷却介质采用普通 3 号锭子淬火油。油温不得超过 60℃。

③ 将套圈摆放在铁板上，把铁板送到炉门垫板上，打开炉门，将铁板推到炉底板上，用炉钩子将套圈推进炉内加热。

④ 套圈装炉要均匀分布，摆放之间要有一定的间隔，使零件均匀加热。

⑤ 装好套圈之后，在炉内靠炉门部位和两侧撒一些木炭，以防止工件加热时氧化脱碳。

⑥ 关闭炉门加热升温，按工艺要求加热，840℃±10℃，保温20 min后，打开炉门，准备出炉。

⑦ 用炉钩迅速串一摞套圈，出炉快速淬入到淬火油槽中冷却。

⑧ 抽检淬火硬度符合技术要求之后，直接装入回火料筐中，摞放排好。

⑨ 当回火料筐装满之后，将吊料筐装入回火炉中，加热160℃±10℃，保温4 h后，将料筐吊出炉，进行空冷。

(4) 质量检验

① 用表面洛氏硬度计或维氏硬度计进行硬度检查。

② 用金相显微镜检查金相组织。

③ 断口检查：将淬火后的套圈压断，观察其断口特征，应有细小晶粒闪烁，无过热等现象。

④ 检查裂纹与其他缺陷。

⑤ 用外径测量仪，检查工件变形情况。

4) 轴承钢球淬火和回火

(1) 技术要求

① ϕ20 mm钢球，材料为GCr15，淬火和回火。

② 淬火后的硬度大于64 HRC。

③ 显微组织、断口、裂纹与其他缺陷与轴承套圈要求的相同(见实例3)。

(2) 准备工作

① 检查图样与零件是否相符。

② 检查钢球表面质量有无缺陷。

(3) 热处理设备及工夹具的选择

① 淬火加热炉选择RG-45-9B保护气氛滚筒式电阻炉。

② 回火加热炉选用油炉。

③ 工夹具选用铁板锹、回火料筐。

(4) 工艺规范

淬火加热温度为850℃±5℃，保温50 min，淬火油中冷却，油温不高于90℃。

回火加热温度为150℃±5℃，保温3 h后出炉空冷。

(5) 工艺准备及操作

① 检查淬火加热炉、回火油炉、温度控制装置运行是否正常。

② 将钢球用铁板锹装入淬火加热炉储料筒内，不断加热。

③ 根据淬火加热保温时间调整电动机，转动变速箱来调节滚筒转动数，保证工艺。

④ 保护气用1∶1的甲醇与丙酮混合液，滴入炉内，滴入量为5～7 mL/min。

⑤ 淬火冷却。由转筒落入淬火油槽后，依靠油槽内的转筒提升落到料筐中。

⑥ 抽检淬火后的硬度是否符合技术要求之后，将料筐装入油炉，按回火工艺规范进行回火。

⑦ 回火之后将料筐吊起来，将油泥擦净，转下道工序。

(6) 质量检验

① 硬度。用洛氏硬度计、表面洛氏硬度计、维氏硬度计或显微硬度计进行检测。

② 显微组织。用金相显微镜进行检验。

③ 断口。将淬火的钢球用压力机压碎后检查断口特征。

④ 裂纹与其他缺陷。

四、刃具钢(工具钢)及其典型零件的热处理

1. 刃具钢(工具钢)的基本性能要求

刃具钢按成分及性能特点分为碳素刃具钢、低合金刃具钢和高速钢三类。

刃具的种类繁多，工作条件各不相同，但均受到复杂的切削力作用。因此对刃具有以下一些基本性能要求：

(1) 高的硬度和耐磨性　刃部的硬度只有高于被加工材料的硬度时，才能进行切削。通常硬度越高，耐磨性越好。

(2) 高的热稳定性　即高温下保持高硬度的能力(≥60 HRC)，与钢的回火稳定性有关。

(3) 足够的强度与韧性　保证刃具在复杂切削力的作用下及冲击振动时不发生脆性断裂或崩刃。

2. 碳素刃具钢(工具钢)

1) 碳素刃具钢的化学成分与性能

为了保证刃具有足够的硬度和耐磨性,其含碳量在0.65%~1.35%之间,其性能主要决定于碳含量。含碳量越高,钢的耐磨性越好,而韧性越差。由于硅、锰元素稍有增加就会增大淬火时的开裂倾向,所以碳素刃具钢中对硅、锰的含量规定较严格。为了提高碳素刃具钢的可锻性,减少其淬裂倾向,应严格控制S、P含量。

碳素刃具钢的优点是锻造及切削加工容易,而且价格便宜,缺点是淬透性低,需要用水作冷却介质(水淬可淬透直径为15~18 mm;油淬可淬透直径仅为5~7 mm),容易产生变形和淬裂。特别是形状复杂的工具。其次,这种钢的回火抗力差,温度升高时,容易软化。

2) 热处理工艺特点

(1) 锻造　碳素刃具钢虽然可锻性能较好,但锻造过程中有表面脱碳现象,所以加热时间应尽量缩短。其次,要严格控制锻压比,一般要大于4。锻造后,空气冷却。

(2) 球化退火　目的是改善切削性能,并为最终淬火作组织准备。加热温度一般在730~800℃加热时一部分渗碳体溶于奥氏体,残留的渗碳体自发地趋于球形以减少表面能,在随后的缓慢冷却过程中,获得细而均匀分布的球状珠光体。硬度一般低于217 HBS。

(3) 淬火　碳素刃具钢对过热较敏感,晶粒容易长大,故选淬火加热温度760~800℃的下限温度,以防止过热。保温时间按刃具的有效厚度计算。在盐炉中加热时间按$\tau = \alpha KD$经验公式估算(见第二章　淬火),也可按30~40 s/mm计算。因为碳素刃具钢淬透性低,除了形状复杂,有效厚度小于5 mm的小刃具采用油冷外,一般都选用冷却能力较强的介质。为避免变形和淬裂,应保证冷却均匀。

(4)回火　淬火后立即回火，消除淬火应力。通常选择的温度是160～200℃，螺纹工具采用200～250℃，回火温度应根据工具的种类和用途而定。

常用碳素工具钢的牌号，热处理及用途见表3-14。

表3-14　碳素工具钢的牌号、成分、热处理与用途

牌号	含C量	热处理及硬度					用途
		淬火温度（℃）	淬火介质	淬火后硬度HRC	回火温度（℃）	回火后硬度HRC	
T7 T7A	0.65～0.74	800～820	水	61～63	180～200	62	扁铲、手钳、木工用工具
T8 T8A	0.75～0.84	780～800	水	61～63	180～200	62	金属剪切刀、钢印、木料锯片
T8Mn T8MnA	0.80～0.90	780～800	水	62～63	180～200	62	手锯条、煤矿用凿
T9 T9A	0.85～0.94	760～780	水	62～64	180～200	62	冲模、铳头、木工工具
T10 T10A	0.95～1.04	760～780	水 油	62～64	180～200	62	丝锥、锉刀、扩孔钻、刮刀、量规
T11 T11A	1.05～1.14	760～780	水 油	62～64	180～200	62	铣刀、刮刀、钻头、铰刀
T12 T12A	1.15～1.24	760～780	水 油	62～64	180～200	62	刮刀、铰刀、冲孔模
T13 T13A	1.25～1.35	760～780	水 油	62～64	180～200	62	锉刀、刻纹工具、钻子、雕刻用工具

3. 低合金工具钢(刃具钢)

低合金工具钢适合于制造截面较大、淬火变形要求小、形状复杂、有较高强度和耐磨性、工作温度不超过300℃的刃具，如搓丝板、丝锥、板牙等。

1）化学成分

低合金工具钢含碳量一般为0.75%～1.5%之间。高的含碳量是为了保证淬火后具有高强度、并形成适当数量的合金碳化物，以增加耐磨性。加入铬、硅、锰、钨、钒等元素能提高淬透性及回火稳定性，并能强化基体，细化晶粒。因此低合金工具钢的耐磨性、淬透性和热硬性比碳素工具钢好，淬火冷却可在油中进行，从而变形，开裂倾向减小。但合金元素的加入导致了临界点升高，通常淬火温度较高，使得脱碳倾向增大。

2）热处理工艺特点

低合金工具钢的热处理与碳素工具钢基本相同，工具经毛坯锻造后，需经球化退火预处理，机械加工，然后进行淬火和低温回火。

（1）锻造　由于这类钢含碳量高，碳化物较多而且分布不均匀，大规格的钢材这种现象更加严重。所以需要反复锻造。

（2）球化退火　具体工艺参数根据毛坯尺寸、装炉量及炉子型号确定。退火温度过高，氧化脱碳程度增加；退火温度过低，碳化物太细，硬度会增高，而且碳化物网不容易消除。

（3）淬火　由于合金钢的导热性差，所以对形状复杂或截面较大的工具，淬火前应先预热，温度为600～650℃。为便于合金碳化物溶解淬火加热温度和保温时间均大于碳素钢的工艺参数。对于形状复杂的工具，加热温度取下限，而尺寸大、形状简单的工具则采用上限温度。

低淬透性的钢，直径在10 mm以上时，常采用水淬，高淬透性的钢，一般选用油淬，形状复杂，容易变形者，应采用分级淬火或等温淬火。

（4）回火　回火组织为细针回火马氏体及粒状合金碳化物和少量残留奥氏体。硬度一般为60～65 HRC，经2 h回火后，钢中的内应力降低，塑性、韧性提高。

常用低合金工具钢（刃具钢）的牌号、成分、热处理与用途见表3－15。

表 3-15 常用低合金工具钢(刃具钢)的牌号、化学成分、热处理与用途

牌号	化学成分				
	C	Mn	Si	Cr	其他
Cr06	1.30～1.45	≤0.04	≤0.04	0.50～0.70	
Cr2	0.95～1.10	≤0.40	≤0.40	1.30～1.65	
9SiCr	0.85～0.95	0.30～0.60	1.20～1.60	0.95～1.25	
CrWMn	0.90～1.05	0.80～1.10	0.15～0.35	0.90～1.20	W1.20～1.60
9Mn2V	0.85～0.95	1.70～2.00	≤0.40		V0.10～0.25
CrW5	1.25～1.50	≤0.40	≤0.40	0.40～0.70	W4.50～5.50

牌号	热处理及硬度				用途举例
	淬火(℃)	淬火后 HRC	回火(℃)	回火后 HRC	
Cr06	800～810 水	63～65	160～180	62～64	锉刀、刮刀、刻刀、刀片
Cr2	830～860 油	≥62	150～170	61～63	锉刀、刮刀、刻刀、刀片
9SiCr	860～880 油	≥62	180～200	60～62	丝锥、板牙、钻头、铰刀
CrWMn	800～830 油	≥62	140～160	62～65	拉刀、长丝锥、长铰刀
9Mn2V	780～810 油	≥62	150～200	60～62	丝锥、板牙、铰刀
CrW5	800～850 水	65～66	160～180	64～65	低速切削硬金属刃具、铣刀、车刀

4. 高速钢

1）高速钢的化学成分与性能

高速钢是热硬性(热稳定性)、耐磨性很好的高合金工具钢。它的热硬性可达到600℃,切削时能长期保持刃口锋利,故又称为锋钢。

通常高速钢制造的刃具,其工作温度可达500～600℃,从而高速钢的热硬性和耐磨性均优于碳素刃具钢和低合金刃具钢,因此高速钢得到了广泛的应用。常用高速钢的牌号、成分、热处理和硬度见表3-16。

表3-16 常用高速钢的牌号、成分、热处理和硬度

牌号	化学成分(%)					热处理温度(℃)			硬度	
	C	W	Mo	Cr	V	退火	淬火	回火	退火后HBS	回火后HRC
W18Cr4V	0.70～0.80	17.50～19.0	≤0.03	3.80～4.40	1.00～1.40	860～880	1 260～1 300	550～570	207～255	63～66
W6Mo5Cr4V3	1.10～1.25	5.75～6.75	4.75～5.75	3.80～4.40	2.80～3.30	840～885	1 200～1 240	550～570	≤255	≤65
W6Mo5Cr4V2	0.80～0.90	5.75～6.75	4.75～5.75	3.80～4.40	1.80～2.20	840～860	1 220～1 240	550～570	≤241	63～66
W12Cr4V4Mo	1.20～1.40	11.50～13.00	0.90～1.20	3.80～4.40	3.80～4.40	840～860	1 240～1 270	550～570	≤262	≤65

2）高速钢的热处理

（1）退火　锻轧后高速钢需要经过退火以消除内应力，降低硬度，以便切削加工，并为淬火作组织准备。退火温度一般为870～880℃，保温后以小于或等于30℃/h的冷却速度冷至600℃出炉空冷。为缩短退火时间，也可以在720～750℃等温一定时间后，再以小于或等于30℃/h的冷却速度冷至600℃出炉空冷。

（2）淬火前预热　由于高速钢导热性差，为防止加热时工件变形、开裂和缩短高温加热时间以减少脱碳，可采用一次或二次分级预热。对形状简单的刀具，预热温度为850～880℃；成形刀具、大型刀具、细长薄片形刀具，预热温度为800～820℃；局部淬火的刀具预热温度为820～840℃；钴高速钢刀具推荐950℃预热。预热时间应比淬火加热时间长1倍。待工件表里温度均匀后，再送入高温炉中加热。

（3）淬火　淬火温度根据钢的成分、工具的尺寸、工作条件来确定。淬火温度越高,合金元素溶入奥氏体中的数量越多,淬火后马氏体的合金浓度亦越高,回火时高合金含量的马氏体才具有高的热硬性。所以,在不发生过热的前提下,应尽量提高淬火加热温度。生产上通常采用的淬火温度见表 3-17。淬火加热时间,在盐炉中按 8～15 s/mm 计算。通常采用箱式炉加热,其时间是盐炉加热时间的两倍。

表 3-17　高速钢常用淬火温度

钢　　号	W18Cr4V	W12Cr4V4Mo	W6Mo5Cr4V2
淬火温度范围(℃)	1 260～1 310	1 220～1 260	1 200～1 240
常用淬火温度(℃)	1 280	1 250	1 220

高速钢的淬火必须加热到很高的接近熔化的温度方能使足够的合金碳化物溶入到奥氏体中,从而保证淬火质量(高的硬度、高的耐磨性及高的热硬性)。值得注意的是,高速钢的正常淬火加热温度与产生过热和过烧温度十分接近,所以务必正确选择和严格控制,只有做到这点,才能保证高速钢热处理后的使用性能。

对于容易产生变形和开裂的成形刀具,最好采用分级淬火和等温淬火。分级温度一般为 550～620℃,保温 20 min 后空冷。对变形要求严格的刀具,可用两次或多次分级,分级温度依次为 800～820℃、550～620℃、350～400℃。对大型复杂刀具,采用等温淬火,以减少变形,提高韧性。一般工艺为 240～280℃,等温 2～4 h,空冷至 100℃时及时回火。等温淬火后得到下贝氏体和残余奥氏体。为了消除大量的残余奥氏体,要进行 3～4 次的回火。

(4) 回火　目的是消除应力、稳定组织、减少残余奥氏体、提高力学性能。图 3-12 是 W18Cr4V 钢回火温度与硬度的关系。图中显示 W18Cr4V 在 550～570℃回火时,可以获得最高硬度。因为此时各类合金碳化物以细小弥散状态析出,从而提高了钢的硬度,这一现象称为弥散硬化。此外,这时的残余奥氏体在回火冷却中发生的马氏体转变,也会使钢的硬度升高。基于以上两个原因,高速钢这时出现了“二次硬化”现象。

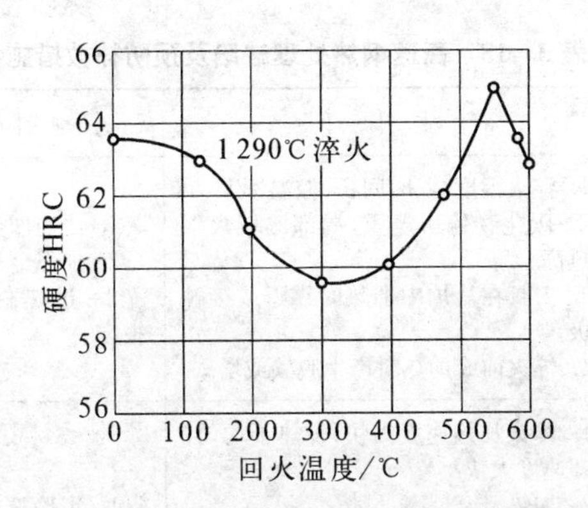

图3-12 W18Cr4V钢回火温度与硬度的关系

生产中高速钢的回火温度与二次硬化的峰值温度范围一致，均在540～580℃区间。含钴高速钢取上限温度；钨系高速钢取中限温度；钨-钼系取下限温度。

高速钢淬火后如不及时回火，在高温下长期停留或回火冷却速度很慢，会影响残余奥氏体向马氏体的转变，使奥氏体稳定化，即发生“陈化稳定”现象，不利于消除残余奥氏体。

为保证回火充分，生产上每次回火保温时间均采用1 h，大型刀具可延长到1.5 h。每次回火必须冷却到室温，以保证残余奥氏体转变为马氏体。回火次数一般为三次。对于直径大于80 mm和经等温淬火的高速钢刀具，回火次数还应增加。之所以要多次回火，就是因为淬火状态高速钢的残余奥氏体量较多(占20%～30%)，一次回火难以使其充分转变，经三次(或三次以上)回火后，即可使残余奥氏体大为减少。每次回火后残余奥氏体量大致如下：一次回火后约剩10%；第二次回火后还有约4%～5%；第三次回火后只剩1%～3%。同时，后一次回火还可以使前一次回火冷却时形成的马氏体转变成回火马氏体组织并消除形成马氏体时所产生的内应力。为减少回火次数，也可在淬火后立即进行－70～－80℃的低温处理，然后再回火。

(5) 高速钢热处理缺陷及预防措施　见表3-18。

表3-18　高速钢热处理缺陷及预防补救措施

缺陷	产生原因	预防措施
过热、过烧	1. 淬火温度高、时间长、控温不准 2. 碳化物偏析严重，局部区域含碳量过高 3. 刀具在盐炉中加热时靠近或接触电极 4. 淬火前或加热时产生脱碳或增碳	1. 严控加热温度和时间 2. 加强金相检查 3. 过热件返修；过烧件报废
变形、开裂	1. 淬火加热速度太快；加热不均匀；冷却速度太快 2. 加热温度过高、过长 3. 原材料碳化物偏析严重、夹杂物超标 4. 淬火后未及时回火或回火不均匀 5. 淬火后清洗过早 6. 表面脱碳或磨削加工冷却不当	1. 正确选择加热温度、时间和淬火介质 2. 加强原材料检查 3. 正确执行各工艺流程
硬度不足	1. 淬火温度低或加热时间短 2. 分级温度过高、时间过长 3. 回火温度低或时间短、次数少 4. 回火冷却不当(未冷至室温) 5. 表面氧化、脱碳	返修。退火后重新淬火、回火
淬火脱碳	1. 盐浴脱碳不良，捞渣不彻底 2. 工件表面氧化皮带入炉内	经常进行盐炉脱氧和捞渣；保证工件表面清洁
萘状断口	1. 热加工时停锻或停轧温度太高，变形接近临界变形度 2. 重新淬火前未进行退火	1. 严格控制变形种类温度和最后变形度 2. 重新淬火件必须先进行退火
腐　蚀	1. 刀具局部加热时，在盐浴与空气介质的交界处产生热线麻点 2. 盐液中有夹杂存在 3. 工件表面不净	淬火、回火后工件及时在沸水中清洗干净

5. 典型工艺实例

1) 锉刀的淬火、回火

(1) 技术要求　锉刀材料为T12，淬火、回火后锉刀刃部硬度为 64～67 HRC,柄部小于或等于 35 HRC。淬硬深度为齿尖以下大于 1 mm,金相组织为马氏体小于 3 级,齿部无脱碳层。畸变弯曲度小于 0.1 mm/100 mm。

(2) 锉刀的热处理工艺路线　加热→冷却→加热→矫直→冷透→清洗→回火→清洗→检查。

(3) 工艺规范　锉刀在盐浴炉中加热淬火温度为 750～790℃,保温 2.5～3.5 min 后在低于 30℃的盐水中冷却至 180～200℃,出水进行热矫直。

热矫直后在 160～180℃保温 45～60 min 进行回火,然后出炉空冷。

(4) 工艺准备及操作

① 检查盐浴炉供电系统、测温系统、排风系统运转是否正常。

② 盐浴定期脱氧、捞渣、添加新盐,并清除炉膛内氧化皮等污物。

③ 脱氧采用二氧化钛、硅胶、硅钙铁混合成的脱氧剂与盐浴中的氧化物作用,生成熔点较高的沉淀物,沉入炉底。

中温盐浴脱氧操作:配制混合脱氧剂。混合脱氧剂的总质量为盐浴总质量的 0.4%,具体是盐浴总质量为 300 kg 时,混合脱氧剂的质量为:硅胶 0.2 kg、二氧化钛 0.4 kg、硅钙铁 0.2 kg、无水氯化钡 0.5 kg,均匀混合。炉温保持在 880～900℃,缓慢加入脱氧剂。脱氧剂加完后,保持 10～15 min 后降温到 750～790℃。

④ 将零件清理干净,与吊具烘干后除柄部外浸入盐浴炉内,750～790℃加热 2.5～3.5 min 后出炉,在 30℃以下的盐水或清水中冷却至 180～200℃,出水进行热矫直。

⑤ 锉刀从水中取出热矫直,采用手工压力机进行矫直。要准确掌握水中冷却时间,出水过早,会因自热回火降低表面硬度;出水过晚,则因锉刀完全淬硬,增加矫直困难,甚至造成裂纹或折断。锉刀应在短时间内矫直好,然后完全浸入水中冷透。

⑥ 在回火炉中及时回火,炉温 160～180℃,保温 40～60 min 后出炉空冷。

⑦ 其余操作按盐浴炉安全操作规程进行。

(5) 质量检验

① 表面质量。主要目测锉刀表面有无裂纹。

② 表面硬度。用洛氏硬度计检测锉刀的表面洛氏硬度值是否符合技术要求。

③ 金相组织。用金相显微镜检测淬硬层深、组织是不是回火马氏体小于3级,是否有齿部脱碳层等。

④ 变形检查。检测锉刀弯曲度小于0.1 mm/100 mm为合格,超差的锉刀加热160～180℃,热矫直后补充回火140～160℃,保温45～60 min后出炉空冷。

2) 圆板牙的淬火、回火

(1) 技术要求　M6圆板牙(见图3-13),材料9SiCr,淬火、回火后,硬度为60～63 HRC,金相组织为马氏体小于3级,刃部不得有脱碳,螺孔中径尺寸控制在规定范围之内。

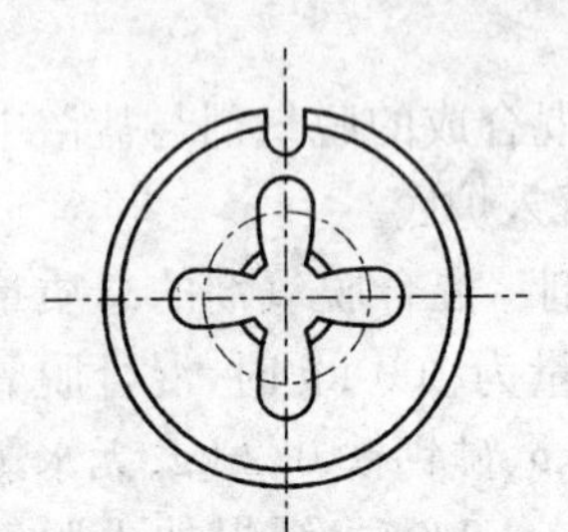

图3-13　圆板牙示意图

(2) 工艺流程　预热→加热泽火→冷却→检查→回火→清洗→检查→发黑→外观检查。

(3) 工艺规范　圆板牙淬火在盐浴炉中进行。在600～650℃进行6～8 min预热,升到850～870℃,保温8～12 min,在180～190℃硝盐炉中冷却30～45 min,在190～200℃回火炉中回火90～120 min,出炉空冷。

(4) 工艺准备及操作

电炉工作前应做到:

① 对电器控温仪表、炉体、变压器以及排风系统进行检查,都正常方可使用;

② 接通电极冷却水;

③ 按规定接好启动电极。

电极盐浴炉工作前应做到:

① 盐浴炉工作前按规定进行脱氧、捞渣；

② 零件入炉前校正仪表温度，按工艺规范定好控制指针；

③ 零件和挂具必须经烘烤后可入炉；

④ 观察仪表控制是否失灵，从盐浴颜色和盐的挥发情况估计是否正常。

(5) 质量检验

① 表面质量。检查零件表面有无裂纹、氧化皮、腐蚀坑等缺陷。

② 表面硬度。用洛氏硬度计检测零件的表面硬度值，检查是否符合技术要求。

③ 金相组织。用金相显微镜检查马氏体的等级，小于 3 级为合格。

④ 检查变形。圆板牙变形主要控制螺纹中径，圆板牙经淬火、回火后一般螺纹中径会胀大或缩小。在实践中发现大规格的圆板牙趋向于缩小，小规格趋向于胀大。因此，大规格圆板牙的等温温度比小规格的高。通过等温温度可以控制螺纹中径尺寸。

3) 手用铰刀的淬火、回火

(1) 技术要求　手用铰刀 ϕ20 mm，材料为 9SiCr 钢，硬度要求 63～65 HRC，柄部硬度为 30～45 HRC，手用铰刀的弯曲畸变量小于或等于 0.12 mm。见图 3-14。

图 3-14　手用铰刀

(2) 手用铰刀热处理工艺路线　预热→加热泽火→冷却→矫直→回火→清洗→硬度检查→发黑→外观检查。

(3) 工艺规范　采用整体淬火、柄部退火，在盐浴、硝盐炉中进行。

预热。600～650℃，保温 8 min，淬火温度为 850～870℃，保温 10 min，在不高于 80℃的油中冷却到 100～150℃，出炉热矫直。

柄部退火采用600℃硝盐加热20～40 s后水冷。

回火在回火炉中进行，回火温度为140～160℃，保温90～120 min后出炉空冷。

(4) 工艺准备及操作

① 检查盐浴炉供电系统、测温系统、排风系统运行是否正常。

② 盐浴炉定期脱氧、捞渣、添加新盐，并清除炉内氧化皮等污物。

③ 检查零件表面有无磕、碰、划伤后，烘干。

④ 盐浴炉操作者应戴防护眼镜、手套，穿工作服。

⑤ 盐浴启动，加热升温到预热温度时将零件装入盐浴炉内按工艺规范进行预热，淬火加热后在小于或等于80℃的油中冷却，冷至100～150℃时取出零件进行矫直。

⑥ 铰刀淬火后利用余热进行矫直，适用于小批量或大规格铰刀的矫直。把畸变超差的铰刀置于夹具中。如图3-15所示。给弯曲部分加压，然后连同夹具一起浸到140～160℃的硝盐炉中加热10 min。然后取出水冷。

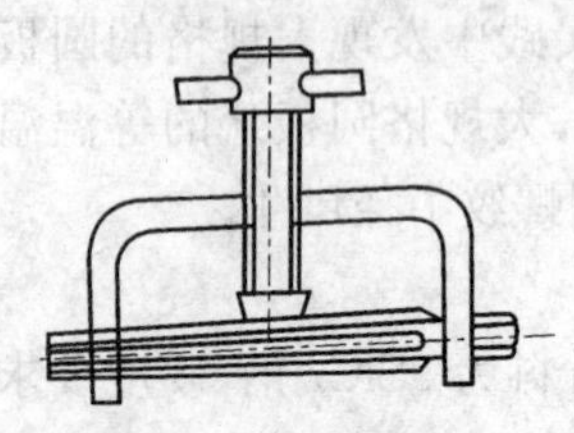

图3-15 铰刀夹具矫直示意图

⑦ 柄部退火可采用600℃硝盐加热20～40 s。水冷，还可以在820～830℃盐浴中加热8～20 s。淬入150～180℃硝盐，冷却30 s以上，也可采用高频加热。

⑧ 淬火过的手用铰刀装入回火炉中，回火温度为150℃±10℃，保温100 min后出炉空冷。

⑨ 盐浴炉停炉后，在盐浴开始凝固前置入启动电阻，放置时，启动电阻要尽量靠近主电极，但不能互相接触。

⑩ 切断炉子总电源，停止排风，切断冷却水。

4) 质量检验

① 表面质量。100%目测检查不允许存在裂纹、麻点等缺陷。

② 表面硬度。检测手用铰刀工作部分与柄部的洛氏硬度是否

符合技术要求。

③ 检查变形。检测手用铰刀的弯曲度应小于0.12 mm。

5）拉刀的淬火和回火

（1）技术要求　拉刀材料为W18Cr4V，硬度要求：刃部63～66 HRC。柄部40～52 HRC。显微组织为细小的隐针马氏体，键槽拉刀的径向圆跳动量不大于0.40 mm。拉刀简图见图3-16。

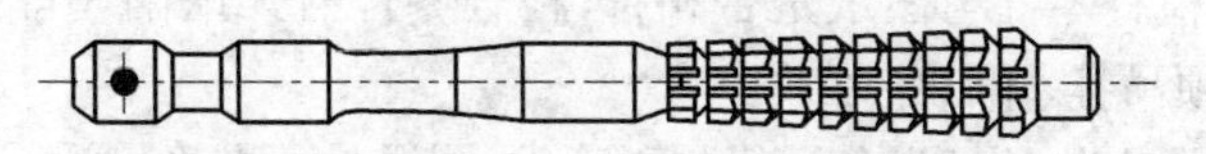

图3-16　拉刀简图

（2）热处理设备及工夹具的选择

① 淬火加热炉采用中温、高温盐浴炉。

② 回火采用电阻炉。

③ 等温炉选用硝盐炉。

④ 矫直需要压力机。

（3）工艺流程　预热→加热→冷却→热矫直→清洗→回火热矫直→柄部处理→清洗→检验→喷砂→防锈。

（4）工艺规范　第一次预热，550～600℃；第二次预热820～860℃；淬火加热1 260～1 280℃。

冷却：在80～120℃热油中冷却，待拉刀表面冷到200～300℃时从油中取出，进行热矫直。

回火：拉刀回火温度为560℃±10℃，保温60 min。回火需三次。回火后空冷。

柄部处理：加热温度为890～950℃，保温8 min后，油冷或在250℃硝盐中冷却。

（5）工艺说明

① 直径≥ϕ60 mm拉刀增加550～600低温预热。

② 在保证硬度合格的前提下，为减少变形，应选用较低的淬火加热温度和较长的加热时间。

③ 为减少淬火变形和开裂，用等温淬火。

④ 为避免裂纹，对油冷和等温冷却的大型拉刀，在冷到200℃以上时，将其刃端，在800℃盐浴中加热，使其淬火应力松弛，减少裂纹废品。

⑤ 拉刀淬火后清洗必须冷至室温，水应煮沸，以防开裂。

⑥ 矫直是拉刀热处理过程的关键工序，必须谨慎而有效地操作。

(6) 工艺准备及操作

① 检查零件与图纸是否相符，检查零件有无缺陷。待淬火的拉刀必须吊挂，不许乱堆放。

② 检查热处理设备运行是否正常，测温是否准确灵活。

③ 操作者戴好防护眼镜和手套，严格按照盐浴炉安全操作技能进行操作。

④ 打开抽风机，启动盐浴炉，加盐，脱氧，捞渣后分析盐浴成分。

⑤ 按工艺规范温度升温。保温后用试块进行工艺试验，淬火后检查硬度和金相组织，满足技术要求之后才能进行拉刀的淬火和回火。

⑥ 拉刀和吊具烘干后，吊入820～860℃的预热盐浴炉中加热13 min。接着取出进入1 260～1 280℃的淬火高温盐浴炉中保温7 min。然后在静止的80～120℃热油冷却，待表面冷却到200～300℃后取出热矫直。

⑦ 拉刀矫直前，先正确找出弯曲位置，弯曲方向和弯曲量，然后按拉刀的尺寸和工序选择不同类型的压力机，进行矫直。

⑧ 矫直后使拉刀冷至室温，然后方可清洗。清洗时应将水煮沸，以防产生裂纹。

⑨ 回火，拉刀回火温度为560℃ ± 10℃，按工艺规定保温60 min，回火三次，回火后室冷。淬火后必须在2～4 h内回火。

⑩ 柄部退火，将拉刀柄部浸到890～950℃的盐浴炉里，保温8 min，后油冷或在250℃硝盐中冷却。

(7) 质量检验

① 用洛氏硬度计，或维氏硬度计检测齿部和柄部硬度。

② 用金相显微镜检验显微组织。

③ 检查变形和表面有无裂纹、烧伤、氧化等缺陷。

6）高速钢冲头低温淬火

(1) 技术要求　冲头材料：W18Cr4V，用来冲中碳钢制造 M12 螺母内孔，冲头若按 W18Cr4V 钢标准工艺热处理，即先 600～650℃预热，再经 830℃±10℃第二次预热，最后再经 1 280℃±10℃加热淬火，后经 560℃±10℃×1 h，三次回火，热处理后硬度为 62～64 HRC。

在使用中发现：冲头往往沿台阶处脆断，崩刀，寿命较低，每个冲头只能冲 2 000 个零件，因此要求提高冲头使用寿命。

(2) 加热设备及工艺方法　加热设备选用盐浴炉，工艺方法为低温淬火，等温处理。

(3) 工艺规范　600～650℃预热，830℃±10℃二次预热(加热系数按 30 s/mm 计算)，然后经 1 200℃±10℃加热淬火(加热系数按 8～12 s/mm 计算)。出炉后在 560℃±10℃盐浴炉中等温(加热系数按 30 s/mm 计算)。等温后空冷，再经 550℃±10℃×1 h，三次回火，出炉空冷。

(4) 工艺准备及操作

① 开炉前须检查电器、控温仪表、炉体、变压器以及排风系统，需都正常时方可使用。

② 接通电极冷却水，按规定接好启动电极，进行启动，脱氧，捞渣，加热升温。

③ 检查工件表面，应无裂纹，无伤痕，无污物，有污物须清洗烘干。

④ 按工艺规范进行预热，淬火加热，等温低温淬火后进行三次回火。

(5) 质量检验及质量效果

① 经过强韧化处理后模具表面无裂纹，无腐蚀点。

② 用洛氏硬度检测，表面硬度为 59～61 HRC，比常规硬度低 2～4 HRC。

③ 使用寿命比较，低温淬火后一个冲头可冲 13 000 件以上零件。

五、模具钢及其典型零件的热处理工艺

1. 模具钢的分类

根据模具的用途、结构和工作条件可分为冷作模和热作模两类。

用于冷态金属成型的模具钢称为冷作模具钢，如制造各种冷冲模，冷挤压模，冷拉模的钢种。这类模具工作时的工作温度一般不超过 200～300℃。

用于热态金属成形的模具称为热作模具钢，如制造各种热锻模、热挤压模、压铸模的钢种，这种模具工作时型腔表面工作温度可达 600℃以上。

2. 冷作模具钢的热处理

1）冷作模具钢的性能要求

（1）高的硬度和耐磨性，使其在磨损条件下保持模具的形状和尺寸不变，具有足够长的使用寿命。

（2）高的强度和足够的韧性，保证工作时承受压力、剪切力、弯曲力和冲击力而模具不易崩刃、破裂。

（3）良好的工艺性能，如锻造性、切削性、淬硬性、淬透性和热处理变形小。

冷作模具钢应有较高的含碳量，以保证获得高的硬度和耐磨性。加入一定量的 Cr、Mo、Si、W、V 等合金元素的目的是提高钢的淬透性和进一步提高耐磨性。

根据冷作模具钢的基本性能要求，一般工作时受力不大，形状简单，尺寸较小，变形要求不太严格的模具，选用碳素工具钢制造，例如 T8A、T10A、T12A 等。对于工作时受力较大，形状较复杂或尺寸较大的模具要选用低合金工具钢制造，例如 9Mn2V、CrWMn、9SiCr 等。对于重载条件下，要求高耐磨性，高淬透性和变形量小的冷作模具，常选用高碳高铬钢制造，例如 Cr12、Cr12MoV 等。

2）冷作模具钢的热处理工艺

采用碳钢和低合金钢制造的冷作模具，其热处理工艺主要包括球化退火，高温回火，淬火与回火。热处理时应注意以下事项：

(1) 球化退火　其工艺规范与工具钢的相同。

(2) 高温回火　为防止模具高温回火时的氧化脱碳，最好是在盐浴炉或保护气氛炉中进行，亦可在用木炭或铸铁屑装箱保护下的箱式炉中进行。常用冷作模具钢高温回火工艺见表3-19。

表3-19　常用冷作模具钢高温回火工艺

钢　种	钢　号	加热温度（℃）	保温时间（h）	冷却方式
碳素工具钢	T7A-T12A	600～650	2	空　冷
低合金工具钢	9Mn2V，9SiCr GCr15，CrWMn	650～700	2～3	空　冷
高合金工具钢	Cr12，Cr12MoV	720～750	3～4	空　冷

(3) 淬火　淬火前应进行以下准备工作：

① 对模具作材料鉴别并检查其表面有无擦伤、裂纹等缺陷。

② 根据模具形状，估计模具的变形趋势作各种堵塞、捆绑或包扎，使能均匀地进行加热与冷却。

③ 要严格校对炉温，并保证炉内各部位达到工艺所要求的均匀性。

④ 为防止模具加热时脱碳或氧化，须定期对盐浴进行脱氧，捞渣。模具需封闭在有保护剂的箱式炉中，或直接放入有保护气氛的炉内加热。

常用冷作模具钢淬火工艺见表3-20。

冷作模具的淬火质量在于是否得到较深的淬硬层和最小的变形。在可能条件下适当提高冷作模具钢的淬火加热温度，合理选用淬火介质，是获得较深淬硬层和较小淬火变形的关键。

加热方法和加热速度，应考虑模具的大小和形状，小型模具宜用盐浴加热，大型模具则用箱式炉或火焰炉加热，但要采取防止氧

表 3-20　冷作模具钢在盐浴炉中的加热及淬火工艺

钢号	预热		加热		冷却剂	硬度 HRC
	温度（℃）	时间（min）	温度（℃）	时间（min）		
T7A-T12A	400～500	30～60	780～800	0.4～0.5	盐水→油	>58
			810～830	0.4～0.5	140～180℃碱浴	
					160～180℃硝盐	
9Mn2V	400～500	30～60	780～800	0.5～0.6	冷油或热油	>58
			790～810	5.5～0.6	160～180℃碱浴	
					160～180℃硝盐	
					260～280℃硝盐	>48
CrWMn	400～500	30～60	810～830	0.5～0.6	冷油或热油 冷油→热油	>58
			820～840	0.5～0.6	160～180℃碱浴	
					160～180℃硝盐	
					260～280℃硝盐	>48
GCr15	400～500	30～60	830～850	0.5～0.6	冷油或热油	>58
			840～860	0.5～0.6	160～180℃碱浴	
					160～180℃硝盐	
					280～320℃硝盐	>48
5CrWMn	400～500	30～60	830～850	0.5～0.6	热　油	>55
			840～860	0.5～0.6	160～180℃硝盐	
9SiCr	400～500	30～60	860～880	0.5～0.6	160～180℃硝盐	>58

化，脱碳措施。形状复杂的以及截面较大的模具在加热时，必须妥善支承并缓慢升温加热，以防变形，必要时可分段进行预热。形状复杂的模具在盐浴中加热时，应先预热，以防止产生过大的热应力。

预冷淬火是减少变形的方法之一。预冷温度：低合金钢为750～800℃，高合金钢为850～900℃，碳素工具钢不必预冷。

（4）回火　冷作模具钢淬火后应立即回火。回火温度根据模具不同的硬度要求来选择，见表3-21。但注意要尽量避免在回火脆性区温度回火，不同截面模具回火保温时间见表3-22。冷作模具钢回火脆性温度见表3-23。

表3-21 冷作模具钢回火温度和硬度的关系

钢　号	淬火硬度HRC	不同温度回火的硬度值HRC						
		150℃	200℃	300℃	400℃	500℃	550℃	600℃
T7A-T12A	62～64	64	62	56	46	37	33	28
9Mn2V	62	62	59	55	48	40	36	32
GCr6	62	62	61	56	48	37	33	30
GCr9	62	62	61	56	48	37	33	30
GCr15	64	64	61	56	49	41	36	31
5CrWMn、CrWMn	64	64	62	58	53	47	43	39
9SiCr	65	65	63	59	54	48	44	40

表3-22 不同截面模具的回火保温时间

模具厚度(mm)	回火保温时间(min)	
	硝盐槽、油槽	箱　式　炉
≤30	40～80	60～120
>30	60～120	90～180

表3-23 冷作模具钢的回火脆性温度范围

钢　号	CrWMn	9Mn2V	9SiCr	GCr15	Cr12、Cr12MoV
温度(℃)	250～300	190～230	200～250	200～240	290～330

对于高精度模具，为了稳定尺寸需要进行－40～－80℃，停留120 min的冰冷处理，然后再进行回火。

3) Cr12系冷作模具钢及其热处理

(1) Cr12系模具钢成分和性能特点　常用的Cr12系模具钢主要有Cr12、Cr12MoV两种，其化学成分及热处理规范见表3-24。

表 3-24 Cr12 系钢的热处理规范

钢种	退火			淬火			回火	
	加热温度(℃)	等温温度(℃)	硬度HBS	加热温度(℃)	冷却介质	硬度HRC	加热温度(℃)	硬度HRC
Cr12	850～870	720～750	207～255	930～980	油硝盐	62～64	150～170	>60
				1 050～1 040	油硝盐	40～50	500～520	>60
Cr12MoV	850～870	720～750	207～255	1 020～1 040	油硝盐	62～63	150～170	>60
				1 115～1 130	油硝盐	40～50	500～520	>60

Cr12 系模具钢的含碳量为 1.40%～2.3%，含铬量在 11%～13%之间，由于含碳量和含铬量高，淬火后形成大量的合金碳化物和高合金度的马氏体，使钢具有高的硬度和耐磨性，铬又能大大提高钢的淬透性。钼和钒的主要作用是细化晶粒，Cr12 系模具钢具有以下性能特点。

① 耐磨性非常高。这主要是有大量高硬度的铬的碳化物(Cr_7C_3)存在的原因。

② 淬透性很高。由于高含铬量的原因，使这类钢可以空冷硬化，其油冷的临界淬透性直径可达 ϕ200～300 mm。

③ 变形量微小。其主要原因是高硬度的碳化物热膨胀系数小，且淬火后有相当数量的残余奥氏体存在。其中 Cr12MoV 淬火后变形量最为微小，故有“微变形钢”之称。

④ 碳化物偏析严重。尤以大截面坯料更为明显。因此这类钢必须经过反复的锻造来消除和改善碳化物的不均匀性。

⑤ 合金元素含量高，导热性差。这是在制定加热和冷却工艺时必须注意的问题。

在 Cr12 系钢模具钢中，Cr12 钢硫化物偏析较严重，过热敏感性较大，强度和韧性也不及 Cr12MnV 钢，因此它的应用受到限制，目前已较少采用。而 Cr12MoV 钢由于含碳量较低，碳化物分布不均匀的情况较 Cr12 钢有所改善，因此强度、韧性更好。

(2) Cr12 系钢的退火　Cr12 系钢基本上都采用等温退火工艺，如图 3－17 所示。

Cr12 系钢工艺为 850～870℃，保温 3～4 h，然后在 730～750℃等温 6～8 h，炉冷至 500℃出炉空冷。退火后硬度为 207～255 HBS。金组织为索氏体基体上均匀分布着合金碳化物颗粒。

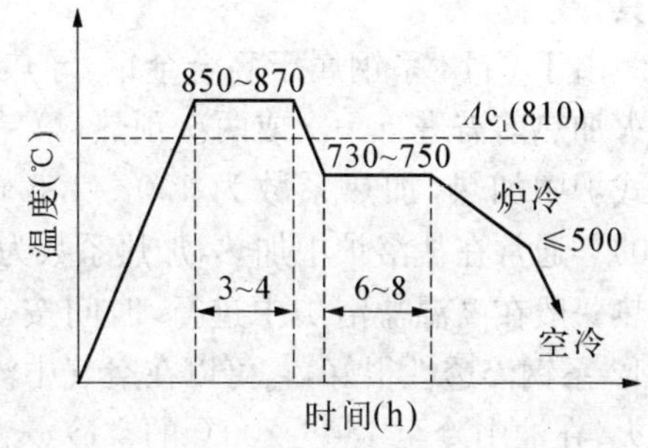

图 3－17　Cr12MoV 钢的等温退火工艺

(3) 淬火和回火　根据模具的使用情况，Cr12 钢有两种淬火、回火工艺。

① 一次硬化法：这种方式采用较低的淬火温度淬火(Cr12 钢为 980℃±10℃，Cr12MoV 为 1 030℃±10℃)，然后低温回火，回火温度根据模具的性能要求(硬度、韧性及变形量等)来确定。随回火温度升高，硬度下降，韧性提高，当模具要求高硬度，并要求变形小时，通常回火温度为 160℃±10℃，保温 4～6 h，空冷。回火后硬度大于 60 HRC。

Cr12 系钢的回火应避开 300～370℃的回火脆性区。若采用 450℃左右回火，硬度可下降为 HRC55～57。

用一次硬化法处理的模具具有较高的硬度和耐磨性，变形也小，故此法适宜处理重载的、形状复杂的模具，Cr12 系钢大多采用这种工艺。

② 二次硬化法：在较高温度(Cr12 钢为 1 090℃左右；Cr12MoV 为 1 120℃左右)淬火，而后在 500～520℃回火 3～4 次。采用这种方法时，淬火后由于钢中存在大量残余奥氏体，所以硬度较低，只有 HRC40～50，经多次回火残余奥氏体转变为马氏体，硬度可回升到 HRC60～61，即产生二次硬化。二次硬化法

的优点是可获得一定的热硬性,耐磨性较好;其缺点是淬火温度高,晶粒较粗大,韧性较低,并且变形量较大,处理后模具尺寸有所胀大,适用于在400～450℃条件下工作或需进行氮化处理的模具。

由于Cr12系钢属于高合金钢,导热性差,且淬火温度较高,故淬火加热前需进行一次或两次预热,第一次为500～650℃,通常在箱式炉中加热,加热系数为1.0～1.5 min/mm;第二次为800～850℃,通常在盐浴炉中加热,加热系数为0.4～0.6 min/mm。淬火加热一般在高温盐浴炉中进行,时间按0.2～0.35 min/mm计算。Cr12系钢淬透性很好,它可以在空气中淬硬,生产中一般采用油冷淬火,在油中冷至180～200℃的空冷。为了减少变形,可采用空气预冷油淬或在220～240℃进行分级淬火。

Cr12系钢的淬火、回火组织为:回火马氏体+碳化物+残余奥氏体。

3. 热作模具钢的热处理

1) 热作模具钢的性能要求

由于被加工工件在热状态下成形,模具除承受很大的冲击载荷外,还受到高温(模具工作温度在300～400℃,局部可达500～600℃)的影响,以及空气、油、水的反复冷却。因此,要求热作模具钢具有高的高温强度和高温硬度、足够的耐热疲劳强度,耐浸蚀及抗氧化性,良好的导热性、淬透性、冲击韧度和加工工艺性。

为了满足上述性能要求,热作模具一般选用合金钢。

热作模具种类繁多,本章节只重点介绍热锻模,压铸模两种常用的模具钢。

对于不同类型的锻模,技术要求也有差异,其硬度要求见表3-25。

一般工厂常用的热锻模钢有5CrNiMo和5CrMnMo钢。有的单位研制成功无镍、无铬或少铬的新热锻模钢,如6SiMnV、5SiMnMoV、5CrMnSiMoV等钢种。上述热锻模钢的化学成分及临界点如表3-26。

表 3-25 各类锻模的硬度要求

锻模类型	锻模高度(mm)	模面硬度		尾部硬度	
		HB	HRC	HB	HRC
小 型	<275	387～444 364～415	41～47 39～44	321～364	35～39
中 型	275～325	364～415 340～387	39～44 37～41	302～340	33～37
大 型	325～375	321～364	35～39	286～321	30～35
特大型	375～500	302～340	33～37	269～321	28～35

表 3-26 热锻模钢的化学成分及临界点

钢 号	化学成分(%)							临界点(℃)	
	C	Si	Mn	Cr	Ni	Mo	V	Ac_1	Ac_3
5CrNiMo	0.50～0.60	≤0.35	0.50～0.80	0.50～0.80	1.40～1.80	0.15～0.30	—	730	780
5CrMnMo	0.50～0.60	0.25～0.60	1.20～1.60	0.60～0.90	—	0.15～0.35	—	730	780
6SiMnV	0.55～0.65	0.80～1.10	0.90～1.20	—	—	—	0.15～0.30	743	768
5SiMnMoV	0.45～0.55	1.50～1.80	0.50～0.70	0.20～0.40	—	0.30～0.50	0.20～0.30	764	788
5CrMnSiMoV	0.45～0.55	0.80～1.00	0.80～1.10	1.30～1.50	—	0.20～0.40	0.20～0.40	—	—

各种化学元素在钢中所起的主要作用如下：

C(碳)：锻模既要求有一定的硬度，又要求有高的冲击韧性，因此含碳量不宜过高，一般在0.45%～0.6%之间。

Cr(铬)：提高钢的强度。含铬量在1%左右，能较明显地提高钢的冲击韧性，同时增加钢的淬透性和回火稳定性。

Ni(镍)：能显著地提高钢的强度和韧性，对于同时含有铬、钼的钢来说，镍能大大提高钢的淬透性和回火稳定性。

Mn(锰)：主要用来代替镍，能显著地提高钢的淬透性。对提高钢的强度、韧性比镍要差。锰还增加钢的过热敏感性并引起回火脆性。

Si(硅)：能显著地增加钢的淬透性，提高钢的强度、回火稳定性和耐热疲劳性，但含硅量较高(＞1.0%)时，会增加钢的回火脆性，降低冲击韧性。

Mo、V(钼和钒)：都能细化晶粒，减小过热倾向，提高钢的回火稳定性。此外，钼还能消除回火脆性。锻模钢要求优良的室温和高温力学性能。

2) 退火

为了消除锻造时所产生的内应力、细化晶粒，得到均匀的组织(铁素体＋珠光体)以及降低硬度并改善切削加工性能，锻坯须进行退火处理。各种锻模钢的退火工艺见表3-27。

表3-27　锻模钢退火工艺

钢　号	加热温度(℃)	保温时间(h)	冷却方法	退火状态硬度HB
5CrNiMo	780～800	4～6	炉冷(≤50℃/h)至～500℃后空冷	197～241
5CrMnMo	850～870	4～6	炉冷至680℃，保温4～6 h，炉冷至～500℃，出炉空冷	197～241
6SiMnV	780～800	2～4	炉冷(≤50℃/h)至～500℃后空冷	≤229
5SiMnMoV	800～820	2～4	炉冷(≤50℃/h)至～500℃后空冷	197～241
5CrMnSiMoV	850～870	3～4	炉冷至720～740℃，保温6～8 h，炉冷(≤30℃/h)至≤500℃出炉	≤241

注：保温时间指全部炉料到达炉温后算起。

3）淬火

① 淬火前的准备工作：锻模尺寸较大，多采用箱式电炉加热，因而模面及模尾需要加以保护，以免在加热过程中产生氧化和脱碳。保护的方法是根据锻模尺寸，选用高 80～100 mm 的铁盘，盘底放上厚度为 30～40 mm 的保护剂（旧渗碳剂或木炭末加一些焙烧过的铸铁屑），将锻模模面向下放于盘上，四周用保护剂填满，上面用耐火泥或黄泥密封。燕尾面上也铺放保护剂，并用耐火泥或黄泥密封，如图 3－18 所示。为了避免燕尾槽在淬火时开裂，可在圆角处缠上石棉绳，以减小该处淬火时的冷却速度。

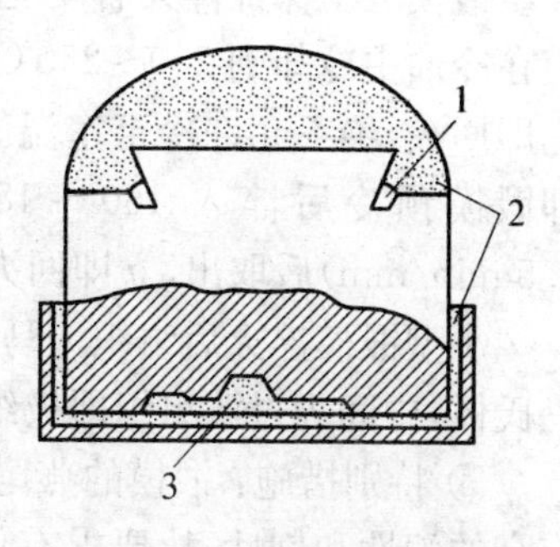

图 3－18 锻模加热时的保护

1—石棉绳；2—耐火泥；3—保护剂

② 装炉：装炉数量需要根据设备及锻模大小而定。两块锻模之间应留 150～200 mm 距离，锻模与炉壁之间也应留 150～200 mm 距离，使锻模加热均匀。对于中小型锻模可以直接放入加热到淬火温度的炉中，没有形成裂纹和变形的危险。模面处于保护剂之下加热相当对于大型锻模或形状复杂的锻模，装炉时的炉温为 650℃，锻模先在 650℃预热后再加热至淬火温度。预热时间按锻模高度计算：0.6 分/毫米。

③ 淬火温度及加热时间：各种锻模钢的淬火温度见表 3－28。

表 3－28 锻模钢的淬火温度

钢　号	5CrNiMo	5CrMnMo	6SiMnV	5SiMnMoV	5CrMnSiMoV
淬火温度（℃）	830～860	820～850	820～860	840～870	870～890

淬火加热的保温时间，也按锻模高度计算，加热系数对没有预热的锻模为 1.0～1.5 min/mm；经过预热的锻模为 0.8～1.0 min/mm。

④ 出炉和冷却：锻模出炉后，首先除去铁盘和保护剂，清理模面，为减少锻模的应力和变形，需在空气中预冷至750～780℃，预冷时间约3～8 min，然后模面向下，在不超过70℃的油中冷却。对大型锻模为了保证淬火后硬度均匀，淬火油应很好地循环冷却。锻模在冷油中冷却到200～250℃（油中取出时冒烟而不着火）。取出立即回火，绝不允许冷至室温。对于小型模具也可进行分级淬火，即锻模预冷后淬入160～180℃硝盐中停留一段时间（0.3～0.5 min/mm）后取出，立即回火。

小型锻模淬火后组织为马氏体；中型或大型锻模淬火后外层为马氏体，中间为过渡组织即极细珠光体＋马氏体。心部为珠光体。

⑤ 特别措施：锻模的燕尾部为了避免受冲击时产生裂纹要求有高的塑性和韧性，故要求有低于锻模其他工作部分的硬度，为此可用如下两种方法。

a. 锻模在加热前，在燕尾上盖上一个用1.5～2.5 mm厚的钢板制的盒盖，使锻模淬油时燕尾的冷却速度显著慢于锻模其他部位，使其硬度低于模面。

b. 采用自身回火法：整个锻模在油中冷却一段时间后，把燕尾提出油面，停留一段时间，使温度回升，然后再放入油中，反复3～5次（关键在第一次），以达到要求。油冷时间和燕尾自身回火时间，要根据经验决定。

为了提高锻模寿命，可以采用等温淬火处理：预冷后先将锻模放入160～180℃硝盐中停留5～10 min，再转入280～300℃硝盐中等温停留2 h后取出空冷，等温淬火后锻模的组织由马氏体＋贝氏体组成。因此还需要根据硬度要求规定其回火温度。

4）回火

锻模型腔部分形状较复杂，淬火后内应力很大，因此，淬火后要立即回火，以消除内应力，得到均匀而稳定的组织，并获得要求的力学性能。各种锻模钢的回火温度和回火后的硬度见表3－29。

因为淬火后的锻模具有很高的应力，如果将淬火的锻模直接装进加热到回火温度的炉中加热，可能引起开裂。所以要先将锻模装

表3-29 锻模钢回火温度和回火后的硬度

钢　号	在下列回火温度范围内的硬度HB					
	490～510℃	520～540℃	560～580℃	600～620℃	620～640℃	640～660℃
5CrNiMo	415～444	315～394	311～340	—	311～340	286～321
5CrMnMo	387～444	351～387	—	321～364	311～340	—
6SiMnV	375～444	—	—	321～364	—	—
5SiMnMoV	375～444	—	—	321～364	—	—
5CrMnSMoV	—	387	444	351～387	321～364	311～340

注：5CrNiMo钢在560～580℃及620～640℃回火后得到相同的硬度值，是由于回火时间不同。

进350～400℃的炉中加热，保温1～1.5 h，再缓慢升温到回火温度。一般回火保温时间也按锻模高度计算，加热系数为1.5～2.0 min/mm。为了避免产生回火脆性，回火后最好油冷，随后再进行一次160～180℃的低温回火，锻模经回火后的组织为回火极细珠光体。

4. 压铸模的热处理

1）压铸模用钢的性能要求

压铸模是在高压下使熔融金属成型的一种模具。在工作过程中模具反复与炽热金属接触，一般要求承受以下四种作用：

① 在高压力下工作。

② 工作时经常与600～1 000℃炽热金属接触，反复多次被加热冷却。

③ 工作型腔磨损大。

④ 工作型腔与高速铸入的炽热金属接触，易发生化学作用。

压铸模是在不同条件下工作的，受到浇铸金属流的冲击而且磨损较厉害，应该比那些主要在受热条件下工作的模具有较高的硬度。硬度需根据模具的用途来决定，通常铝、镁合金压铸模的硬度为40～48 HRC，铜合金压铸模的硬度为30～45 HRC。

根据压铸模工作条件和性能要求，应选用中碳合金钢来制造。

钢中含碳量在0.3%～0.5%时热导性较好，含有铬、钨、硅等合金元素，可以提高钢的淬透性、淬硬性、耐热性和耐磨性等。常用压铸模用钢的化学成分见表3-30。

表3-30 压铸模用钢的化学成分

钢号	化学成分(%)					
	C	Si	Mn	Cr	W	V
3Cr2W8V	0.30～0.40	≤0.35	0.20～0.40	2.20～2.70	7.50～9.00	0.20～0.50
4CrW2Si	0.35～0.44	0.8～1.0	0.2～0.4	1.0～1.3	2.0～2.5	
30CrMnSi	0.28～0.35	0.9～1.2	0.8～1.1	0.8～1.1		

2）压铸模的热处理工艺

主要介绍3Cr2W8V钢的热处理工艺。

(1) 退火　3Cr2W8V为中碳高合金钢，为缩短退火时间，采用等温退火，工艺为830～850℃保温2～4 h，等温温度为710～740℃等温3～4 h，随炉降温到500℃出炉空冷。

(2) 稳定化处理　主要目的是消除机械加工应力，减少淬火时的变形。工艺为：加热温度650～680℃，保温4～6 h，随炉冷到400℃后出炉空冷。

(3) 调质处理　目的是细化晶粒，改善加工性能，为最终热处理创造条件。工艺见表3-31。调质后的组织为均匀粒状细珠光体和粒状碳化物。

表3-31 3Cr2W8V压铸模调质工艺

淬火					回火		硬度HRC
预热		加热		冷却剂			
温度(℃)	时间计算(min/mm)	温度(℃)	时间计算(min/mm)		温度(℃)	时间(h)	
800～850	0.5～1.0	1 050～1 100	1.5～2.0(箱式炉) 0.3～0.4(盐浴炉)	油或硝盐	680～720	2～3	26～32

(4) 淬火　准备工作——用火花鉴别验证模具所用钢材。根据模具几何形状，对不需要淬火的孔及薄边角处，用石棉堵塞或铁皮包扎，使厚薄悬殊的零件趋于均匀和对称，以减少加热和冷却过程中由于体积变化不均匀而引起的变形。将模具表面油泥擦净。如用盐炉加热，淬火前盐浴需进行脱氧。

① 预热和加热：预热、加热温度，保温时间见表 3－32。

表 3－32　3Cr2W8V 钢淬火工艺规范

一次预热(箱式炉)		二次预热			淬火加热		
温度(℃)	时间计算(min/mm)	温度(℃)	时间计算(min/mm)		温度(℃)	时间计算(min/mm)	
			箱式炉	盐炉		箱式炉	盐炉
400～500	1.5～2	800～850	1～1.2	0.3～0.4	1 050～1 100	1.5～2	0.3～0.4

注：1. 箱式炉装箱加热淬火时可不预热，应装箱以防止氧化、脱碳，装炉温度不高于 800℃。
2. 装箱加热时，淬火保温时间按箱子厚度计算。盐浴炉淬火时，保温时间按工件有效厚度计算。

② 冷却：冷却工艺见表 3－33。

表 3－33　3Cr2W8V 钢淬火冷却方法

冷却方法	适用范围	硬度 HRC
自淬火温度预冷至 830～850℃→560～620℃低温盐浴分级停留 3～5 min→空冷(或油冷)至 100～200℃	形状复杂，要求变形量很小的压铸模	
自淬火温度预冷至 830～850℃→油冷(2～3 号锭子油，60～100℃)至 100～200℃	大型、简单压铸模	>50

③ 清洗：在 80～100℃的 5%Na_2CO_3 水溶液停留 0.5～1 h，然后用热水清洗擦干。在清洗后应立即回火(不低于 80℃)，应该避免压铸模温度降到室温。

(5) 回火　目的是消除淬火应力,稳定组织,获得所要求的硬度和力学性能。具体回火工艺如表 3-34。

表 3-34　3Cr2W8V 钢回火工艺

回火温度(℃)	回火时间(h)	回火次数	冷却方法	回火硬度 HRC
560～580	2	2～3	油　冷	44～48
600～620	2	2～3	油　冷	40～44

回火宜进行二到三次,可使裂纹的形成大为减少。如果进行二次回火,则第二次回火的温度应比第一次回火温度低 20～30℃。如果进行三次回火,则第一次回火的温度应比获得工作硬度所需的温度低 20～30℃,第二次回火的温度应为获得所需硬度的回火温度。第三次回火为了提高韧性,回火温度应比第二次回火温度低 30～50℃。

为了消除长期工作中积累的热疲劳应力,压铸一定数量的铸件后,压铸模应进行一次消除应力高温回火,即将压铸模缓慢加热到 500～570℃,经保温 2～3 h,在炉内缓慢冷却下来。

通过上述讨论,可将 3Cr2W8V 钢压铸模的热处理工艺用图 3-19 来表达。

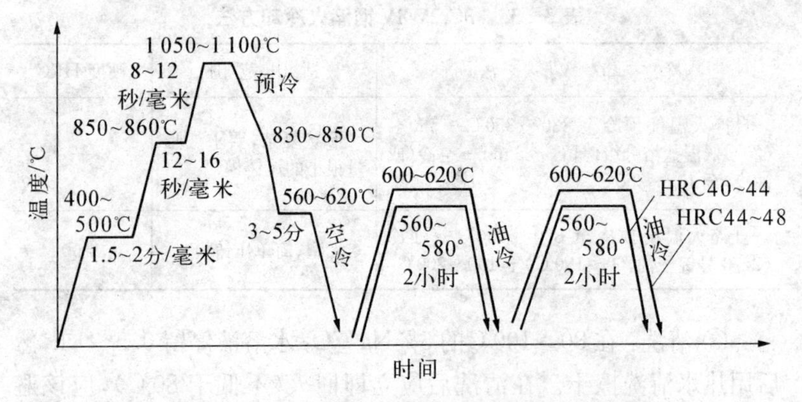

图 3-19　3Cr2W8V 钢压铸模热处理工艺曲线

(6) 氮化 3Cr2W8V 钢制压铸模的毛坯经过锻造、退火和粗加工后进行调质处理(硬度达 HRC26～32),随后将经过精加工制成最终尺寸的模具(或经最终热处理后)进行氮化(低温碳氮共渗)即可投入生产。采用这种工艺的优点是压铸模表面具有很高的硬度和耐磨性,而心部具有足够的强度和韧性,热处理变形很小,模具的耐腐蚀性、耐热性高,因而大大提高了压铸模的使用寿命。

5. 典型工艺实例

1) 塑料模调质处理

(1) 技术要求 模具材料 40Cr,要求调质,硬度 28～32 HRC,模具形状如图 3-20 所示。模具有效厚度为 20 mm。

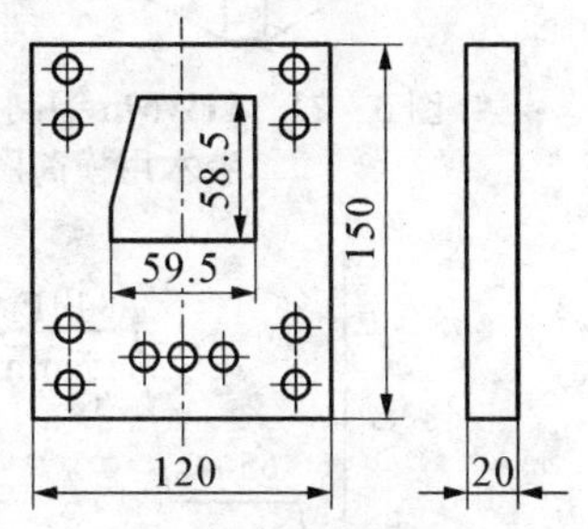

图 3-20 模具简图

(2) 热处理设备 塑料模具调质处理设备选用 RX3-45-9 中温箱式电阻炉。

(3) 工艺规范 淬火温度为 860℃±10℃,保温时间为 40 min,然后油冷。回火温度为 480℃±10℃,保温 90 min,出炉空冷。

(4) 工艺准备及操作

① 检查箱式电阻炉设备运行是否正常,测温、控温系统是否准确,炉膛是否整洁。

② 检查零件表面有无裂纹、磕、碰、划伤。

③ 将零件装入箱式炉有效加热区内,炉温升到 860℃±10℃,保温 40 min,后出炉淬入 30～50℃油中冷却。

④ 零件淬入油时,应上下、左右运动,或淬火油槽用压缩空气搅动。

⑤ 淬火后的零件,立即进行 480℃±10℃,保温 90 min 回火处理。

(5) 质量检验

① 检查表面,有无裂纹。

② 用洛氏硬度计检测模具表面硬度，应符合技术要求。

2) 胶木用模具淬火和回火

(1) 技术要求　胶木用模具，材料 CrWMn，形状见图 3-21。淬火和回火后硬度要求 54～58 HRC。

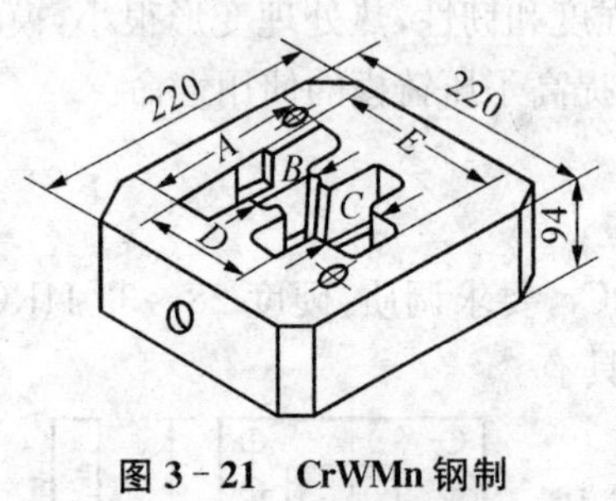

图 3-21　CrWMn 钢制胶木用模简图

(2) 热处理设备　预热设备选用 RX3-45-9 箱式电阻炉。

淬火热处理设备选用 RDM75-6 埋入式电极盐浴炉，等温和回火选用硝盐炉。

(3) 工艺规范　见图 3-22。

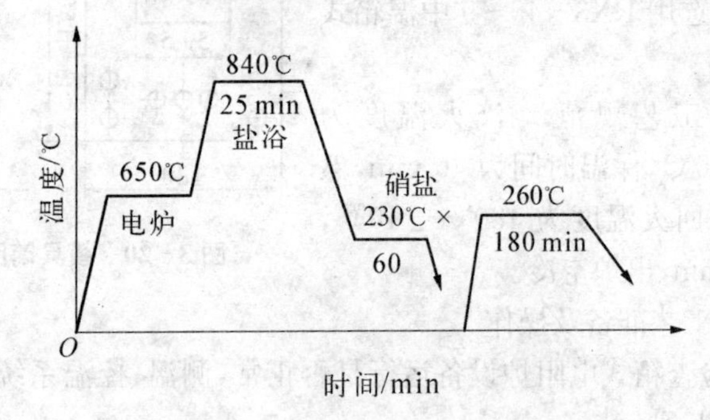

图 3-22　模具的热处理工艺曲线

预热温度为 650℃±10℃，保温 180 min；

加热温度为 840℃±10℃，保温 25 min；

等温淬火温度为 230℃±10℃，保温 60 min；

回火温度 260℃±10℃，保温 180 min。

(4) 操作　按盐浴炉安全操作规程操作，按工艺规范进行操作。

(5) 质量检验

① 检查外表有无裂纹、崩刃、划伤、烧伤等。

② 用洛氏硬度计检测硬度是否合格。

3）硅钢片凹模淬火、回火

（1）技术要求　模具材料Cr12MoV，硅钢片凹模形状见图3－23。模具有效尺寸160 mm×110 mm×60 mm。

淬火后硬度58～62 HRC，变形要求很严格。

（2）热处理设备　预热选用RX3－45－9中温箱式电阻炉。淬火选用RDM－50－13高温埋入式电极盐浴炉。回火选用硝盐炉。

（3）热处理工艺　如图3－24所示。

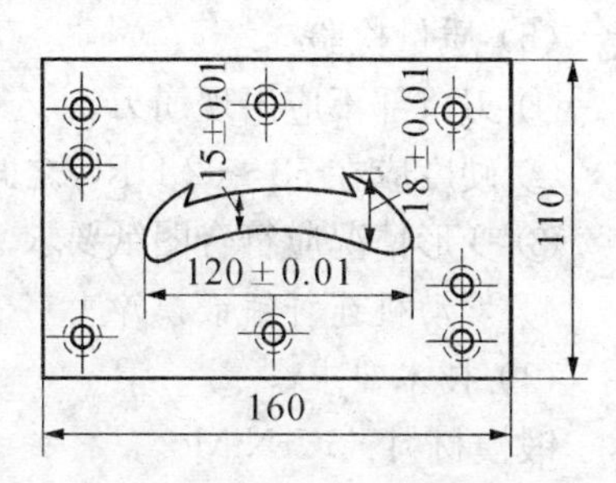

图3－23　硅钢片凹模简图

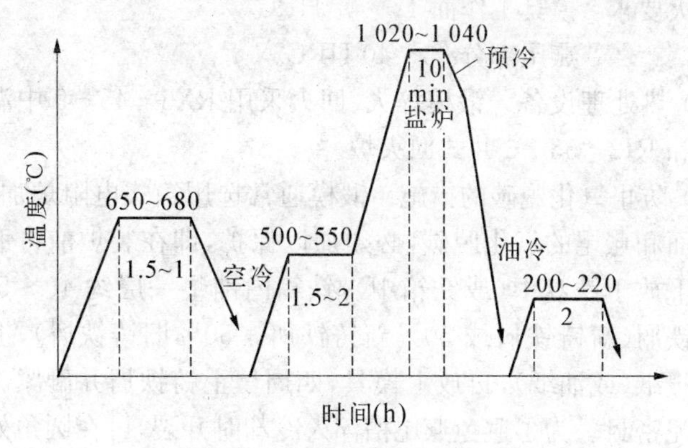

图3－24　硅钢片凹模热处理工艺

（4）工艺说明　硅钢片凹模是用来冲制0.3 mm厚的硅钢片的，模具要求耐磨性高和变形量极小。所以材料选用Cr12MoV钢。此模具热处理时，变形是关键性的问题，故应采取以下措施。

① 在淬火前，先经650～680℃，保温1～1.5 h，消除机械加工应力处理。可在箱式炉中进行。

② 最终热处理为一次硬化法，淬火加热采用500～650℃预热后，再加热到1 020～1 040℃淬火。

③ 加热完毕后，可在空气中进行适当预冷后再油中淬火。

④ 用热油(120～140℃)淬火，待工件冷到160～200℃时，工件冒烟，即出油空冷。随后立即进行回火，在200～220℃回火两次，每次保温2 h。

(5) 质量检验

① 刃口部不应出现崩刃。

② 硬度应在58～62 HRC之间。

③ 变形情况应符合图纸要求。

4) 发动机连杆锤锻模淬火

(1) 技术要求

锻模材料：5CrNiMo。

锻模尺寸：400 mm(长)×430 mm(宽)×300 mm(高)。

淬火要求：模具工作面42～47 HRC，
燕尾部分36～40 HRC。

(2) 热处理设备　锻模淬火、回火采用RX3-45-9中温箱式电阻炉和RJ2-55-6井式回火炉。

(3) 防止氧化脱碳的措施　锻模通常选用箱式电阻炉加热，为防止模面和燕尾的氧化脱碳，必须加以保护，即在装炉前将锻模工作面朝下放于铁盘中(或铁箱中)，铁箱内铺垫一层约40～50 mm厚的铸铁屑(新铸铁屑或50%新铸铁屑+50%旧铸铁屑)，上面铺一张油报纸(或油纸)，再放上模具，四周填上铸铁屑并砸紧。上面用耐火泥密封。为了避免燕尾槽淬火冷却时开裂，可在圆角处缠上石棉绳，以减慢该处的冷却速度。

(4) 淬火　由于5CrNiMo钢的导热性差，模具尺寸较大，为了减少加热时产生的热应力，需采用分段加热，即先加热至580～600℃，保温4～5 h，再缓慢升温到850～870℃，保温5～6 h。模具加热后，先去除铁箱中铸铁屑，清理模面。为减少冷却时热应力，需在空气中预冷至750～780℃后，淬入40～70℃的油中。

待整个模具在油中冷却到200℃左右，从油中取出冒青烟而不着火的模具，立即回火，否则容易引起开裂。

(5) 回火　回火也需采用分段加热，缓慢升温的方法。回火在井式回火炉中进行,将锻模装进 300～350℃炉中,保温 3～4 h。再缓慢升温至 480～500℃,保温 5～6 h,回火后油冷。经过上述处理后,燕尾硬度高于技术要求,为了降低硬度,应进行燕尾回火,可将燕尾浸入 650～680℃盐浴中加热回火,加热时用观察模面回火色的方法来控制,回火前先将模面用砂纸打光,当模面颜色呈深蓝色(约为 400℃左右)时,需立即停止加热,取出油冷,至 200～250℃左右出油转为空冷。燕尾经此处理后可得到均匀的回火索氏体组织。

(6) 质量检验

① 检查模具表面有无裂纹、烧伤、脱碳等缺陷。

② 工作面硬度 42～47 HRC,燕尾部分硬度 36～40 HRC。

六、量具钢及其典型零件的热处理

1. 量具钢的基本性能要求

量具钢主要用于制造测量零件尺寸的各种量具,如卡尺、千分尺、塞规、样板等。

量具在使用中,经常与被测零件接触而受到磨损,因此量具应具有高的硬度和耐磨性,好的尺寸稳定性、切削加工性和抗蚀性等。为此量具用钢应具有较高的含碳量,一般采用过共析钢。为了进一步提高其耐磨性,减少热处理时的变形,增加尺寸稳定性和抗蚀性,钢中往往还含有一定量的 Cr、Mn、W 等合金元素。

为保证使用要求,提高使用寿命,量具用钢必须具备以下条件:

(1) 高的耐磨性和硬度　保证量具在使用时不因磨损而发生尺寸的改变。量具表面硬度应为 58～64 HRC。

(2) 高的尺寸稳定性　为了使量具具有高的尺寸稳定性,应尽量减少残余奥氏体量,稳定马氏体并消除内应力,从而减少量具在自然时效过程中的变形量。尺寸稳定性是量具最基本的性能要求,特别是精密量具更为重要。

(3) 小的表面粗糙度值和耐腐蚀性　小的表面粗糙度值可以保证量具与被测工件表面的紧密接触,而耐腐蚀性是某些特殊环境下使用量具应具备的性能。

此外，量具用钢还应具有适当的热膨胀系数，一定的淬透性、小的淬火变形性能和足够的韧性。

2. 常用量具钢的类别

1）碳素工具钢和低合金工具钢

这类钢用于制造一般等级的量具。碳素工具钢因淬透性差，水淬时容易引起较大的变形和应力，故仅适用于制造尺寸小、形状简单、精度低的样板、塞规等容易加工的量具。

使用最广泛的是低合金工具钢，如 GCr15、CVWM11、9Mn2V 等，加入合金元素提高了这类钢的淬透性，减小了淬火变形和自然时效时尺寸的变化，尤其是 GCr15 钢常用来制造精度高、尺寸要求稳定的量具。如块规、螺纹塞头、千分尺等量具。

2）高合金工具钢

高碳高铬的 Cr12、Cr12MoV 钢，耐磨性高，淬透性好，热处理变形小，适合于制造使用频率高的量具或块规等基准量具，以及形状复杂、尺寸大的量具。这类钢的缺点是大尺寸的碳化物分布不均匀；不容易进行抛光操作，残留奥氏体量多，为稳定尺寸所进行的热处理比较复杂。

3）不锈钢

在某些特定的腐蚀介质中工作的量具，为保证耐蚀性能，则需要选用不锈钢来制造，常用不锈钢有 9Cr18、7Cr17、3Cr13 等。

4）表面硬化钢

卡板、卡规、光滑基规等这些形状简单、要求不高的量具，可用低碳钢(20、20Cr)渗碳和中碳钢(50，65)表面高频感应加热淬火方法制造。渗氮用钢 38CrMoAl 钢可用于制造花键环规之类的形状复杂的量具。

3. 量具钢的化学成分及热处理特点

1）量具钢的化学成分

为保证高硬度和高耐磨性的要求，量具钢的含碳量一般在 0.90%～1.5%之间，加入铬、钨、锰等合金元素，形成合金碳化物，进一步提高量具钢的耐磨性，同时这些元素还能提高钢的淬透性，使量具在淬火时可采用缓冷方式，以减少淬火变形和应力。

2）量具钢的热处理特点

量具热处理的目的是提高硬度、耐磨性和尺寸稳定性。量具淬火、回火后的组织为回火马氏体＋均匀分布的碳化物＋残余奥氏体，其组织处于非平衡状态。随时间延长残余奥氏体向马氏体转变，使体积胀大，同时马氏体发生分解析出细小的碳化物，使正方度降低，体积缩小，残余应力的减少和重新分布往往会使量具尺寸发生变化。特别是过共析钢和低合金钢量具，尺寸更容易变化。经表面处理和渗碳处理的量具，由于仅在薄薄的表层中具有不平衡组织，所以尺寸的变化不大。

4. 过共析钢量具的热处理

1）调质处理或正火

目的是获得回火索氏体组织，回火索氏体组织与马氏体的比体积差别较小，可以减少淬火变形、调质处理还能改善退火时的某些不良组织和减小机械加工的表面粗糙度。常用钢的调质及正火规范见表3－35。

表3－35 常用量具用钢调质及正火规范

钢号	调质处理					正火		
	淬火温度（℃）	冷却介质	回火温度（℃）	冷却	硬度HB	正火温度（℃）	冷却	硬度HB
GCr9	850～870	油	700～720	炉冷至≤500℃后出炉		900～970*	分散空冷	302～388
GCr15	850～870	油	700～720			900～970*		302～388
GCr15SiMn	850～870	油	700～720			900～970*		302～388
9SiCr	880～890	油	700～720		197～241	900～920		321～415
CrWMn	840～860	油	700～720		207～255	970～990		388～514
CrMn	850～870	油	700～720		197～241	900～920		
T8A	760～780		680～700			760～780		241～302
T10A	780～800		680～700			800～850		255～321
T12A	800～820		680～700			850～870		269～341

注：*表示退火组织为球状珠光体的锻件，正火温度取上限；原始组织为索氏体或细片状珠光体的可用900～920℃正火后进行高温回火。

2）淬火

截面不大的量具，一般在盐浴中加热，淬火加热时一般均通过预热。对某些形状复杂，残盐不易洗净的量具，可在可控气氛炉中加热。采用下限淬火温度，以减少淬火后的残余奥氏体数量。冷却介质温度不宜过高，一般为室温，工件要冷透。精密量具淬火后，需进行−70～−80℃的冷处理。为避免残余奥氏体的稳定化，淬火与冷处理之间的间隔不应超过 1 h。

3）回火

量具淬火后如不进行冷处理，则需立即回火，以免发生裂纹。回火时，装炉量不能过多，防止加热不透而造成回火不足。回火加热时间应根据设备、装炉方式和装炉量以及工件大小来确定。在盐浴中回火保温时间不能少于 1 h，截面尺寸在 50 mm 以上时，保温时间需 2～4 h。为保证量具有高的硬度和耐磨性，一般采用 150～160℃低温回火。为提高尺寸稳定性，可适当增加回火时间。

常用量具钢淬火、回火规范见表 3-36。

表 3-36　常用量具钢的淬火、回火规范

钢　号	淬火温度（℃）	常用冷却介质	淬火后硬度 HRC	回火温度（℃）	回火后硬度 HRC
GCr9 GCr15 GCr15SiMn CrWMn CrMn	820～850 830～860 820～850 820～850 830～860	油、硝盐、碱浴	62～66 62～66 62～66 62～66 62～66	130～170 130～170 130～170 130～170 130～170	62～65 62～65 62～65 62～65 62～65
9Mn2V	780～810	油、硝盐、碱浴	≥62	130～170	≥60
T8A T10A T12A	750～780 760～790 760～790	水、硝盐、碱浴	62～65 62～65 62～65	130～150 130～160 130～160	≥62 ≥62 ≥62
9Cr18MoV	1 050～1 075	油	≥58	200～300 550～580	53～58 43～46
65Mn	790～820	水、油	≥56	300 400 500	52 45 37

4）时效处理

精密量具经过上述热处理后，在长期使用中还会发生尺寸的变化，其原因是多次回火后，仍存在少量残余奥氏体，如果回火不充分，在常温下马氏体也会发生分解。为保证尺寸进一步稳定，粗磨后产生的应力，需进行时效处理来消除。量规在140～180℃时效处理8～10 h，硬度不低于64 HRC的量块，冷处理后再进行120℃保温48 h继而缓冷的时效处理。采用反复多次的冷处理和时效可以使残余奥氏体减至最低限度。

5）冷处理

对于要求精度高的量具，需进行冷处理，将其冷至－80～－70℃，保持0.5～1 h时，甚至采用－196℃（液氮）。量具零件淬火后，应冷至室温，然后再进行冷处理，以防产生裂纹。形状复杂或厚薄悬殊的零件，则应在冷处理前将细薄部分用石棉包扎，冷处理完毕。待零件升至室温后，应予立即回火或时效。

6）低碳和中碳钢量具的热处理

用低碳钢制作的量具在渗碳后于760～780℃加热、淬水，随后进行低温回火。中碳钢制作的量具采用高频感应加热淬火，然后进行低温回火，回火温度均为150～170℃，时间为2～4 h。

5. 典型工艺实例

1）外径千分尺的测微螺杆淬火处理

（1）技术要求　外径千分尺部件测微螺杆，见图3－25。

（2）工艺流程

机械加工→消除应力退火→淬火→冷水清洗→冷处理→回火→清洗→检验

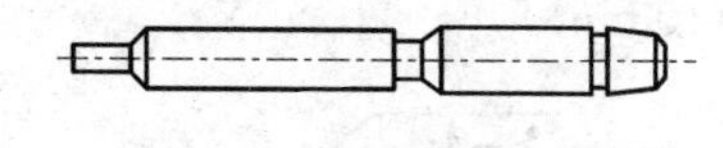

图3－25　测微螺杆示意图

材料：GCr15，硬度要求：60～65 HRC
径向偏跳动≤0.18 mm

（3）热处理设备选择

淬火热处理设备选用RDM－50－8盐浴炉。

消除应力退火设备选用RX3－45－9箱式电阻炉回火在硝盐炉中进行。

（4）热处理工艺

① 消除应力退火：550～650℃，保温 2～4 h。空冷。

② 分级淬火：850～860℃盐浴炉加热 14 min，转入 50～180℃硝盐炉中，短时分级淬火，空冷。

③ 冷处理：−60～−80℃，保温 2 h，空冷。

④ 回火：160℃±10℃保温 2 h，空冷。

（5）工艺准备及操作

① 严格按盐浴炉安全操作技能，按工艺规范进行操作。

② 盐浴炉应定期脱氧、捞渣、添加新盐。

③ 检查工件表面有无裂纹、磕、碰、划伤，然后将工件装在吊具上烘干。

④ 按工艺规范，进行分级淬火。

⑤ 将淬火后的工件，在专用吊具中进行清洗。清洗后将工件从专用吊具中取出检测弯曲度。将超差的工件挑出来进行矫直。

⑥ 矫直后的工件在 160～180℃盐浴中消除应力，稳定化处理后，进行清洗。

（6）质量检验

（1）检查变形情况，有无裂纹，烧伤等缺陷。

（2）用洛氏硬度计检验硬度。

2）125 游标卡尺零件—测尺的热处理

（1）技术要求　测尺如图 3－26 所示。材料为 T10A，热处理后的硬度为：测量面 HRC59～62，尺身 HRC43～50，允许弯曲度≤0.10 mm。

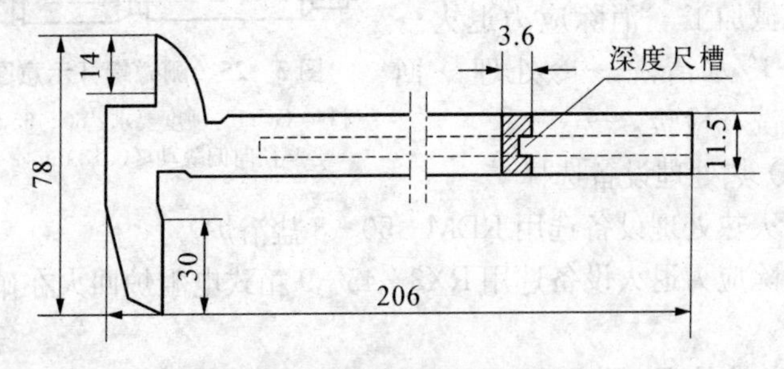

图 3－26　测尺(游标卡尺零件)

（2）测尺的热处理工艺路线　淬火→清洗→回火（装夹具入炉）→检查硬度→高频感应加热淬爪（淬火、回火、清洗、检查卡爪硬度）→矫直→时效→清洗→检查直线度→清洗→尺槽喷砂→酸洗→中和→防锈。

（3）热处理及工艺规范　测尺的淬火，回火，时效工艺见图3-27。

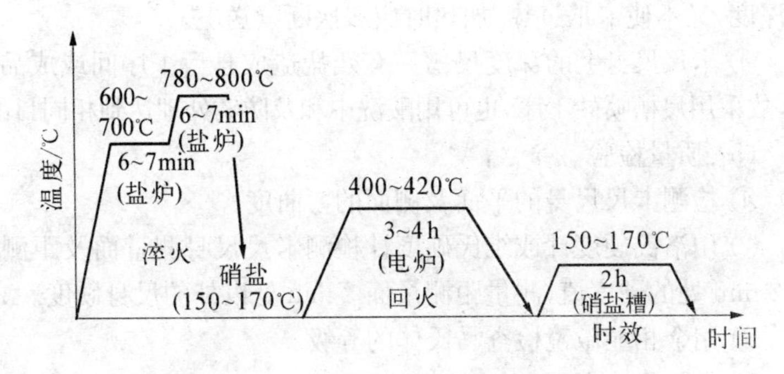

图3-27　测尺淬火，回火，时效工艺

① 淬火　在盐浴炉：600～700℃预热6～7 min，再加热到780～800℃，保温6～7 min，然后放入150～170℃硝盐浴炉中进行分级后空冷。

② 回火　在电阻炉中进行回火　回火温度为400～420℃，保温3～4 h，回火后空冷。

回火时用专用夹具压紧平面，见图3-31，进行矫直。

③ 高频淬火　用专用感应器将大爪测量部分局部加热至860～900℃，送入150～170℃硝盐浴中分级冷却、清洗。再用专用感应器局部加热小爪加热至860～900℃，送入150～170℃硝盐浴中分级冷却。

④ 回火（时效）　在150～170℃硝盐浴中保温2 h，稳定化处理。

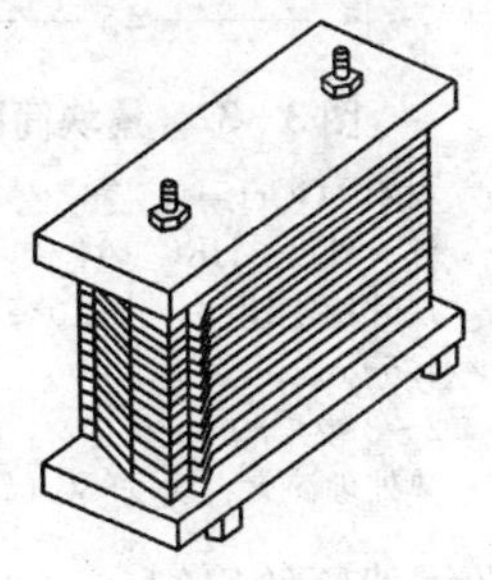

图3-31　测尺回火时装夹方法示意图

（4）工艺准备及操作

① 严格按盐浴炉安全操作技能,按工艺规范进行操作。

② 盐浴淬火后工件,用专用夹具压紧,回火矫直,回火保温1 h;后取出专用夹具,用扳手再拧紧螺母。装入炉内继续保温,保温时间适当加长,回火后出炉空冷。

③ 高频感应淬火加热时为了卡爪局部淬硬,既达到需要的淬硬深度,又不使卡爪过热,加热时应多次断续送电。

④ 卡尺尺身上的深度尺槽易有残盐造成日后工序间或成品生锈,故采用尺槽喷砂工序,也可用酸洗中和及防锈处理达到相同目的。

(5) 质量检验

① 检测卡尺尺身的平面及侧面的弯曲度。

② 用洛氏硬度计或维氏硬度计检测卡尺尺身测量面及距测量面 2 mm 处的硬度值,测量距测量面 2 mm 处以外的尺身硬度。

③ 用金相显微镜检查马氏体的等级。

3) 量块的淬火、回火

(1) 技术要求　量块是计量长度和校对量具的基准,其形状为简单的长方体,见图 3-30。要求极高的尺寸精度,尺寸稳定性,表面粗糙度和表面硬度。

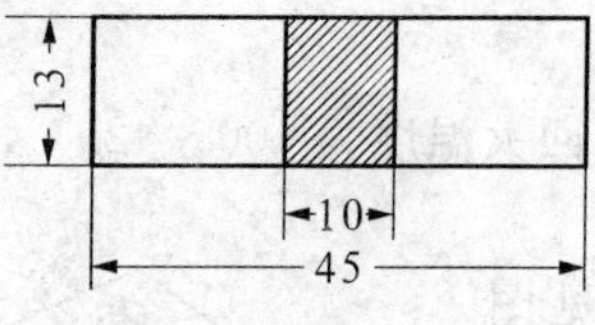

13
10
45

图 3-32　量块简图

材料:GCr15
淬火硬度:HRC≥64
尺寸稳定性:一年内 0～1 级≤1.5 μm/m
2～3 级≤3 μm/m
热处理淬火直线度≤0.05 mm

(2) 热处理工艺路线　锻造→球化退火→铣平面→粗磨→正火→淬火→冷处理→回火并时效→清洗→检验→精磨→时效→清洗→研磨。

(3) 热处理工艺规范

① 正火:为保证块规淬火后获得 HRC64 以上的高硬度,必须在淬火前进行正火处理,以获得细片状珠光体的原始组织。正火加热温度为 880℃±10℃。

② 淬火:为减小内应力,淬火加热时应先在 650～700℃预热,再在 860℃±10℃加热后油淬。油温要低于 60℃,油冷后在流动的热水中冲洗干净。

③ 冷处理：淬火后立即在－70～－80℃进行冷处理。在冷冻机中保持3 h，在干冰、酒精溶液中到温后保温2 h。

④ 回火并时效：回火温度120～130℃，保温30 h，一并进行时效处理。

⑤ 第二次时效：在精磨后，为了消除磨削应力，再次进行时效，于110～120℃保温2～3 h。

(4) 热处理设备

正火采用中温箱式电阻炉。

淬火采用埋入式中温电极盐浴炉。

冷处理采用酒精＋二氧化碳(干冰)溶液。

回火采用低温硝盐炉。

(5) 质量检验

① 检验块规变形情况，变形不大于0.05 mm。

② 用维氏硬度计，检验零件表面硬度。

复习思考题

1. 调质钢中合金元素有什么作用?

2. 调质钢预备热处理的目的是什么?

3. 大件调质处理中应注意哪些问题?

4. 简述弹簧钢的热处理方法?

5. 轴承钢的主加元素是什么? 有何作用? 其含量多少为宜?

6. 简述轴承钢球化退火工艺及其适用范围。

7. 简述精密轴承零件的尺寸稳定处理。

8. 简述低合金刃具钢成分、性能和热处理特点。

9. 高速钢刃具淬火后为什么要及时回火和多次回火?

10. 冷作模具钢常用材料有哪些?

11. Cr12型钢模具有哪两种热处理工艺? 各自的性能及适用情况怎样?

12. 量具钢热处理的主要特点是什么?

第4章　钢的化学热处理

1. 钢的渗碳、渗氮、碳氮共渗、氮碳共渗的原理、特点和应用。

2. 钢的渗碳、渗氮、碳氮共渗、氮碳共渗工艺介绍、使用的设备和渗剂种类。

3. 上述热处理工艺操作要点及注意事项。

4. 上述热处理工艺实例介绍。

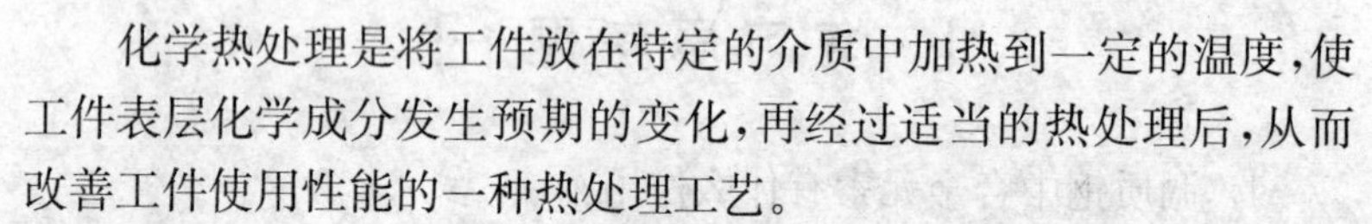

化学热处理是将工件放在特定的介质中加热到一定的温度，使工件表层化学成分发生预期的变化，再经过适当的热处理后，从而改善工件使用性能的一种热处理工艺。

化学热处理可以大幅度提高工件的使用性能，延长工件使用寿命，并且可以使经过化学热处理的普通钢材代替昂贵的高合金钢，具有极大的经济价值，所以化学热处理在机械制造业中被广泛地应用。

化学热处理种类繁多，作用也不完全相同，本章只重点介绍常用的渗碳、渗氮及碳氮共渗化学热处理方法。

一、钢的渗碳

渗碳就是将低碳钢在富碳的介质中加热到高温（一般为900～950℃），使活性碳原子渗入钢的表面，以获得高碳的渗层组织。随后经淬火和低温回火，使表面具有高的硬度、耐磨性及疲劳抗力，而心部仍保持足够的强度和韧性。根据渗碳介质的物态不同，可分为固体渗碳、液体渗碳和气体渗碳三种。

1. 固体渗碳

固体渗碳是将零件放在四周填满固体渗碳剂的箱内，并加以密封，然后加热到渗碳温度（900～930℃），保温一定时间，使零件表层增碳的一种化学热处理工艺。

固体渗碳剂主要由两类物质均匀混合而成。一种是产生活性碳原子的物质，如木炭、焦炭等，约占90%；另一种是催化剂，如碳酸钠、碳酸钡等，约占10%。渗碳剂可自制，也可在市场上购买。

常用的固体渗碳剂见表4-1。

表4-1 常用的固体渗碳剂

组份名称	含量(%)	使用说明
碳酸钡 木炭	3～5 95～97	适用于20CrMnTi等合金钢的渗碳，由于催渗剂的含量较少，故渗碳速度较慢，但表面碳含量合适，碳化物分布较好
碳酸钡 木炭	10 90	根据使用中催渗剂耗损情况，添加一定比例的新剂混合均匀后重复使用，适用于碳钢渗碳
碳酸钠 焦炭 木炭 重油	10 30～50 55～60 2～3	由于含有焦炭，渗剂强度高，抗烧结性能好，适于渗层深的大零件
醋酸钡 焦炭 木炭	10 75～80 10～15	由于含醋酸钠（或醋酸钡），渗碳活性较高，速度较快，但易使表面碳浓度过高
醋酸钠 焦炭 木炭 重油	10 30～35 55～60 2～3	因含焦炭，故渗碳剂热强度高，抗烧结和烧损的性能好，适用于重要工件或渗碳后直接淬火等情况

1）渗碳剂配制

渗碳剂的配制和装箱方法是保证固体渗碳质量的重要环节，在配制和使用固体渗碳剂时，应注意以下几点：

（1）渗碳剂的选用以木炭为主，木炭颗粒大小最好在3～8 mm内。使用时用筛子筛选获得粒度符合要求的木炭。

（2）为加速渗碳过程，应在渗碳剂中加入少量的碳酸钡（$BaCO_3$）或碳酸钠（Na_2CO_3）或醋酸钠（CH_3COONa）作为催渗剂。

为了防止渗碳剂颗粒间发生烧结现象，可在渗碳剂中加入5%左右的碳酸钙($CaCO_3$)，因为这种盐对渗碳速度没有多大影响。为了增加碳酸钡或碳酸钠与木炭间的结合力，应在渗碳剂中再加入3%～5%的重油或糖浆。渗碳剂中水的质量不得超过5%。

(3) 渗碳剂的配制方法：首先将已称好并经过筛选的木炭倒入水中搅拌。此时沙子、玻璃碴子等杂物都沉入水底，将木炭捞出，趁半干半湿状态将预先按比例配好的碳酸钡用水稀释后均匀地撒在木炭上，经机械的均匀混合，碳酸钡便非常牢固、均匀地吸附在木炭上。再经烧干或晒干后，含水量小于5%即可使用。

(4) 全新的渗碳剂易导致工件表面碳浓度过高，使碳层中出现粗大的碳化物，使淬火后残余奥氏体量增加。因此，一般都将新、旧渗碳剂混合使用，其中新渗碳剂占20%～40%，旧渗碳剂占60%～80%，混合前的渗碳剂需再次过筛，以使粒度符合要求。

(5) 当全部使用新渗碳剂时，渗碳剂需先装箱密封，在渗碳温度下，焙烧一次再用。

(6) 回收的旧渗碳剂，再使用时需要去除氧化铁皮，筛去灰分。

2) 渗碳炉的使用

在选用固体渗碳炉时，既要考虑炉温均匀性是否满足要求，又要注意炉子在渗碳温度下的承重能力。

箱式、井式和台车式电阻炉是固体渗碳最常用的3种炉子。箱式电阻炉可采用专门设计的机械装置或传送机构装炉出炉。此外还应在箱式和井式电阻炉的炉底上铺垫一层碳化硅沙粒，这样既能改善炉温均匀性，同时还可防止炉底磨损变形。大型笨重工件用台车式电阻炉进行固体渗碳，能够实现连续作业，从而可大大减少辅助时间和炉子的热损失。渗碳箱不要直接放在台车上，而应该采用三点或多点支承将它架成水平状态，以减小容器变形和提高温度的均匀性。

3) 渗碳箱的使用

固体渗碳时需将工件和渗碳剂放入渗碳箱中一道加热。渗碳箱常用低碳钢板、渗铝低碳钢板或耐热钢板焊成。渗铝低碳钢箱的使用寿命是碳钢箱的几倍，而且按单位时间单位重量的渗碳件计算，这种渗碳箱的使用成本最低。

渗碳箱的形状和尺寸按工件形状和尺寸以及所使用的设备而定。为了使热量能较快地传到整个渗碳箱中，在允许的条件下，可把箱子的长、宽、高的某个尺寸尽可能做得小一些。同样，渗碳箱最好采用薄板钢制成轻型结构，而不是较重的铸铁结构。较轻的渗碳箱可通过焊接加强肋的办法来提高刚度。

为防止空气流入而烧损渗碳剂，装箱加盖后一般再用黏土将箱盖四周的缝隙封好。

4）防渗处理

要求局部渗碳的工件，不要求渗碳的部位事前应进行防渗碳处理。应用普遍、也最为可靠的防渗碳方法是镀铜法，为有效防止渗碳，铜镀层厚度不应小于0.013 mm。此外，涂刷防渗涂料的方法也是一种防止工件表面局部渗碳的经济方法。为保证防护质量，使用防渗涂料时应按产品说明书上介绍的方法进行操作。另外，还可采用整体渗碳后再把某个部位不要求渗碳的渗层切除，同样可达到局部渗碳效果。

除此而外，还可采用其他办法进行防渗碳处理。例如，将不要求渗碳的不通孔用黏土堵死；工件整体渗碳后通过局部淬火使应当渗碳的部位淬火硬化；让非渗碳部位伸出渗碳箱外；内螺纹可用旋入的铜螺杆加以防护，或者相反将外螺纹用铜螺母套住。

5）渗碳工艺操作

（1）准备工作　根据工件渗碳技术要求和工艺规程，准备好渗碳剂、渗碳箱和装箱工具，对工件进行清洁处理；对设备进行开炉前的例行检查。为节省辅助时间，设备可提早通电升温。

（2）装箱　装箱时，工件与工件之间要有适当间距，并用渗碳剂填满空隙，捣紧，使每个工件都被渗碳剂包围。包围工件的渗碳剂层必须厚到足以允许它发生收缩后仍然对工件具有良好的支承作用，而且在整个工艺过程中仍能保持高的渗碳速度，但也不要太厚，以免工件的升温过程拖得过长。装箱后加盖密封。图4－1所示为装箱示例。

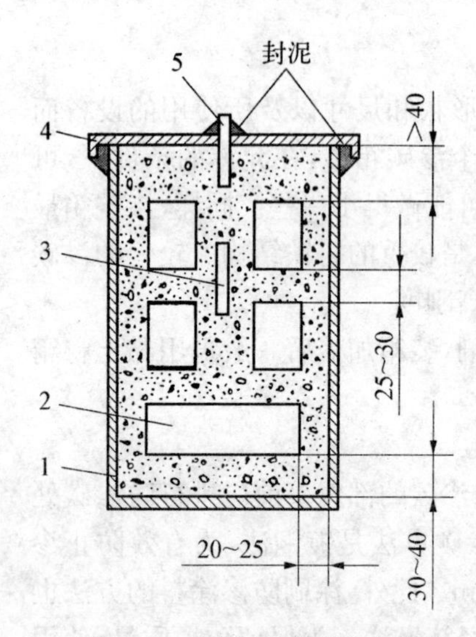

图 4-1　固体渗碳装箱示意图

1—箱体　2—工件　3、5—试棒　4—箱盖

图 4-1 中插在箱盖上的试棒是用来确定渗碳保温时间的，当试棒渗碳层深度达到要求时，整箱工件就可以出炉了。重要工件渗碳时，在渗碳箱中也放有试棒，供渗碳后质量检查用。插在箱盖上的试棒和放在箱内的试棒均用与工件相同的材料加工而成。

图 4-1 中把试棒插在箱盖上的方式适用于井式电阻炉渗碳的场合。如采用箱式电阻炉或台车式炉渗碳，为拔取试棒方便，插入孔可开在箱子的侧壁上。

(3) 装炉和工艺控制　为了便利操作，装炉、出炉省力，可在装炉时在箱底垫上 $\phi25 \sim \phi30$ 钢辊子。渗碳箱可采用室温装炉或采用低于渗碳温度的高温装炉。为保持良好的均匀性，渗碳箱必须尽可能均匀放置，渗碳箱之间，及箱子与炉壁，炉门之间要留有适当的距离（50～100 mm），使炉内热空气循环流动。

工件渗碳保温时间与渗碳层深度和钢种有关，见表 4-2。

表 4-2　固体渗碳渗碳层深度与保温时间的关系

渗碳层深度(mm)	钢种	
	碳素渗碳钢	合金渗碳钢
	保温时间 (h)	
0.40～0.60	2.5～4.0	2～3
0.60～0.80	3.5～4.5	3～4
0.80～1.00	4.5～6.5	4～5
1.00～1.20	6.5～8.0	5～6
1.20～1.40	8.0～9.5	7～8

渗碳工艺曲线，见图4-2。

准确的渗碳时间应通过检查试棒渗碳层深度后确定。

试棒的渗碳层深度用目测法或金相法进行检查。

试棒渗碳层深度检查合格后，工件便可以出炉，渗碳箱出炉后，先空冷至300℃以下，然后打开箱盖继续空冷至室温。

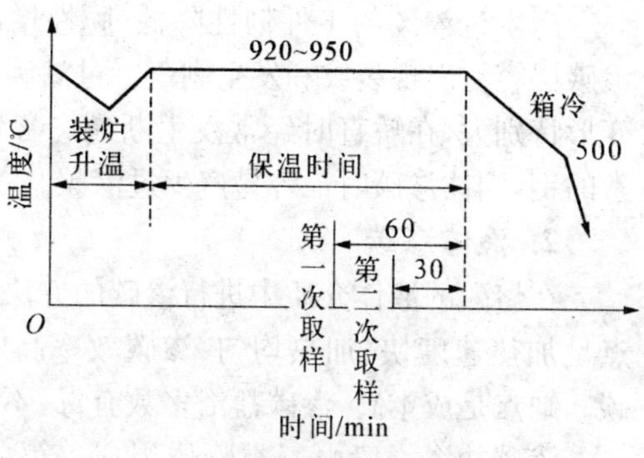

图4-2 固体渗碳工艺曲线

6）固体渗碳注意事项

（1）空气中木炭粉尘的易燃浓度极限为128 g/m³、碳酸钡烟雾的安全浓度极限为0.5 mg/m³，因此，在没有抽风除尘装置的操作间配制和使用固体渗碳剂，易引发火灾和危害操作者身体健康，这是不允许的。

（2）工件的渗层质量和变形度在相当程度上取决于装箱技巧。工件在装箱时操作者往往只注意摆放匀称，但却忽略了其他装箱要点。装箱时尽可能在同一个渗碳箱中装入同样的工件，当做不到这一点时，则应将尺寸较大的工件安放在容器四周，而将尺寸较小的工件安放在容器的中部。大工件四周的渗碳剂应当厚实一点，这样，即使渗碳剂在渗碳过程中发生收缩，仍可使工件获得较好的支承。

尽管渗碳剂对工件具有良好的支撑作用，但装箱不当，工件也会产生自重变形。因此，装箱操作时应注意使工件的最长尺寸垂直于箱子底面，在处理轴类工件对这一点尤为重要。轴类工件在箱中不能水平或倾斜放置，而要竖直放置。

（3）固体渗碳的缺陷之一是容易产生过渗碳，而渗碳层的形成速度又是随温度升高而迅速提高的，因此，操作过程中不允许随意提高渗碳温度以求缩短工时。完全采用新配制的渗碳剂进行渗碳或渗碳剂中新配渗碳剂份额占得过高时，也会产生过渗碳。

产生过渗碳的工件韧性降低、脆性增高，热处理或磨削加工时渗碳层容易出现裂纹和发生剥落。过渗碳的轴类工件，淬火后弯曲变形特别大，在矫直时经常发生断裂。含铬、钼等强碳化物形成元素的钢，固体渗碳时最容易产生过渗碳。

2. 液体渗碳

在熔融的液体介质中进行渗碳的方法，叫液体渗碳。此法的优点是加热速度快、加热均匀、渗碳效率高，便于直接淬火及局部渗碳。缺点是成本高，渗碳盐浴多数有毒，不宜于大量生产。

渗碳盐浴一般由三类物质组成。第一类是加热介质，通常用 NaCl 和 $BaCl_2$ 或 NaCl 和 KCl 的混合盐，其中 $BaCl_2$ 还能起催化剂的作用；第二类是渗碳介质，通常用氰盐（NaCN、KCN）、碳化硅（SiC）、木炭、“603”渗碳剂、黄血盐[$K_4Fe(CN)_6$]等；第三类是催化剂，常用碳酸盐（Na_2CO_3 或 $BaCO_3$），占盐浴总量的 5%～30%。表 4-3 列出了几种液体渗碳盐浴，供参考。

表 4-3 液体渗碳盐浴的组成及使用情况

<table>
<tr><td rowspan="9">无毒盐浴</td><td>盐浴组成（%）</td><td colspan="5">渗碳剂[①] 10　NCl 40　KCl 40　Na_2CO_3 10</td></tr>
<tr><td>主要化学反应</td><td colspan="5">$Na_2CO_3 + C \longrightarrow Na_2O + 2CO$　$2CO \longrightarrow CO_2 + [C]$</td></tr>
<tr><td rowspan="3">使用情况</td><td rowspan="2">920～940℃时渗碳时间(h)</td><td colspan="3">渗碳层深度（mm）</td><td rowspan="2">表面碳浓度</td></tr>
<tr><td>20</td><td>20Cr</td><td>20CrMnTi</td></tr>
<tr><td>1
2
3
4
5</td><td>0.3～0.4
0.7～0.75
1.0～1.1
1.28～1.34
1.4～1.5</td><td>0.55～0.65
0.9～1.0
1.4～1.5
1.56～1.62
1.8～1.9</td><td>0.55～0.65
1.0～1.1
1.42～1.52
1.56～1.64
1.8～1.9</td><td>0.9%～1%</td></tr>
<tr><td>盐浴组成（%）</td><td colspan="5">Na_2CO_3 78～85，NaCl 10～15，SiC 6～8</td></tr>
<tr><td>主要化学反应</td><td colspan="5">$2Na_2CO_3 + SiC \longrightarrow Na_2SiO_3 + Na_2O + 2CO + [C]$
$2CO \longrightarrow CO_2 + [C]$</td></tr>
<tr><td>使用情况</td><td colspan="5">800～900℃渗碳 30 分，总层深 0.15～0.2 mm，共析层 0.07～0.1 mm。HRA72～78。为得到较深的渗层可再补充加入 NH_4Cl</td></tr>
</table>

（续 表）

原料无氰盐浴	盐浴组成（%）	“603”渗碳剂②10 KCl 40～45 NaCl 30～40 Na_2CO_3 10
	主要化学反应	$Na_2CO_3+C \longrightarrow Na_2O+2CO \quad 2CO \rightleftharpoons CO_2+[C]$ $3(NH_3)_2CO+Na_2CO_3 \longrightarrow 2NaCNO+4NH_3+2CO_2$ $4NaCNO \longrightarrow 2NaCN+Na_2CO_3+CO+2[N]$ 盐浴中氰化钠含量为 0.5%～0.9%故盐浴有毒
	使用情况	在 920～940℃渗碳，装炉量为盐浴总量的 50%～70%，从 20 钢随炉渗碳试棒测得的渗碳速度如下： 保温时间(h)　渗层深度(mm) 1　>0.5 2　>0.7 3　>0.9
低氰盐浴③	盐浴组成（%）	NaCN 4～6 $BaCl_2$ 80 NaCl 14～16
	主要化学反应	$2NaCN+BaCl_2 \longrightarrow 2NaCl+Ba(CN)_2 \quad Ba(CN)_2 \longrightarrow BaCN_2+[C] \quad BaCN_2+Na_2CO_3 \longrightarrow BaO+2NaCNO$
	使用情况	低氰盐浴较易控制，渗碳零件表面含碳量较稳定，如 20CrMnTi20Cr 齿轮零件在 920℃渗碳 3.5～4.5 h 时表面最高含碳量为 0.83%～0.87%

注：① 渗碳剂含木炭粉(60～100 目)70%，NaCl 30%；
② “603”渗碳剂的组成：NaCl 5%、KCl 10%、Na_2CO_3 15%、$(NH_2)_2CO$ 20%、木炭粉(粒度为 100 目)50%；
③ 用黄血盐配制的渗碳盐浴也属此类，因在高温下会分解产生氰盐：$K_4Fe(CN)_6 \longrightarrow 4KCN+Fe+2[C]+[N]$。

渗碳温度及渗碳盐浴的活性是影响液体渗碳速度和表面碳浓度的主要因素。对于渗层薄及变形要求严格的零件，可采用较低的渗碳温度（850～900℃），对渗层厚者，渗碳温度应该高一些（910～950℃）。

由于化学反应使盐浴的渗碳活性降低，以及高温挥发和零件表面附着将盐浴带走，渗碳盐浴在工作中会不断消耗。因此，在渗碳过程中应定期分析盐浴成分，补充新盐并注意及时捞渣，以保证盐浴成分在规定的范围内。

使用的“603”原料液体渗碳时，其工艺过程及操作要领见表 4-4。

表 4-4 “603”盐浴渗碳工艺及操作注意事项

项　目	工　序　内　容
盐浴配制	新盐浴按下列比例配制： 10% “603”+10% Na_2CO_3+45% NaCl+35% KCl 配制时先将 KCl 与 NaCl 混合加入到坩埚中，升温到 750～800℃熔化后，逐步加入 Na_2CO_3，再加入“603”少许，以防止中性盐挥发，待升温至 920℃时，再加入总量 1/3 的“603”。待工件进炉后，再将“603”余量补加完毕。加“603”时要分开多次，每次少量加入“603”和碳酸钠每小时的补充量为盐浴总重量的 0.5%～1.0%，大约每隔 10～15 min 补充一次
注意事项	(1) 定期补充新盐 (2) 捞渣：每工作班结束后，应在 920～950℃进行捞渣。不可在低温下捞渣，以免把沉积在底面的碳捞去 (3) 注意盐浴表面状况：盐浴正常工作时，其表面应不断翻动，随着火苗产生，发出“嘭嘭”的响声。若盐浴翻动不大，发出火苗无力，说明盐浴中 Na_2CO_3 和碳缺少，应及时补充 (4) 温度：渗碳温度应控制在 920～950℃之间，上下温差不超过±10℃ (5) 装炉：工件应十分洁净，经烤干后入炉，工件与工件间的距离应大于 10 mm，不可重叠在一起，以免渗碳不均匀 (6) 试棒：试棒与工件应同材料，以 ϕ6～ϕ8 mm 为宜，放在坩埚下部，在预定出炉时刻前 30 min 取出，判断渗层深度
渗碳工艺	对渗层薄及变形要求严格的零件，用较低的渗碳温度(850～900℃)。对渗层厚的工件，渗碳温度为 910～940℃
清　洗	在渗碳冷却或淬火后均应清除盐渍，以免引起表面腐蚀。对于用氰盐渗碳的零件必须进行中和处理，其方法是把零件放在 10%的 $FeSO_4$ 溶液中煮洗，直到残盐全部溶解为止

液体渗碳零件，在渗碳冷却或淬火后均应清除掉盐渍，以免引起表面腐蚀。对于用氰盐浴渗碳的零件必须进行中和处理，其方法是把零件放在 10%的 $FeSO_4$ 溶液中煮洗，直到残盐全部溶解为止。

3. 气体渗碳

1) 渗碳原理

气体渗碳是将工件置于密封的特制渗碳炉内加热，经渗碳炉通入含碳气体(如 CO)或直接滴入含碳的有机液体，在高温下分解出活性碳原子并渗入工件表面，使工件表面增碳的过程。其反应式为：

$$2CO \underset{\text{脱碳}}{\overset{\text{渗碳}}{\rightleftharpoons}} CO_2 + [C]$$

$$CH_4 \underset{\text{脱碳}}{\overset{\text{渗碳}}{\rightleftharpoons}} 2H_2 + [C]$$

随着条件的不同,上述反应可以朝不同方向进行。当反应达到动平衡时,工件既不增碳,也不脱碳,即工件与炉气之间碳交换处于相对平衡状态,这时工件表面的含碳量称为炉气的碳势,当炉气碳势高于工件表面含碳量时,发生渗碳反应,炉气碳势低于工件表面含碳量时,发生脱碳反应。

2) 渗碳介质及渗碳设备

常用气体渗碳介质的主要组成及特点见表4-5。

表4-5 常用的气体渗碳剂

类别	渗剂名称	主要组成及特点	使用方法
液体	煤油	是石蜡烃、烷烃及芳香烃的混合物。一般照明用煤油含硫量小于0.04%者,均可使用。价格低廉,来源方便,渗碳活性强,应用最为普遍,但易形成碳黑	直接滴入炉中,通过调节滴入量控制工件表面碳的浓度。用甲醇+丙酮,甲醇+醋酸乙酯或甲醇+煤油时,靠调整丙酮、醋酸乙酯或煤油滴量控制炉气碳势,从而可实现滴注式可控气氛渗碳
	甲醇+丙酮 甲醇+醋酸乙酯 甲醇+煤油	甲醇(CH_3OH)、丙酮(CH_3COCH_3)、醋酸乙酯($CH_3COOC_2H_5$),分子结构较简单,高温下易分解,不易产生焦油和碳黑。价格较贵	
	苯 二甲苯	苯(C_6H_6)、二甲苯[$C_6H_4(CH_3)_2$]均为石油产品,透明液体,有毒,较易形成碳黑,但成分稳定,杂质少,便于控制和稳定生产。价格贵,除某些军工部门外很少使用	
气体	天然气	主要组成是甲烷(CH_4),并含有不同数量的乙烷和氮气	由于天然气及液化石油气中碳氢化合物含量较多,如直接用作渗碳剂会析出大量碳黑和焦油,故使用时多加入一定比例的吸热型气氛予以冲淡。一般以吸热型气作载流气,用天然气或液化石油气作富化气调整控制炉气碳势
	液化石油气	主要成分为丙烷(C_3H_8)及少量丁烷(C_4H_{10}),是炼油厂副产品,价格便宜,储运方便,应用甚广	
	吸热型气氛	用天然气、丙烷或丁烷与空气按一定比例混合,在专门的装有催化剂的高温反应罐中裂解而成	

按渗碳气氛制备方式不同,可将气体渗碳分为发生炉气式和滴注式两大类。发生炉气式气体渗碳多用于大批量连续生产。这种方法气氛成分稳定,容易实现自动控制批量生产,但原料来源困难,设备庞大复杂,维护也较麻烦。滴注式渗碳是最早使用的一种气体渗碳法。因其设备,工艺简单,渗碳剂来源充足,总投资费用较低,生产中被广泛使用,常用的滴注式气体渗碳炉结构见图 4-3。

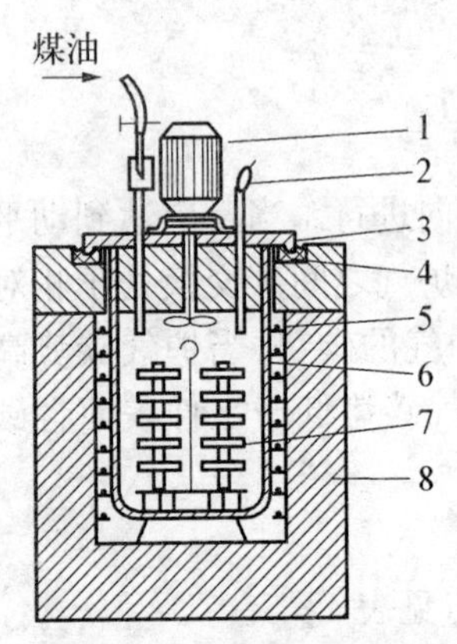

图 4-3 滴注式气体渗碳炉结构

1—风扇电机;2—废气火焰;3—炉盖;4—砂封;5—电阻丝;6—热电偶;7—工件;8—炉体

3) 滴注式气体渗碳工艺

(1) 渗碳剂的选用和配制　滴注式气体渗碳,采用含碳的有机液体作为渗碳剂,常用的有煤油、酒精、甲醇、苯和甲苯。煤油没有毒性,价格便宜,在生产中被广泛使用。当煤油直接滴入渗碳炉内进行渗碳时,由于在渗碳温度热分解时析出活性碳原子过多,往往不能被工件表面全部吸收,而在工件表面沉积成炭黑,炭黑附着在工件表面,阻碍渗碳过程顺利进行,造成渗碳层深度及碳浓度不均匀等缺陷。酒精、甲醇、苯和甲苯属于"弱"渗碳剂,渗碳时几乎不生成碳黑。为了克服这些缺点,目前一般采用两种有机液体同时滴入炉内,一种液体产生的气体碳势较低,作为稀释气体,另一种液体产生的气体碳势较高,作为富化气。这样配合使用,可以得到炭黑少,渗速快,碳势易于调节,渗碳质量高的良好结果。甲醇与煤油的体积比通率为 1∶3。

渗碳剂选择的原则如下:

① 应该具有较大的产气量。产气量是指在常压下每立方厘米液体产生气体的体积。产气量高的渗碳剂,当向炉内装入新的工件时,可以在较短时间内把空气排出。

② 碳氧比应大于1。当分子中碳原子数与氧原子数之比大于1时,高温下除分解出大量 CO 和 H_2 外,同时还有一定量的活性碳原

子析出,因此可作渗碳剂。碳氧比越大,析出的活性碳原子越多,渗碳能力越强。当分子中的碳氧比等于 1 时,如甲醇(CH_3OH),高温下分解产物主要是 CO 和 H_2,故可作稀释剂。

③ 碳当量。碳当量是指产生 1 g 分子碳所需该物质的重量。有机液体的渗碳能力除用碳氧比进行比较外,通常还以碳当量来表示。碳当量越大,则该物质的渗碳能力越弱。丙酮、异丙醇、乙酸乙酯、乙醇、甲醇的渗碳能力依次减弱。

④ 具有好的安全性和经济性。应充分注意渗剂使用、储存及运输的安全性,同时要考虑供应方便、价格便宜。

常用有机液体的渗碳特性见表 4-6。

表 4-6 常用有机液体的渗碳特性

名 称	分 子 式	碳当量(g)	碳氧比	用 途
甲 醇	CH_3OH	—	1	稀释剂
乙 醇	C_2H_5OH	46	2	渗碳剂
异丙醇	C_3H_7OH	30	3	强渗碳剂
乙 醚	$C_2H_5OC_2H_5$	24.7	4	强渗碳剂
丙 酮	CH_3COCH_3	29	3	强渗碳剂
乙酸乙酯	$CH_3COOC_2H_5$	44	2	渗碳剂
煤 油	航空煤油、灯用煤油主要成分为,C_9~C_{14} 和 C_{11}~C_{17} 的烷烃			强渗碳剂

(2) 新炉罐和新夹具的预渗碳处理　新的炉罐和夹具使用前如不预先渗碳,渗碳时将和工件一道争夺气氛中的活性碳原子,使工件的渗碳过程变得难于控制而影响加工质量。长期闲置未用的炉罐和夹具,使用前也应进行渗碳,其渗碳工艺与工件相同,但渗碳保温时间应作适当调整。新炉罐的渗碳保温时间可在 10~15 h 范围内选用,新夹具为 1~2 h。

(3) 防渗处理　工件上不允许渗碳的部位可用镀铜或防渗涂

料保护。螺纹的防护按固体渗碳操作中介绍的方法进行。

(4) 渗碳工艺过程　气体渗碳工艺过程，通常可划分为升温排气、渗碳（包括强渗和扩散）、降温冷却三个阶段见图 4-4。各个阶段的目的要求不同，应分别加以控制。

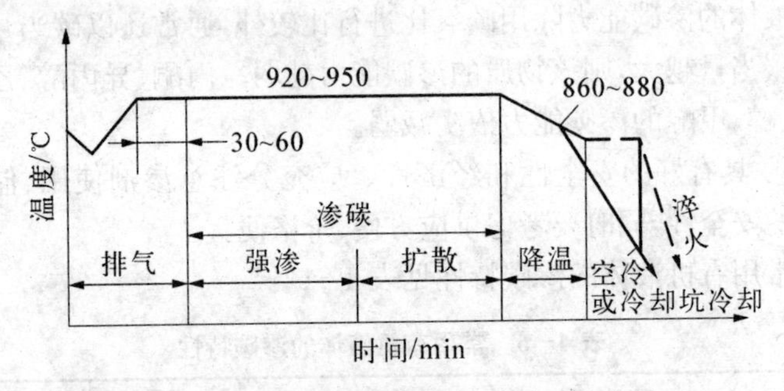

图 4-4　井式炉滴注式气体渗碳工艺过程

① 升温排气阶段。零件装炉后，炉温大幅度下降，有大量空气进入炉内。因此，本阶段的作用是要使炉温迅速恢复到规定的渗碳温度。同时，要尽快排除进入炉内的空气，防止零件产生氧化。加大甲醇或煤油的滴量可增加排气速度，使炉内较快地形成还原性气氛或渗碳性气氛。如果用煤油排气，滴量只能适当增加，因为这时炉温较低，煤油分解不完全，滴量过大，易产生大量炭黑。滴量的大小应根据炉子的容积来确定。排气阶段的时间，通常是炉子达到渗碳温度后再延续 30～50 min，以便完全清除炉内的 CO_2、H_2O、O_2 等氧化脱碳性气体。

② 渗碳阶段。此阶段的作用是渗入碳原子并获得一定深度的渗层。这一期间炉温保持不变，炉内压力应控制在 15～20 Pa。渗剂滴量的控制有两种方法：一段法（碳势固定不变）滴量始终保持恒定，其优点是操作简便，缺点是渗速慢，渗层表面碳浓度高，浓度梯度很大；分段法即前段是强烈渗碳，后段为扩散，前段采用大滴量，维持炉内的高碳势（如 $w_c=1.2\%\sim1.3\%$），这时工件表面吸收大量的活性碳原子，形成高浓度梯度，以提高渗速，后段采用小滴量，以适当降低炉内碳势，使工件表面的碳逐步向内层扩

散，适当降低表面碳浓度，最后获得所要求的表面碳浓度和渗层深度。

分段法虽然操作控制较麻烦，但渗入速度快，能缩短渗碳周期，而且渗层质量好，是值得普遍推广的一种工艺方法。

③ 降温冷却。在渗碳阶段结束前 1 h 左右，从炉内取出试样，检查渗层深度，确定准确的渗碳时间。当达到要求的渗层深度时，对需要重新加热淬火的零件，随炉降温至 860～880℃，然后出炉转入可防止氧化脱碳的冷却室里冷至室温；对直接淬火的零件，随炉降温至 810～840℃，均温 30～60 min，然后进行淬火冷却。在以上的降温或均温过程中，应向炉内滴注适量的甲醇或煤油，甲醇滴量可为 20～40 滴/min，煤油可为 10～20 滴/min，炉内压力应控制在 50～150 Pa(5～15 mmH_2O)，以防发生氧化脱碳。

(5) 滴注式气体渗碳操作要求及注意事项

① 渗碳工件表面不得有锈蚀、油污及其他污垢。

② 同一炉渗碳的工件，其材质、技术要求，渗后热处理方式应相同。

③ 装料时应保证渗碳气氛流通。

④ 炉盖应盖紧，减少漏气，炉内保持正压，点燃废气。

⑤ 为提高加工效率，在保证装夹可靠的前提下应尽可能减小夹具重量，因此气体渗碳需采用专用夹具而不是通用夹具。为保持炉气循环以获得均匀的渗碳层，工件与工件之间要留有适当间隙，不允许紧密装夹。选择装夹间隙的一般原则是：渗碳层深度要求较厚的工件，其装夹间隙可以小一些(但不得小于 5～10 mm)；相反情况下装夹间隙应大一些。如缺少合适的夹具而不得不用铁丝绑挂工件时，绑挂方式应能防止工件产生自重变形，而且绑扎位置须选在工件的次要渗碳部位上。铁丝表面的锌镀层须用酸洗抛光的办法预先除掉。

夹具使用前也应彻底清洗。为了不弄脏已清洗过的工件和夹具，操作人员应戴上干净手套操作。

⑥ 随炉试样应编号并与工件一同入炉。

(6) 不正确的渗碳操作

① 气体渗碳使用的渗碳剂都是易燃品，渗碳剂在燃点以下温度虽不燃烧，但会挥发生成易燃气体。气体渗碳工艺规定，工件入炉后待炉温回升到 800℃时开始滴入渗碳剂。如开始滴加渗碳剂的温度过低，进入炉内的渗碳剂迅速挥发生成易燃气体，等到炉温升高到渗碳剂的燃点温度时，高浓度的易燃气体即在炉内瞬间着火燃烧，不仅造成爆炸事故，还会引发火灾，这一点必须引起操作者的高度重视。

渗碳过程中如遇意外停电，不应继续向炉内滴加渗碳剂；恢复供电后，待炉温回升到 800℃时才能继续滴入渗碳剂。

② 任何温度下工件吸收碳原子的能力总有一个限度，超过这个限度时，过量的碳原子将形成炭黑并沉积在工件表面上，炭黑会造成渗碳控制失效或渗碳层厚度和含碳量不均匀，并可能影响压力淬火效果，引起工件产生大的变形。因此，试图通过增加渗碳剂滴量来加速渗碳过程的做法属于不正确操作，应加以避免。

4. 渗碳后的热处理

渗碳只能改变工件表面的化学成分，它的最终强化仍取决于随后的热处理。工件渗碳以后必须经过淬火、低温回火处理，才能达到外硬内韧的要求。

渗碳工件热处理后，表层组织应为细针状的回火马氏体和均匀分布的细小点状渗碳体，硬度在 58 HRC 以上；心部随钢种不同而出现低碳马氏体，细小珠光体组织，其硬度在 20～45 HRC 之间变动。工件渗碳后，表面和心部的含碳量相差很大，热处理时应充分注意这一差别。在考虑热处理工艺时应尽量兼顾到表层和心部的性能要求。

根据工件材料和性能要求的不同，渗碳后可采用以下不同的热处理工艺方法。

1) 直接淬火法

将工件渗碳后，预冷到一定温度(由渗碳温度降至 860℃左右），然后立即淬火冷却的工艺方法称为直接淬火。该方法适用于气体渗碳或液体渗碳。固体渗碳由于工件装于箱内，出炉开箱都较困难，不易进行直接淬火。

预冷温度是控制淬火质量的关键。因为预冷可以减小淬火变形，减少渗层碳化物的析出量，从而减少残余奥氏体量，提高表层硬度。预冷的温度一般取稍高于心部成分的 A_{r3} 点，以保证心部不析出大量铁素体，使心部强度提高。心部强度要求不高的零件应预冷到稍高于 A_{r1} 温度，淬火后的变形较小，表面硬度也较高。

直接淬火法常用的工艺是渗碳工件随炉降温或出炉预冷到760～780℃，然后直接淬火。

淬火后在160～200℃回火2～4 h。

直接淬火法的优点是加热冷却次数少，操作简化，生产率高，还可减少淬火变形及表面氧化脱碳。主要缺点是处理后组织晶粒可能较粗，性能也较差。

直接淬火适用于本质细晶粒钢如20CrMnTi，20MnB等制成的工件。不适用于本质粗晶粒钢制成的工件，也不适用于表面碳浓度很高的渗碳工件。因为预冷过程中将有碳化物从奥氏体中析出，若表面含碳量高，则析出的碳化物量多，且易沿奥氏体晶界形成网状碳化物，这样将使工件脆性增加，性能严重恶化。

2）一次淬火法

将渗碳后的工件于空气中或缓冷坑中冷至室温，然后重新加热淬火的工艺方法称为一次淬火法。

一次淬火法的淬火加热温度应根据工件性能要求来确定。淬火温度的选择要兼顾工件表面和心部的要求。对心部强度要求较高的合金渗碳钢工件，淬火加热温度应选择稍高于心部 A_{c3} 的加热温度（820～860℃），使心部铁素体全部转变为奥氏体，目的在于细化心部晶粒和获得心部低碳马氏体组织，以保证较高的心部强度和较好的强韧性。对于碳钢则不宜加热到 A_{c3} 以上，否则表面渗层易过热，使表层奥氏体晶粒长大，形成粗大组织，降低表层韧性、疲劳强度和硬度。因此，为兼顾表面和心部的要求，淬火加热温度应选

择在 A_{c1} 与 A_{c3} 之间(780～810℃)。

一次淬火后的渗碳件应进行低温(160～180℃)回火 2～3 h。

一次淬火的优点是工序简单,便于操作,质量易于控制。缺点是只能侧重提高心部或侧重改善表面性能,难以同时满足两者的要求。

渗碳后一次淬火的方法应用比较广泛,适用于固体渗碳后的工件和气体、液体渗碳的本质粗晶粒钢制工件以及某些不宜于直接淬火的工件。

3) 二次淬火法

渗碳件进行两次加热淬火的工艺方法称为二次淬火法。这是一种同时保证心部和表层都获得较高性能的工艺方法。

第一次淬火的目的是细化心部组织和消除表面渗碳层的网状碳化物,第一次淬火的加热温度通常为 880～900℃,第一次淬火的冷却可以油冷,也可以空冷(正火),只要没有网状碳化物析出即可。空冷还可以减小淬火变形。

第二次淬火的目的是改善渗碳层的组织和性能,使其获得细针状马氏体加粒状细小弥散分布的碳化物及少量残余奥氏体。通常加热温度选在表层高碳组织的 A_{c1} 以上 30～50℃,即 770～820℃。

二次淬火法所得到的组织要比一次淬火得到的细小,碳化物分布也较理想,尤其对本质粗晶粒钢,更为合适。但二次淬火法加热次数多,工艺比较复杂,容易造成工件氧化脱碳和变形,生产成本较高,周期较长,所以其使用受到一定限制。仅用于耐磨性,疲劳强度和心部冲击韧性等要求较高的工件。

渗碳件最终淬火后也需经 160～180℃低温回火,时间不少于 2～3 h,目的是改善钢的强韧性和稳定工件的尺寸。

渗碳后常用三种热处理方法见图 4-5。

5. 渗碳件质量控制

1) 影响渗碳质量的主要因素

(1) 渗碳工件表面状况　渗碳工件表面要求清洁,表面不允许有油污、锈斑、水迹、裂纹及碰伤。对非渗碳面要进行防渗处理。

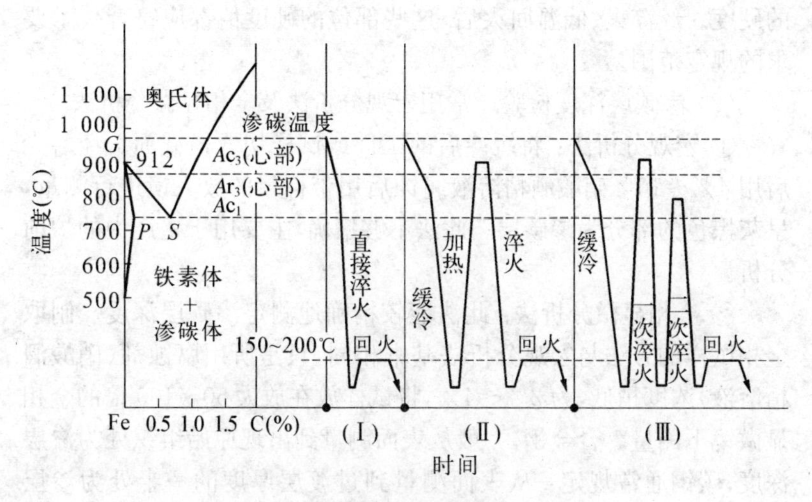

图4-5 渗碳后常用的热处理方法

（Ⅰ）直接淬火法 （Ⅱ）一次淬火法 （Ⅲ）二次淬火法

(2) 渗碳温度 一般在900～930℃范围内选择。在渗碳时间、气氛相同的条件下,提高渗碳温度,可加快渗碳速度。

(3) 渗碳保温时间 主要会影响渗碳层的深度。在同一渗碳温度下,保温时间越长,渗层越深。

(4) 渗碳剂的供给量 渗碳剂的供给量(流量)关系到介质的供碳能力。在确定渗碳剂供给量时,应使供给的碳原子与吸收的碳原子相适应。若供给过多,则会出现炭黑,或者使渗层表面碳浓度过高,使网状渗碳体和残余奥氏体量增多;若供给量少,则工件表面碳浓度不足,渗速太低,影响渗层的质量和生产率。

(5) 合金元素 碳化物形成元素,如铬(Cr),钼(Mo),钨(W)等可提高渗碳层表面碳浓度,使碳浓度梯度较陡。非碳化物形成元素如镍(Ni)则降低渗碳层表面碳浓度,使碳浓度梯度平缓。

2) 渗碳件的质量检验

为保证渗碳件的质量,必须按其技术条件进行严格检验。主要检验项目有硬度、渗层深度、硬化层组织等。

(1) 硬度检验 需检测的硬度包括工件表面、心部和防渗部位的硬度。经淬火、低温回火后，这些部位的硬度值都应符合技术要求的规定范围。

(2) 渗碳层深度检验　常用宏观分析法及金相显微分析法。

① 宏观分析法：将缓冷后的工件或试样切取横截面。经磨光后用4%～10%硝酸酒精溶液腐蚀后用带标尺的放大镜进行测量，呈灰黑色的部分为渗碳层。此法不够精确，主要用于生产中的炉前分析。

② 金相显微分析法：此法能较精确地测定渗碳层深度。制取金相试样的方法与宏观分析法基本相同，只是所用腐蚀剂（硝酸酒精溶液）浓度稍低，为2%～4%，将试样放在放大50～100倍的金相显微镜下测量。合金钢，一般从表面测量到出现原始组织处为渗层深度；碳钢通常规定：从表面测量到过渡层厚度的一半处为渗层厚度。

(3) 渗碳体常见缺陷及防止方法　见表4-7。

表4-7　渗碳工件常见缺陷及防止方法

序号	缺陷形式	形成原因及防止方法	返修办法
1	表面粗大块状碳化物及网状碳化物	渗碳剂浓度（活性）太高或渗碳保温时间过长 防止方法：降低渗碳剂浓度。当渗层要求较深时，保温后期适当降低渗剂浓度	(1) 提高淬火加热温度延长保温时间重新淬火 (2) 高温加热扩散(920℃，2 h)
2	表面大量残余奥氏体	渗碳或淬火温度过高，奥氏体中碳及合金元素含量过高 防止方法：降低渗剂浓度，降低渗碳及直接淬火温度或重新加热淬火的温度	(1) 冰冷处理 (2) 高温回火后重新加热淬火
3	表面脱碳	渗碳后期渗剂浓度减小过多；炉子漏气；液体渗碳的碳酸盐含量过高；固体渗碳后冷速过慢；在冷却坑中及淬火加热时保护不当等	(1) 在浓度合格的介质补渗 (2) 喷丸处理（适用于脱碳层≤0.02 mm时）

(续 表)

序号	缺陷形式	形成原因及防止方法	返修办法
4	表面非马氏体组织	渗碳介质中的氧向钢内扩散,在晶界形成Cr、Mn、Si等元素的氧化物,致使该处合金元素贫化,淬透性降低,淬火后呈现黑色组织(托氏体) 防止方法:控制炉内介质成分,降低氧的含量	喷丸处理(适用于非马氏体层≤0.02 mm时)
5	心部铁素体过多	淬火温度低或加热保温时间不足	按正常工艺重新加热淬火
6	渗层深度不够	炉温低,渗剂浓度低,炉子漏气或渗碳盐浴成分不正常。装炉量过多、零件表面有氧化铁皮等 防止方法:加强剂量检定及对炉子工作状况的检查,零件渗碳前应进行表面清理	补渗
7	渗碳层深度不均匀	炉温不均匀,炉内气氛循环不良,以及碳黑在零件表面沉积。固体渗碳时渗碳箱内温差大及催渗剂分布不均匀等	
8	渗碳件开裂(渗碳空冷零件,在冷却过程中产生表面裂纹)	渗碳后空冷时渗层组织转变不均匀所致。如20CrMnMo钢渗碳后空冷时在表层先形成极薄的一层托氏体,在其下面保留一层未转变的奥氏体,在随后冷却时转变为马氏体,使表面产生拉应力而导致开裂。此外,如果表层有薄的脱碳层也将导致这种开裂 防止方法:减慢冷速,使渗层全部发生共析转变或加快冷速,使零件表面得到马氏体加残余奥氏体组织	
9	渗碳后变形	夹具选择及装炉方法不当,因零件自重而产生变形;零件本身形状厚薄不匀,加热冷却过程中因热应力和组织应力导致变形 防止方法:合理吊装零件。对易变形的工件采用压床淬火或淬火时趁热矫直	

（续　表）

序号	缺陷形式	形成原因及防止方法	返修办法
10	表面硬度低	表面碳浓度低(因炉温低或渗剂浓度不足);残余奥氏体过多或表面形成托氏体组织	(1) 由于碳浓度低可补渗 (2) 残余奥氏体多者参见本表第二项 (3) 表面有托氏体者可重新加热淬火
11	表面腐蚀和氧化	渗剂中含有硫或硫酸盐,催渗剂盐在工件表面熔化或液体渗碳后工件表面粘有残盐均引起腐蚀。工件高温出炉、等温或淬火加热盐浴脱氧不良,引起工件表面氧化 防止方法：应仔细控制渗剂及盐浴成分,对工件表面及时清理和清洗	

6. 渗碳用钢

1）渗碳钢的化学成分特点

（1）含碳量　渗碳钢的含碳量一般都在 0.15%～0.25%范围内,对于重载的渗碳体,可以提高到 0.25%～0.30%,以使心部在淬火及低温回火后仍具有足够的塑性和韧性。但含碳量不能太低,否则就不能保证一定的强度。

（2）合金元素　合金元素在渗碳钢中的作用是提高淬透性,细化晶粒,强化固溶体,影响渗层中的含碳量、渗层厚度及组织。在渗碳钢中通常加入的合金元素有锰、铬、镍、钼、钨、钒、硼等。

2）常用渗碳钢的分类

常用渗碳钢可以分为碳素渗碳钢和合金渗碳钢两大类。

碳素渗碳钢中,用得最多的是 15 和 20 钢,它们经渗碳和热处理后表面硬度可达 56～62 HRC。但由于淬透性较低,只适用于心部强度要求不高、受力小、承受磨损的小型零件,如轴套、链条等。

低合金渗碳钢如 20Cr、20Cr2MnVB、20Mn2TiB 等,其淬透性和心部强度均较碳素渗碳钢为高,可用于制造一般机械中的较为重要的渗碳件,如汽车、拖拉机中的齿轮、活塞销等。

中合金渗碳钢如20Cr2Ni4、18Cr2N4W、15Si3MoWV等，由于具有很高的淬透性和较高的强度及韧性，主要用以制造截面较大、承载较重、受力复杂的零件，如航空发动机的齿轮、轴等。常用渗碳钢的化学成分、力学性能见表4-8、表4-9。

表4-8 常用渗碳钢的化学成分 (%)

钢号	C	Si	Mn	Cr	Ni	其他
15	0.12~0.19	0.17~0.37	0.35~0.65	≤0.25	≤0.25	
20	0.17~0.24	0.17~0.37	0.35~0.65	≤0.25	≤0.25	
15Mn2	0.12~0.18	0.20~0.40	2.00~2.40	≤0.35	≤0.35	
20Mn2	0.17~0.24	0.20~0.40	1.40~1.80	≤0.35	≤0.35	
20MnV	0.17~0.24	0.20~0.40	1.30~1.60	≤0.35	≤0.35	V0.07~0.12
20SiMn2MoV	0.17~0.23	0.90~1.20	2.20~2.60	≤0.35	≤0.35	V0.05~0.12 Mo0.30~0.40
16SiMn2WV	0.13~0.19	0.50~0.80	2.20~2.60	≤0.35	≤0.35	W0.40~0.80
20Mn2B	0.17~0.24	0.20~0.40	1.50~1.80	≤0.35	≤0.35	B0.001~0.004
20MnTiB	0.17~0.24	0.20~0.40	1.30~1.60	≤0.35	≤0.35	Ti0.06~0.12 B0.001~0.004
25MnTiB	0.22~0.28	0.20~0.40	1.30~1.60	≤0.35	≤0.35	Ti0.06~0.12 B0.001~0.004
20Mn2TiB	0.17~0.24	0.20~0.40	1.50~1.80	≤0.35	≤0.35	Ti0.06~0.12 B0.001~0.004
20MnVB	0.17~0.24	0.20~0.40	1.20~1.60	≤0.35	≤0.35	V0.07~0.12 B0.001~0.004
20SiMnVB	0.17~0.24	0.50~0.80	1.30~1.60	≤0.35	≤0.35	V0.07~0.12 B0.001~0.004
15CrMn	0.12~0.18	0.20~0.40	1.10~1.40	1.30~1.60	≤0.35	
20CrMn	0.17~0.24	0.20~0.40	0.90~1.20	0.90~1.20	≤0.35	
20CrV	0.17~0.24	0.20~0.40	0.50~0.80	0.80~1.10	≤0.35	V0.10~0.20
20CrMnTi	0.17~0.24	0.20~0.40	0.80~1.10	1.00~1.30	≤0.35	Ti0.06~0.12
30CrMnTi	0.24~0.32	0.20~0.40	0.80~1.10	1.00~1.30	≤0.35	Ti0.06~0.12
20CrMo	0.17~0.24	0.20~0.40	0.40~0.70	0.80~1.10	≤0.35	Mo0.15~0.25
15CrMnMo	0.12~0.18	0.20~0.40	0.90~1.20	0.90~1.20	≤0.35	Mo0.20~0.30
20CrMnMo	0.17~0.24	0.20~0.40	0.90~1.20	1.10~1.40	≤0.35	Mo0.20~0.30
15Cr	0.12~0.18	0.20~0.40	0.40~0.70	0.70~1.00	≤0.35	

(续 表)

钢 号	C	Si	Mn	Cr	Ni	其 他
20Cr	0.17～0.24	0.20～0.40	0.50～0.80	0.70～1.00	≤0.35	
20CrNi	0.17～0.24	0.20～0.40	0.40～0.70	0.45～0.75	1.00～1.40	
12CrNi2	0.10～0.17	0.20～0.40	0.30～0.60	0.60～0.90	1.50～2.00	
12CrNi3	0.10～0.17	0.20～0.40	0.30～0.60	0.60～0.90	2.75～3.25	
12Cr2Ni4	0.10～0.17	0.20～0.40	0.30～0.60	1.25～1.75	3.25～3.75	
20Cr2Ni4	0.17～0.24	0.20～0.40	0.30～0.60	1.25～1.75	3.25～3.75	
18Cr2Ni4W	0.13～0.19	0.20～0.40	0.30～0.60	1.35～1.65	4.00～4.50	W0.80～1.20

注：表中各钢号 P≤0.040%，S≤0.040%。

表 4－9 常用渗碳钢的力学性能

钢 号	毛坯尺寸(mm)	淬火温度(℃)		冷却	力 学 性 能				
		第一次	第二次		σ_s (MPa)	σ_b (MPa)	δ_5 (%)	ψ (%)	a_k (J/cm^2)
					不 小 于				
15*	25	900		空冷	380	230	27	55	
20*	25	880		空冷	420	250	25	55	
15Mn2*	15	900		空冷	600	350	17	40	
20Mn2	15	850		水，油	800	600	10	40	60
20MnV	15	880		水，油	800	600	10	40	70
20SiMn2MoV	试样	900		油	1 400		10	45	70
16SiMn2WV	15	860		油	1 200	900	10	45	80
20Mn2B	15	880		油	1 000	800	10	45	70
20MnTiB	15	860		油	1 150	950	10	45	70
25MnTiB	试样	860		油	1 400		10	40	60
20Mn2TiB	15	860		油	1 150	950	10	45	70
20MnVB	15	860		油	1 100	900	10	45	70
20SiMnVB	15	900		油	1 200	1 000	10	45	70
15CrMn	15	880		油	800	600	12	50	60
20CrMn	15	850		油	950	750	10	45	60
20CrV	15	880	800	水，油	850	600	12	45	70
20CrMnTi	15	880	870	油	1 100	850	10	45	70
30CrMnTi	试样	880	850	油	1 500		9	40	60

（续 表）

钢 号	毛坯尺寸(mm)	淬火温度(℃)		冷却	力学性能				
		第一次	第二次		σ_s (MPa)	σ_b (MPa)	δ_5 (%)	ψ (%)	a_k (J/cm^2)
					不 小 于				
20CrMo·	15	880		水,油	900	700	12	50	100
15CrMnMo·	15	860		油	950	700	11	50	90
20CrMnMo·	15	850		油	1 200	900	10	45	70
15Cr·	15	880	800	水,油	750	500	11	45	70
20Cr·	15	880	800	水,油	850	550	10	40	60
20CrNi·	25	850		水,油	800	600	10	50	80
12CrNi2	15	860	780	水,油	800	600	12	50	80
12CrNi3	15	860	780	油	950	700	11	50	90
12Cr2Ni4	15	860	780	油	1 100	850	10	50	90
20Cr2Ni4	15	880	780	油	1 200	1 100	10	45	80
18Cr2Ni4W	15	950	850	空	1 200	850	10	45	100

注：表中各钢号除标有 * 不回火外，余下的淬火后的回火温度均为 200℃，除后标有·用水、油冷却外，余均用水、空冷却。

7. 工件渗碳的实例

1）棘轮固体渗碳

（1）技术要求　工件的形状和尺寸如图 4－6 所示。

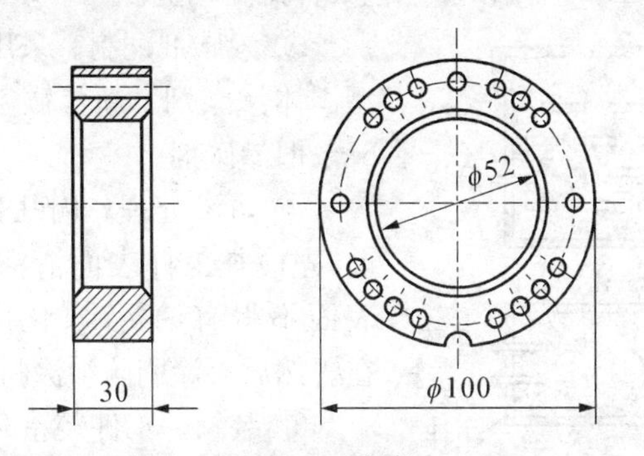

图 4－6　棘轮

材料为 20Cr，要求渗碳淬火，渗碳层深度为 0.8～1.2 mm，表面硬度为 58～62 HRC，表层金相组织为回火马氏体加粒状碳化物；

内孔不允许渗碳。

(2) 加热设备及工装选择　加热设备选用 RX3－75－9 箱式电阻炉,工装采用装箱固体渗碳。

(3) 热处理工艺　在箱式电阻炉中于 930℃±10℃保温 6～8 h 渗碳,渗碳后在中温盐浴炉中经 840℃±10℃,加热 10 min,油淬。然后在硝盐回火炉中于 160℃±10℃加热 2 h,空冷。

渗碳→淬火→回火的工艺曲线如图 4－7 所示。

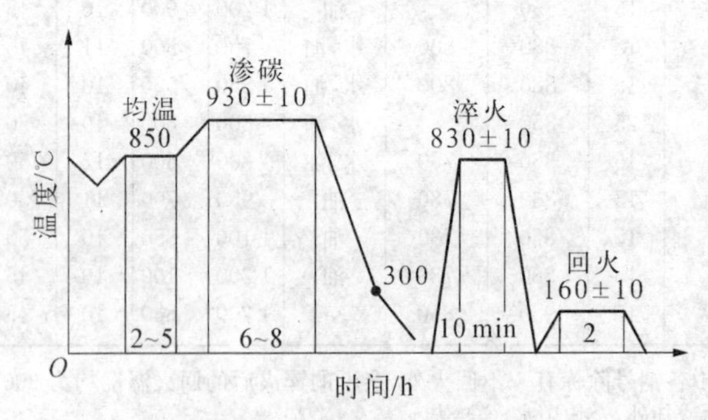

图 4－7　棘轮热处理工艺曲线

(4) 工艺准备

① 检查热处理设备运行是否正常,温度控制和指示是否准确。

② 检查工件与图纸。工艺文件是否相符。

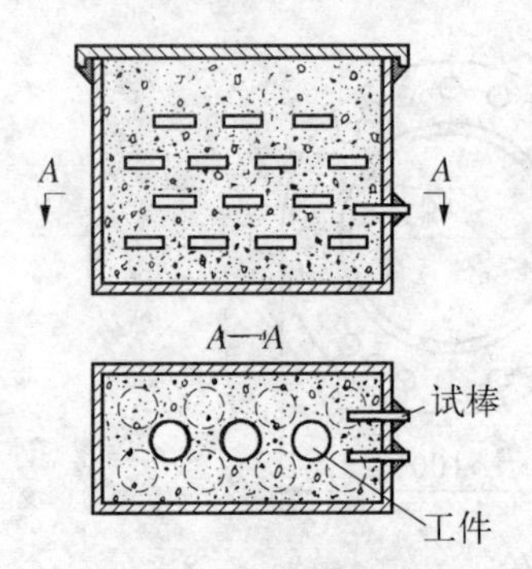

图 4－8　棘轮装箱示意图

图中试棒材料为 20Cr,试棒外形尺寸为 ϕ10 mm×150 mm。

③ 渗碳剂配制。采用 GS－Ⅱ－4 型固体渗碳剂。新渗碳剂占 35%＋65%旧渗碳剂。

④ 防渗处理。内孔作防渗处理前,先检查工件表面清洁状况,工件表面不得有油污,氧化皮等污物存在。然后再涂刷防渗涂料。

⑤ 装箱。工件装箱时,首先在箱底铺放一层厚度为 30～40 mm 的渗碳剂,再将工件彼此错开整齐地放在渗碳剂上面,如图 4－8 所示。

工件与箱壁之间，两层工件以及同层工件之间均要保持15～20 mm间距。其间填以固体渗碳剂，稍加打实，以减少空隙，并使工件得到稳定的支承。渗碳箱上部应填以30～50 mm厚的渗碳剂，以保证在渗碳剂收缩时，工件不致露出。

箱盖用耐火泥密封，在密封时在渗碳箱上插入不少于2根工艺试棒。

(5) 操作程序

① 按工艺曲线将空炉升温到工作温度。

② 到温后将渗碳箱装入炉内。

③ 等炉温恢复到工作温度时开始计算保温时间，到保温时间结束之前60 min和30 min先后把插在箱内的试样钳出来，直接淬火后打断。根据断口硬化层深度决定出炉时间(有条件的地方应用金相法检查渗层深度)。

④ 渗碳箱出炉后，应空冷至300℃以下方可开箱取出工件空冷。

⑤ 渗碳后补充处理：为消除网状碳化物，渗碳后可进行正火处理。为改善加工性能，对于硬度大于30 HRC的渗碳件可进行退火或高温回火处理。

2) 自行车前后轴碗液体渗碳

(1) 技术要求　自行车前后轴碗，材料为10钢，渗碳淬火，渗碳层深为0.3～0.5 mm，表面硬度为80～84 HRA，显微组织为马氏体等级小于或等于4级。

(2) 加热设备及渗碳剂的选择　加热设备选用高温盐浴炉，渗碳剂选用无氰新型液体渗碳剂。

(3) 工艺规范　渗碳温度为930℃±10℃渗碳时间为1 h，渗后直接淬火，冷却剂为水。回火在硝盐炉中，温度为160～180℃，保温3 h出炉空冷。

(4) 工艺准备及操作

① 操作者必须戴好防护眼镜和手套，穿好工作服。

② 检查盐浴炉设备运行是否正常，温度测量与控制是否准确。

③ 零件与图样、工艺文件是否相符，清理零件表面，零件表面

不允许有油污、氧化皮、磕、碰、划伤。

④ 将零件用铁丝绑好或装入料筐中，与炉钩一起烘干。

⑤ 配制渗碳剂，比例如下：

10%“603”渗碳剂＋10% Na_2CO_3＋45% NaCl＋35% KCl。

⑥ 配制好的渗碳剂烘干后装入坩埚里加热或添加渗碳剂时，可能产生沸腾，此时应停止加热，并对盐浴进行搅拌，待其平静后再继续升温或加盐。

⑦ 新配制的盐熔化后需加入3%～8%的增碳剂(石墨、炭粉或固体渗碳剂)，使盐浴表面保持一层连续疏松的覆盖层。每使用8 h后，需添加1%～3%增碳剂(质量分数)进行补充，连续使用3天后，添加0.5%～5%草酸混合盐，使盐浴再度活化，继续使用。

⑧ 盐浴在使用时会产生盐渣沉积炉膛底部，应定期进行捞渣。

⑨ 按工艺规范将零件浸入盐浴炉，保温后出炉，浸水搅动冷却淬火。

⑩ 淬火后的零件立即进入硝盐炉中进行回火，回火温度为160～180℃，保温3 h，出炉后空冷。

⑪ 为了控制渗碳质量，液体渗碳时，应与零件同时放入一定数量的试样，在稳定批量生产条件下，试样可以减少。一般每炉放3个试样，1个根据渗层深度要求，确定渗碳出炉时间，2个同样零件一起热处理，检查渗碳层深度和渗碳后的组织。

(5) 质量检验

① 检查渗碳件表面有无腐蚀或氧化。

② 打断试样，研磨抛光，用硝酸酒精溶液侵蚀直至显示出深棕色渗碳层，用带有刻度的放大镜测量。

渗碳后缓冷试样，磨制成显微试样，用显微镜测量。根据有关标准测量渗碳层深度。

③ 用洛氏硬度计测量HRC硬度值。

④ 用显微镜检查渗碳层的马氏体等级。

3) 汽车后桥主动锥齿轮气体渗碳淬火

(1) 技术要求　后桥主动锥齿轮，材料20CrMnTi，渗碳处理，渗碳层深度 0.8～1.2 mm；齿面硬度为 58～62 HRC，心部硬度为 33～40 HRC。

（2）主动锥齿轮生产工艺路线　锻造→正火→机械加工→渗碳→淬火→低温回火→喷丸→磨齿。

工艺分析：采用正火的主要目的是降低硬度，消除毛坯的锻造应力，均匀组织，改善切削加工性能，同时还为以后的热处理作好金相组织上的准备。

（3）工艺规范　渗碳，淬火工艺规范见图 4－9。渗碳结束后，工件出炉预冷到 840℃±10℃时，采用直接淬火法淬油，然后再经 160℃±10℃、4 h 低温回火。

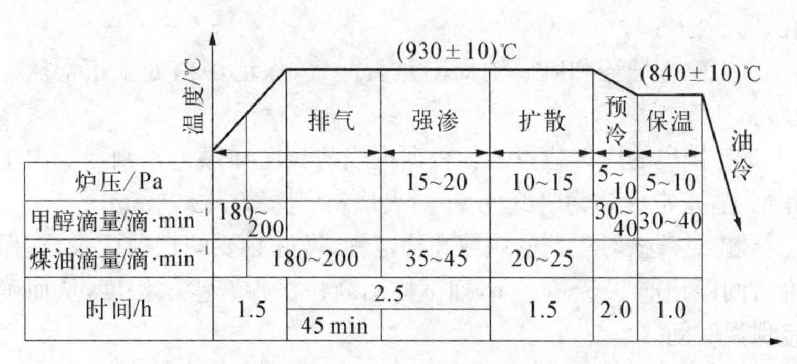

图 4－9　汽车后桥主动锥齿轮渗碳、淬火工艺

（4）热处理设备及工夹具的选择　渗碳炉选用 RQ_3－75－9T 气体渗炉，回火选用回火炉，工夹具选用专用吊具。

（5）工艺准备

① 气体渗碳炉盖的螺钉是否拧好，密封圈是否完好。炉盖的升降机构、风扇、冷却、润滑、渗剂供给系统是否正常。电阻丝和炉罐应完好，清除渗碳罐、进气管、排气管中的炭黑和灰渣、油污等。检查电气系统是否正常。

② 渗碳用煤油在使用前需经质量检查和过滤处理。

③ 渗碳件表面不得有锈斑、油污和水迹，零件表面不得有损伤。

④ 将齿轮用吊具装好。

(6) 操作

① 空炉升温到850℃开始滴煤油、乙醇和甲醇排气,到温后断电启炉盖装炉。

② 零件装炉时应注意零件之间要有间隙,以保证渗碳气体畅通,有利于获得均匀的渗碳层。

③ 装好零件后将炉盖盖好,拧紧螺钉。

④ 接通风扇和仪表的电源,按工艺规范定好渗碳温度,按工艺规范滴渗碳剂升温。

⑤ 炉温升到渗碳温度后,按渗碳阶段滴渗剂,同时记下保温时间,将试样从炉盖试样孔插入炉内,一般放进两件,要注意封严样孔,防止漏气。

⑥ 检查炉盖和风扇轴周围是否漏气,保证炉内处于正常压力状态。

⑦ 排出的废气应点燃。根据火焰的长度和颜色来判断炉内工作情况,正常火焰为暗红色,一般火焰长度为80～250 mm。

⑧ 经常核对渗剂的滴数和稳定性,做好必要的炉前记录,在保温时间停止前0.5～1.0 h,抽试样用断口法检查渗层深度,从而确定保温时间。

⑨ 均温阶段应减少渗碳剂滴量,均温结束之后断电随炉降温到840℃±10℃,保温1 h后出炉油冷(直接淬火法)。

⑩ 淬火后的齿轮抽检硬度后装入回火炉,回火温度为160～200℃,保温2 h后出炉空冷。

(7) 质量检验

① 表面质量。齿轮渗碳淬火后100%检查表面氧化、裂纹、碰伤、腐蚀等。渗剂不纯,含水、含硫量过多;渗碳罐漏气;零件表面不清洁会产生表面氧化和腐蚀。

② 表面硬度。用齿轮检查齿轮表面硬度。

③ 渗层深度。用试样检查;从表面测到550 HV深度处为有效硬化层深度,显微镜检查时合金钢:过共析+共析+全部过渡区。

在渗碳过程中渗碳温度过高、保温时间过长、渗剂滴量过大炉内碳势过高而造成渗层太深。

在渗碳过程中渗碳温度过低，保温时间过短，炉内碳势低及密封性不好会造成渗层太薄。

二、钢的渗氮

1. 渗氮的特点和应用

渗氮是将氮原子渗入钢件表层的化学热处理工艺过程。与渗碳相比，渗氮的优点是：

(1) 有更高的表面硬度和耐磨性，专用氮化钢如 38CrMoAlA 经渗氮后，表面硬度可达 85 HRA。

(2) 有高的疲劳强度。

(3) 变形小，而且规律性强，因为渗氮温度低，一般为 480～600℃，且升温和降温的速度都较慢，处理过程中零件心部没有相变，所以变形很小。

(4) 有较高的抗蚀性。

(5) 有较高的抗咬合性能，这是由于渗氮层在较高温度时仍能保持高硬度所致。

渗氮的缺点主要是处理过程时间太长，一般都要几十小时以上，生产率低，成本高，因而在一定程度上限制了它的使用。再则渗氮层薄而脆，因此渗氮后的磨削余量较小，并且渗氮件不能承受太大的接触压应力种冲击。

根据渗氮的特点，渗氮多用于要求表面硬度高、耐磨性好、抗蚀性较好以及变形小的精密零件，如精密机床的主轴、发动机的气缸套、油泵柱塞等。

2. 渗氮工件的工艺流程

(1) 一般工件的渗氮工艺流程：粗加工→预先热处理→半精加工→渗氮→精磨。

(2) 细长件、形状复杂等易变形和高精度工件渗氮工艺流程：粗加工→预先热处理→半精加工→去应力退火→半精磨→渗氮→精磨。

(3) 要求心部有一定强度和冲击韧性的重要渗氮工件，渗氮前应进行调质处理，一般渗氮工件只作正火处理。

3. 渗氮前的准备工作

(1) 检查工件的精磨量及各部位尺寸是否达到工艺要求。

(2) 经过探伤或宏观检查，工件表面不得有裂纹、凹痕、碰伤、尖角毛刺及变形等缺陷。

(3) 用汽油和酒精清洗工件表面，不许有锈蚀、油污、脏物存在。

(4) 工件的非渗氮面应采用镀锡或涂料防止渗氮。

(5) 装炉前检查设备、电系统、管道、氨气分解测定仪及控制仪表等，保证正常使用。

(6) 液氨的含水量(质量分数)应小于1%。

(7) 检查储水筒是否灌满水。

(8) 装炉前应用压缩空气吹去管道中的积水和脏物，检查进气管小孔是否堵塞。

(9) 检查渗氮吊具是否牢靠，使用时不许超载，如有脏物或氧化皮应清除。

(10) 装炉时，操作人员必须戴上干净手套。对易变形工件，如长杆件最好垂直吊挂在罐中，并考虑工件和夹具对氨气流动的影响，不要堵塞气孔。最上层工件距炉盖要有一定的距离。工件不要放得太密、贴得太紧。

(11) 试样应打号并分区挂入炉内，为保证质量还可放入中检试样，在渗氮过程中抽检。

(12) 工件入炉应垂直徐徐下降，勿使工件碰撞渗氮罐。装炉后盖上炉盖，对称拧紧螺栓，方可通氨。

(13) 装炉的试样应进行和工件相同的预先热处理，其试样表面粗糙度也应和工件相同。

4. 渗氮工艺

1) 渗氮前的预先热处理

(1) 正火　目的是消除锻造应力，降低硬度，消除不良组织。

(2) 调质　渗氮工件在渗氮前应进行调质处理，以获得回火索氏体组织。调质处理回火温度一般高于渗氮温度。

(3) 去应力退火　渗氮前应尽量消除机械加工过程中产生的内应力,以稳定零件尺寸。如果精度要求很高,消除应力处理可增加2次。消除应力温度应低于回火温度。

2) 渗氮工艺参数

(1) 渗氮温度　渗氮温度以500～530℃为宜,渗氮温度越高,氮化物弥散度越小,渗氮层的硬度也越低。

(2) 渗氮时间　保温时间增加,有利于扩散进行,经一定时间渗氮后,表面硬度才达到最大值。渗氮温度越高,获得相同层深所需的时间越短,当温度一定时,要求的渗氮层越深,所需时间越长。

(3) 氮分解率　按下式计算。

$$\text{氨分解率}=\frac{\text{氢气体积}+\text{氮气体积}}{\text{炉气总体积}}\times 100\%$$

氨分解率表示炉内氨气的分解程度。它的高低,直接影响工件表面吸收氮的速度。

实际生产中氨分解率是通过调整氨的流量来控制的,氨的流量越大,在炉内停留时间越短,则分解率越低。

3) 常用渗氮工艺

(1) 等温渗氮　是在一个恒定的温度下(480～530℃)进行长期渗氮的过程,主要用于要求渗氮层深度大、硬度高、硬度梯度小、变形小的精密工件,工艺曲线见图4-10。

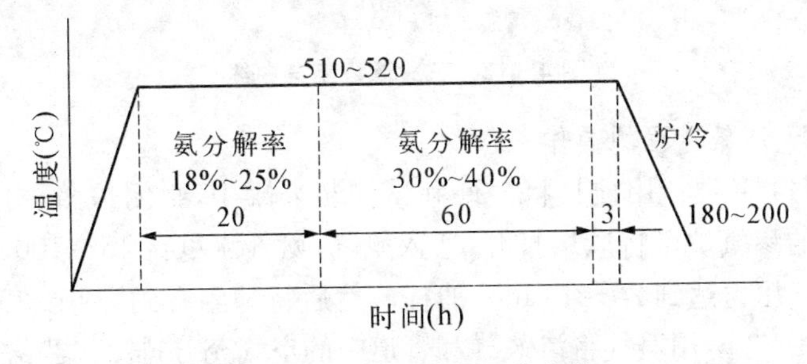

图4-10　等温渗氮工艺曲线

(2) 二段渗氮　即将渗氮温度分两段控制的渗氮过程：第一阶段是在较低温(510～520℃)和较低的氨分解率(18%～25%)下，渗氮16～20 h；第二阶段是将温度提高到550～560℃，加速氮原子扩散，增加渗氮层深度，适用于一般渗氮工件，其工艺曲线见图4-11。

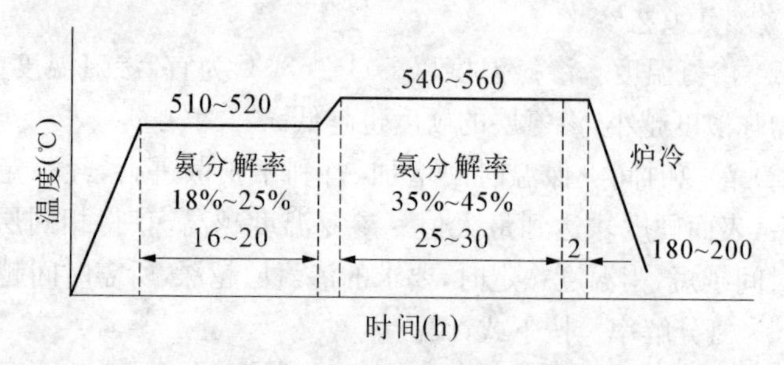

图4-11　二段渗氮工艺曲线

(3) 三段渗氮　特点是适当提高第二阶段温度，加速渗氮过程，三段渗氮能进一步提高渗速，缩短渗氮时间。工艺曲线见图4-12。

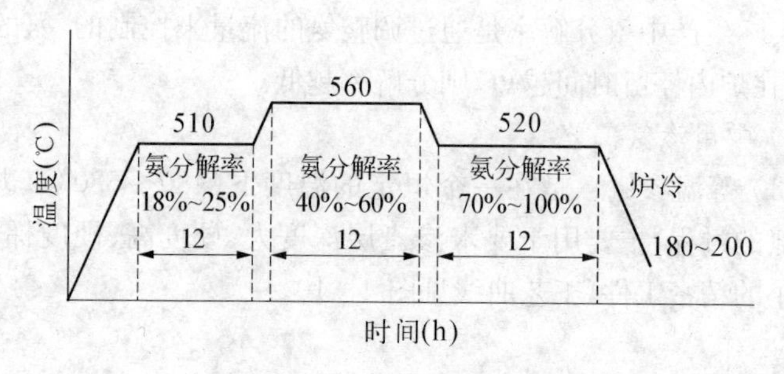

图4-12　三段渗氮工艺曲线

4) 渗氮过程的操作

(1) 升温　用挂具将零件和试样装入罐中，封闭炉盖，对于有风扇的渗氮炉可将风扇打开，通入氨气，氨气流量在15～100 L/h，使进气压力达到20～40 mm油柱。然后将炉温升到200～250℃，保温1～3 h，用氨气将渗氮罐和管道中的空气充分排出。当罐内空气量超过5%左右或分解率为零时才允许升温。这时可降低氨气流量，维持炉内有一定的压力，保证零件不被氧化即可。

在升温过程中，对于不复杂的变形要求不严的零件，升温可不控制；对形状较复杂，易变形的零件，如大齿轮等，可采用阶梯升温方法，以减少变形。

当炉温为450℃左右时，就要控制升温速度，不要太快，以免造成保温初期超温现象。同时，应加大氨气流量，使分解率控制在工艺要求的下限。

(2) 保温　当渗氮罐内达到要求温度时，渗氮过程就进入保温阶段。根据渗氮规范，调节氨气流量，保持温度和分解率的正确和稳定。

渗氮工艺可根据情况采用等温渗氮、二段渗氮或三段渗氮。

(3) 冷却　保温结束、停电降温时，必须继续通氨气，保持炉罐有一定的正压，防止空气进入使零件表面产生氧化色。

5) 操作要点

(1) 渗氮操作应严格按工艺曲线进行，渗氮温度以罐内温度为准。做好记录，如实反映情况。

(2) 升温前先通气、排气，排气时氨的流量应比使用时大一倍以上，随着炉内空气的减少，可边升温边排气，但应在150℃以内排完。

(3) 排气过程中，可用pH试纸(试纸用水浸湿，遇氨气变蓝色)或盐酸棒(玻璃棒沾盐酸，遇氨气有白烟出现)检查炉罐及管道有无漏气情况，漏气严重时应及时处理。

(4) 用氨分解测量仪测量氨分解率。当分解率大于98%时，可降低氨流量，保持炉内正压，继续升温。细长、易变形或大型工件应在400℃均温2～4 h。

(5) 炉温达到500℃调节氨流量，使氨分解率达到18%～25%，开始计算保温时间。

(6) 通过调整供氨量可以控制氨分解率，加大氨流量，分解率就减少；减少氨流量，分解率就加大。

(7) 在渗氮阶段，每30 min测量一次分解(测定时炉气进入测定仪内应保持 30～60 s 才可测量)。并记录炉温、流量(或压力)和分解率。

(8) 在深井渗氮炉的升温过程中,应使炉内上、中、下部温差在 20℃以内,保温过程中的温差则应在±5℃以内。

(9) 为降低渗氮层脆性,在渗氮结束前 2～3 h 进行退氮处理。此时关闭排气阀门,减少氨流量,使分解率大于 70%,降低表面氮浓度。退氮完毕后,切断电源,给少量氨气,使炉内保持正压,等炉温降低到 150℃以下方可停止供氨出炉。

(10) 工件出炉时应避免碰撞,对细长及精密工件应吊挂冷却。

6) 渗氮过程中异常现象的产生原因及处置方法

(1) 渗氮温度不变,氨分解率突然升高,此时压力减小的主要原因是:

① 氨气瓶中氨气接近用完,炉内通氨量趋近于零。需立即更换新氨气瓶。

② 氨气瓶瓶口结霜,需用热水把瓶口浇开,保证氨气畅通。

③ 冒泡瓶无泡。除上述原因外,应分段检查供氨系统管路是否堵塞。

(2) 氨分解率不在工艺规范之内,其主要原因是:

① 若测量仪表失灵,应及时修复仪表。

② 氨流量不适宜或装炉量太大,降低了氨的流畅;或渗氮罐长期使用产生老化,在表面生成氧化铁脱落催化氨的分解。为避免该现象应在渗氮罐使用 3～5 炉后,对渗氮罐进行 650℃以上、保温 6 h 的去氮处理,并清理渗氮罐的内壁,使渗氮罐延期老化。

(3) 重复渗氮要求

① 由于渗氮温度偏低,致使渗氮层渗氮不足时,可重新渗氮。

② 由于渗氮层浅,造成硬度不足时,可重新渗氮。

③ 渗氮层脆性超过 3 级可重新作退氮处理,降低脆性。

④ 由于温度过高,造成渗氮层不足时,不能重新渗氮,如重渗必须将渗氮层磨掉。

5. 渗氮用钢

从理论上讲,所有的钢铁材料都能渗氮,但只将那些适用于渗氮处理的渗氮用钢才能获得满意效果。

目前专门用于渗氮的钢种是 38CrMoAlA，其中铝与氮有极大的亲和力，铝是形成氮化物提高渗氮层强度的主要合金元素。AlN 很稳定，到约 1 000℃的温度在钢中不发生溶解。由于铝的作用使钢具有良好的渗氮性能，此钢经过渗氮表面硬度高达 1 100～1 200 HV(相当 67～72 HRC)。

38CrMoAlA 钢的化学成分及热加工规范见表 4－10。

表 4－10　38CrMoAlA 钢的化学成分及热加工规范

化学成分（%）					
C	Si	Mn	Cr	Al	Mo
0.35～0.42	0.2～0.4	0.30～0.60	1.35～1.65	0.75～1.10	0.15～0.25

临界点(℃)			锻造温度
Ac_1	Ac_3	Ar_1	1 000～1 200℃
800	940	730	

热处理					
项目	退火	正火	高温回火	调质处理	
				淬火	回火
加热温度（℃）	860～870	930～970	700～720	930～950	600～650
冷却方法	炉冷	空冷	空冷	油冷	水冷或油冷
硬度	HBS≤229		HBS≤229	HRC 40～47	HRC 28～32

38CrMoAlA 钢的淬透性并不高，油淬时其临界直径为 30 mm 左右。厚度在 50 mm 以下的，可采用油淬；厚度超过 50 mm 的，多采用水淬油冷。

常用钢的渗氮规范见表 4－11。

表 4－11　常用钢的渗氮规范

钢　号	渗氮规范				渗氮层深度（mm）	渗氮表面硬度 HV	备注
	阶段	温度（℃）	时间（h）	分解率（%）			
38CrMoAlA		510±10	17～20	15～35	0.2～0.3	＞550	卡块
		530±10	60	20～50	≥0.45	HRC65～70	套筒
	Ⅰ Ⅱ	495±5 525±5	63 5	18～40 100	0.58～0.65	974～1 026	螺杆

（续　表）

钢　号	渗　氮　规　范				渗氮层深度（mm）	渗氮表面硬度HV	备注
	阶段	温度（℃）	时间（h）	分解率（%）			
38CrMoAlA	Ⅰ Ⅱ	495±5 525±5	15 7	18～30 100	0.4～ 0.43	988～1 048	齿盘或摩擦盘
	Ⅰ Ⅱ	495±5 545±5	17 34	18～25 50～75	0.53～ 0.57	988～1 048	机筒
	Ⅰ Ⅱ	510±10 540±10	15 20	18～30 35～50	0.35～ 0.45	HRC≥65	轴
	Ⅰ Ⅱ Ⅲ	525+5 560+5 525+5	20 22 5	25～35 40～60 25～35	0.55～ 0.64	HRN_{30} 83～84	脆性Ⅰ级试验结果
	Ⅰ Ⅱ Ⅲ	510±10 560±10 560±10	20 34 3	15～35 35～65 100	0.5～ 0.75	≥750	气缸
	Ⅰ Ⅱ Ⅲ	510±10 550±10 550±10	8～10 12～14 3	15～35 35～65 100	0.3～ 0.4	≥700	齿轮
40Cr	 Ⅰ Ⅱ	510±5 500±5 530±5	55 53 5	18～23 18～40 100	0.55～ 0.6 0.85	77～78 HRA 493～525	齿轮
42CrMo	Ⅰ Ⅱ	520±5 530±5	63 5	18～40 100	0.39～ 0.42	493～599	
12Cr2Ni3A	Ⅰ Ⅱ	500－10 540－10	53 10	18～40 100	0.69～ 0.72	503～599	曲轴
18Cr2Ni4WA	 Ⅰ Ⅱ	490－10 490±5 510±5	50 35 10	15～35 18～45 100	0.3～0.4 0.43～ 0.47	≥600 690～720	
40CrNiMoA	 Ⅰ Ⅱ	500±5 520±5 525±5 540±5	80～85 25 20 10～15	12～25 25～35 25～35 35～50	0.6～0.9 0.35～ 0.55 0.4～0.7	HRN_{30}≥68 HRN_{30}≥68 HRN_{30}≥83	
50CrV		430－10 480±10	25～30 7～9	5～15 15～35	0.15～0.3 0.15～0.25		弹簧

（续 表）

钢 号	渗氮规范				渗氮层深度（mm）	渗氮表面硬度 HV	备 注
	阶段	温度（℃）	时间（h）	分解率（%）			
3Cr2W8		560	8	前 4 h 15～25 后 4 h 30～45	0.15～0.25	≥600	压铸模
	Ⅰ Ⅱ	500－10 540－10	43 10	18～40 100	0.4～0.45	739～819	
Cr12MoV	Ⅰ Ⅱ	480 530	18 25	14～27 36～60	≤0.2	720～860	中心硬度 29～33 HRC
1Cr13	Ⅰ Ⅱ	520～530 550～560	40 50	30～45 35～50	0.20～0.26	≥700	

6. 渗氮件质量检查

渗氮件质量检查项目与内容见表 4－12。

表 4－12 渗氮件的质量检查

检验项目	检 验 内 容
外观检验	颜色：正常情况下，氮化表面呈银灰色，无光泽，如局部出现亮点，说明该处未渗氮，主要是清理不佳所致
深度检验	断口法：用带刻度的放大镜直接测定其深度 金相法：在金相显微镜下，测量到氮化层与基体的明显交界处
硬度检验	用维氏硬度计（HV）或表面洛氏硬度计（HRN）测量表面硬度
脆性检验	用维氏硬度压痕外形作为评定渗层脆性的依据。根据压痕外形，将渗层脆性分为五个等级，一级压痕边角完整无缺，五级压痕四边均碎裂，轮廓不清

7. 渗氮常见缺陷及防止方法

见表 4－13。

表 4-13　渗氮常见缺陷及防止措施

序号	缺陷	形成原因	防止措施	补救办法
1	渗氮层硬度低	(1) 第一阶段保温时氨分解率偏高 (2) 渗氮温度偏高 (3) 使用新的渗氮罐 (4) 渗氮罐久用未退氮	(1) 经常校正测温仪表 (2) 缓慢升温，氨分解率控制在下限 (3) 加大氨气流量 (4) 使用 10 炉左右后作一次退氮处理	对第二、三、四种情况进行一次补充渗氮(510℃，10 h，氨分解率 20%～30%)。第(1)种情况无法补救
2	渗氮层厚度浅	(1) 第二阶段温度偏低 (2) 保温时间不足 (3) 装炉不当，工作之间距离太近	(1) 校正测温仪表 (2) 增加保温时间 (3) 合理装炉，保证气流畅通	严格地按第二阶段工艺规范再进行一次渗氮
3	渗氮层脆性大或起泡剥落	(1) 液氨含水量高 (2) 工件表面脱碳层未全部加工掉 (3) 氨分解率低 (4) 退氮处理不当 (5) 工件有尖角、锐边 (6) 工件表面粗糙或有锈斑	(1) 更换干燥剂 (2) 增大加工余量 (3) 严格控制操作 (4) 按要求进行退氮处理 (5) 尽可能将尖角、锐边倒圆，或者在技术条件允许的情况下，调整工艺规范。降低表面氮浓度 (6) 严格控制工件表面质量	(1) 再进行一次退氮处理(500～520℃，3～5 h，氨分解率≥80%) (2) 将工件放在 20% 氯化钠水溶液中，于 60～80℃浸煮 8 h 之后用硫酸亚铁中和消毒
4	渗氮层硬度不均，或有软点	(1) 加热炉温差太大 (2) 进氨管道局部堵塞 (3) 工件表面有油污 (4) 装炉量太多 (5) 非渗氮面的镀锡层淌锡	(1) 经常检查加热设备和测量仪表 (2) 定期清理管道 (3) 仔细清洗工件表面 (4) 合理装炉 (5) 严格控制镀层厚度，并在镀锡前将工件进行喷砂处理	

（续 表）

序号	缺 陷	形 成 原 因	防 止 措 施	补 救 办 法
5	工件变形超差	(1) 渗氮罐内温度不均匀 (2) 加热或冷却速度太快 (3) 渗氮前工件内应力未充分消除 (4) 装炉方法不合理 (5) 工件结构设计不合理	(1) 经常检查加热设备及测温仪表 (2) 采用分段升温法，并控制冷却速度 (3) 渗氮前进行一至两次除应力处理 (4) 改进装炉方法，注意工件自重的影响 (5) 尽量使工件结构设计得合理	对于尺寸稳定性要求不高的工件可以进行矫直，然后再进行除应力处理
6	表面氧化色	(1) 渗氮罐漏气或密封不严，冷却时造成负压 (2) 干燥剂失效 (3) 出炉温度过高	(1) 检查设备，始终保持炉内正压力，冷却时继续供少量氨气避免罐内负压 (2) 定期更换干燥剂 (3) 炉冷至 200℃ 以下出炉	(1) 低压喷细砂消除氧化色 (2) 于 500～520℃ 再进行 2～5 h 渗氮。炉冷时继续通氨，200℃ 以下出炉

8. 工件渗氮实例

1）齿轮渗氮

(1) 技术要求　齿轮材料为 38CrMoAlA。调质后经渗氮处理，渗氮后硬度≥550 HV，渗层深度为 0.25～0.35 mm，脆性≤2 级，工件外形尺寸见图 4－13。

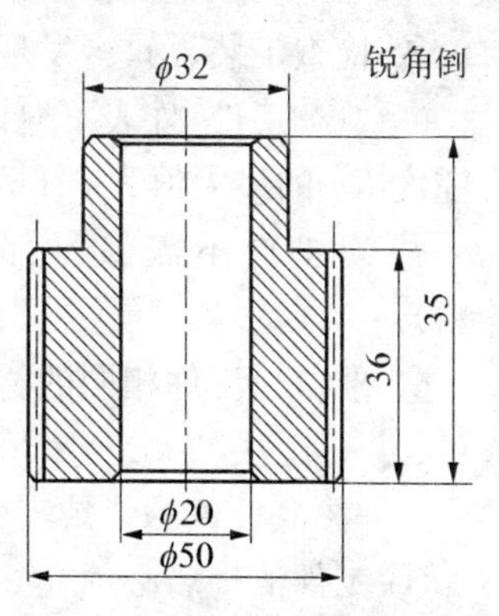

图 4－13　38CrMoAlA 钢齿轮

(2) 热处理工艺规范

① 渗氮设备。选用 RN－45－6K 井式气体渗氮炉（工作区尺寸 ϕ450 mm×1 000 mm），选用氨气作为渗剂。

② 工装夹具。选用多层托架，工件间隙大于或等于 5 mm。

③ 渗氮工艺曲线。见图 4－14 采用等温渗氮法。

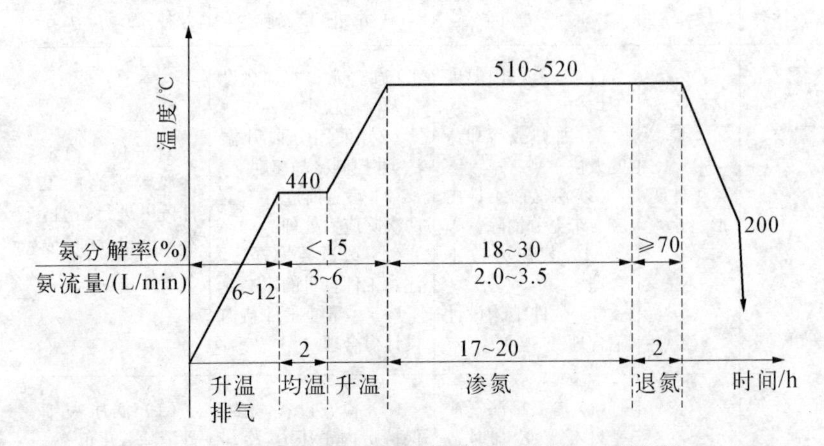

图 4－14　38CrMoAlA 钢齿轮等温气体渗氮工艺曲线

(3) 渗氮处理前的准备工作

① 清理渗氮罐及进、排气管路，保证管路畅通无漏气现象。

② 清理并检查干燥箱，保证干燥剂数量足够及良好的脱水效果。

③ 检查炉罐与炉盖密封是否完好，炉盖密封圈冷却循环水是否通畅。

④ 热电偶位置是否正常，控温仪表工作是否正常。

⑤ 检查工装、吊具，发现脆化、开裂应及时更换。

⑥ 检查工件，外表不允许有锈斑、划痕、磕碰等，渗氮部位表面粗糙度 Ra 的最大值为 0.65 μm，清理工件表面油污。

⑦ 对工件不需渗氮部位进行防渗氮处理（可涂刷防渗氮涂料）。

⑧ 准备与工件相同的材料，相同预先热处理的随炉试件 2～5 件（尺寸一般为 ϕ20 mm×30 mm，表面粗糙度与工件相同）。

(4) 渗氮处理的装炉工作

① 工件清理后必须在 2 h 内装炉，将工件均匀摆放于工装上，注意合理摆放及工件间距，不影响炉内气体流通和均匀加热。

② 根据炉膛大小及工件要求安放随炉试件。对本工件,可以在多层托架最上层和最下层各带一件随炉试件。

③ 将工件、试件随托架吊入炉罐内,关闭炉盖,压紧螺钉,接通电源进行升温。

④ 工件装炉后,一般在200℃以下进行排气,充入强大氨气流,排出炉膛空气,氨气进气量视炉膛大小而定,对本工件选用的RN-45-6K渗氮炉,氨气流量一般为12 L/min,一般排气时间1 h左右。

⑤ 当炉温升至440℃时,保温2 h,使工件均温,同时适当调整氨流量至3~6 L/min,视炉膛大小而定。测量炉内气压,一般保持196~392 Pa(20~40 mmH_2O),炉内氨气分解率小于15%。

⑥ 当炉温升至渗氮温度时,校正仪表温度,控制氨气流量至2.0~3.5 L/min,使氨气分解率保持在18%~30%。此时炉内气压应控制在392~980 Pa(40~100 mmH_2O)间。每隔0.5 h测一定氨分解率并适当调整氨气流量,按工艺要求保持炉温和氨分解率的稳定,随时通过压力计、流量计和冒泡瓶来检查炉内工作情况。

⑦ 当渗氮过程达到规定工艺时间(本工件一般定为18 h),调整氨气流量使氨分解率≥70%进行退氮处理,时间2~3 h,从而减小工件表面脆性。

⑧ 退氮处理结束后,关闭电源开关,让工件随炉冷却,工件冷却过程中应继续通入氨气保持炉内正压力以防止空气进入罐内使工件氧化变色。当罐内温度降至200℃以下时,可停止供氨,开启炉盖,取出工件及试件进行空冷。

⑨ 检查。外观检查:正常渗氮后的工件表面呈银灰色,无光泽,表面不允许有裂纹、剥落等缺陷。层伸硬度及脆性检测用硬度法测定。按GB/T 11354—1989的规定,采用维氏硬度计,载荷3N(0.3 kgf),从试样表面测至比基体硬度高50 HV处的垂直距离为渗氮层深。

(5) 质量检验

① 表面质量。用目测观察渗氮表面色泽,检查有没有裂纹、

剥落。

② 渗层深度。如果渗氮温度偏低、氮势不足、保温时间过短，就会造成渗层深度过浅。因此需提高渗氮温度；检查炉膛密封性；提高氮势；增加保温时间。

③ 表面硬度。用试样检查渗氮表面硬度一般用 HV_{10} 检测。在气体渗氮时常出现渗氮表面硬度偏低的缺陷，其产生的主要原因是材料有错；渗氮温度过高或过低；渗氮时间不够；氮势偏低。防止出现这种缺陷的措施是检查核对材料；调整渗氮温度和时间；降低氨分解率；检查炉子是否漏气。

④ 脆性。用试样检查脆性。如果表面含氮量过高，渗氮层太深，表面脱碳，预先热处理有过热现象、晶粒粗大就会变脆。解决的方法是预先热处理时保护加热；留足加工余量；降低氮势：采用二段、三段渗氮法；后期采用退氮法；细化原始组织晶粒等。

2) 3Cr2W8V 压铸模气体渗氮

(1) 技术要求　模具材料为 3Cr2W8V，渗氮处理渗氮层深度为 0.20～0.25 mm，表面硬度不小于 600 HV，深层脆性为 1～2 级。

(2) 渗氮设备的选择　选用气体渗氮炉。

(3) 工艺规范　渗氮选用气体三段渗氮法，其工艺规范见图 4-15。

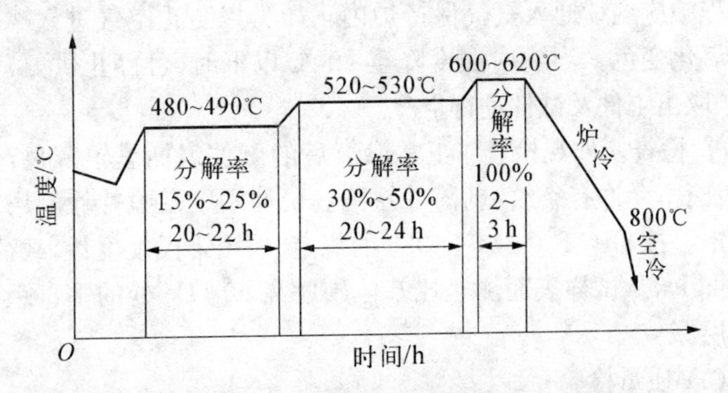

图 4-15　模具气体三段渗氮工艺曲线

(4) 工艺准备及操作

① 装炉前全面检查氮化炉控制仪表、液氨瓶、流量计、氨分解测量仪以及管道系统。

② 干燥剂常用氧化钙、氯化钙等，焙烧过的较好，如失效应更换或烘干。渗氮介质以含水量少于0.2%的氨为最好。

③ 清洗零件，零件表面不许有毛刺、氧化皮、锈斑、磕、碰、划伤、油污等。用清洁汽油擦净。

④ 渗氮件表面粗糙度 Ra 应小于 1.6 μm，渗氮件预备热处理调质处理。

⑤ 将已清洗干净的零件与试样吊入渗氮炉中，并密封好，同时接通排气系统和控制系统。

⑥ 渗氮操作严格按工艺规范执行，升温并加大氨气的通入量，边排气边升温，但应在200℃内排完气，以免零件氧化。

⑦ 当氨气分解率达到18%左右时，即可点燃废气，以保护环境。

⑧ 为了降低渗氮件的脆性，应进行退氮处理，此时应关闭出气孔，只通入少量的氨气以保持炉内正压。

⑨ 退氮完毕后断电降温，并继续通入少量的氨气，维持炉内正压，降温时按零件技术随炉冷至200℃，出炉空冷。

(5) 质量检验

① 观察渗氮表面色泽。正常氮化件表面应为银灰色，表面有没有裂纹、烧伤等。如发现局部烧伤其主要原因是清理不净，孔槽未屏蔽。

② 渗氮表面硬度用 HV_{10} 硬度计测量。如硬度低主要原因是渗氮温度低，供氮量不足。解决的办法是严格控制工艺参数。

③ 对随炉试块进行测量渗层深度。如果渗氮温度低，时间短会造成渗氮层浅，应严格按工艺参数进行渗氮。如果通氨量过大，温度不均匀，装炉不当，会造成渗氮层不均匀。

④ 用试样检测脆性。

3) 套筒气体渗氮

(1) 技术要求　套筒材料为38CrMoAlA，工件外形见图4-16。

渗氮处理：硬度≥940 HV，渗层深度 0.4～0.6 mm，脆性≤2

级，轮缘上四孔不渗氮。

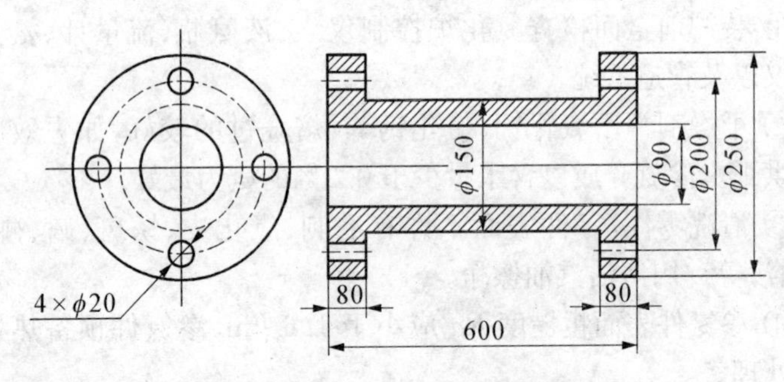

图 4-16　38CrMoAlA 钢套筒

(2) 热处理设备及渗氮工艺选择　渗氮设备选用 RN-45-6K，井式气体渗氮炉选用氨气作为渗剂。

渗氮工艺采用二段渗氮法进行，工艺曲线见图 4-17。

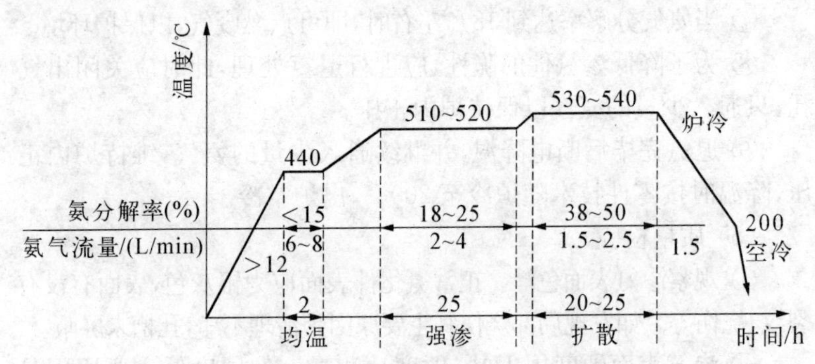

图 4-17　38CrMoAlA 钢套筒二段渗氮工艺曲线

(3) 操作注意事项

① 轮上通孔用防渗氮涂料涂刷保护。

② 工件进炉升温时控制升温速度应小于 80℃/h，防止工件因升温过快而产生变形。

③ 工件加热、冷却过程必须垂直吊挂，减小因自重产生的变形。

(4) 质量检验

① 目测渗氮表面色泽，检查有无裂纹、剥落。

② 用试样检测渗层深度。

③ 用 HV_{10} 硬度计检测渗氮层表面硬度。

④ 用试样检查脆性。

三、碳氮共渗

在奥氏体状态下同时将碳、氮渗入工件表层，并以渗碳为主的化学热处理工艺称为碳氮共渗。碳氮共渗可以在气体介质中进行，也可以在液体介质或固体介质中进行。

1. 碳氮共渗的优点

(1) 渗层性能好　由于碳、氮共同渗入，碳氮渗层比渗碳层具有更高的耐磨性、抗蚀性和疲劳极限。又由于碳氮渗层比渗氮层厚，在一定温度范围内不形成化合物白层，故与渗氮层相比，具有更高的抗压强度和较低的脆性。

(2) 渗入速度快　在共渗情况下，碳、氮原子互相促进渗入过程。因此，在同样温度下，其渗入速度比渗氮和渗碳都快，碳氮共渗时间一般为 2～4 h，而气体渗氮时间长达几十小时。

(3) 变形小　由于碳氮共渗温度一般低于渗碳温度，因此不仅便于直接淬火，而且可以减少工件变形，延长设备使用寿命。

(4) 不受钢种限制　一般说来，各种钢铁材料都可以进行碳氮共渗。而且由于氮的渗入提高了渗层的淬透性，因此在一定条件下可以用碳钢代替合金钢。

2. 碳氮共渗的缺点

碳氮共渗的缺点主要是为了使渗层中含有一定数量的氮，不得不在较渗碳温度低的情况下进行共渗。因此，其渗层厚度受到一定限制，一般不超过 1.2 mm，如果要获得更厚的渗层，不仅不经济，而且所得到的组织也可能不理想。所以，碳氮共渗不能满足承受很高压强和要求较厚渗层的零件。

3. 气体碳氮共渗

1) 共渗介质

气体碳氮共渗介质可分为两大类。

(1) 渗碳介质＋氨，如渗碳气体＋2%～10% NH_3，苯或煤油＋30% NH_3。

(2) 含碳、氮的有机化合物，如三乙醇胺、甲酰胺等。

2) 共渗温度

目前应用较多的中温碳氮共渗温度为800～880℃，选择共渗温度时，应考虑共渗速度和渗层质量。提高共渗温度使共渗介质的活性增加和扩散系数增大，因而有利于共渗速度加快；提高共渗温度，渗层的氮浓度降低而碳浓度增高，使共渗层接近于渗碳层；此外，提高共渗温度还使工件的变形趋向增大。

3) 共渗时间

共渗温度确定后，共渗时间根据渗层深度而定。渗层深度为0.8～1.2 mm时，共渗时间通常为5～6 h。

4) 碳氮共渗组织和性能

碳氮共渗后一般都采用直接淬火，碳氮共渗层的组织为：表层是马氏体基体上弥散分布的碳氮化合物；往里是马氏体加残余奥氏体，再往里则残留奥氏体量减少，马氏体也逐渐由高碳马氏体过渡到低碳马氏体。渗层中碳氮含量不同，组织不同，直接影响碳氮共渗层的性能。碳氮含量增加，碳氮化合物增加，耐磨性及接触疲劳强度提高。但氮含量过高，会出现黑色组织，将使接触疲劳强度降低。氮含量过低，使渗层过冷奥氏体稳定性降低，淬火后在渗层中出现托氏体网，共渗件不能获得高的强度和硬度。

碳氮共渗表面的最佳碳、氮含量为：C含量为0.8%～0.95%，N含量为0.25%～0.4%。

4. 工件碳氮共渗实例

1) 齿轮碳氮共渗

(1) 技术要求　变速箱齿轮，材料为20CrMnTi，要求碳氮共渗，渗层深度为0.8～1.2 mm，表面硬度58～62 HRC。

(2) 碳氮共渗设备及渗剂的选择　碳氮共渗设备选用RQ_3－75－9T气体渗碳炉，渗剂选用煤油＋甲醇＋氨。

(3) 工艺规范　变速箱齿轮碳氮共渗工艺曲线见图4－18。

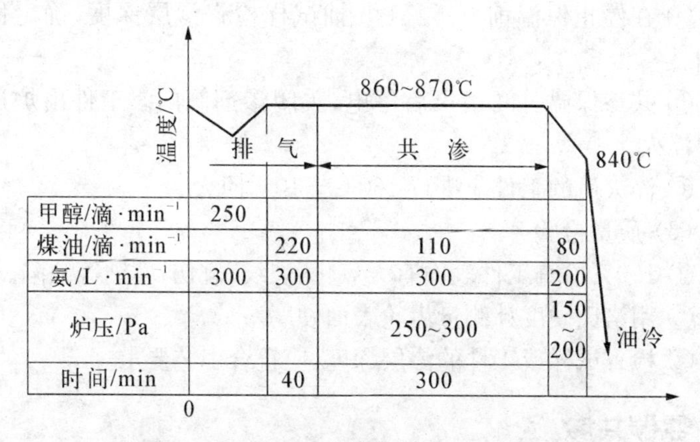

图4-18 变速箱齿轮碳氮共渗工艺曲线

(4) 工艺准备

① 卡紧炉盖的螺钉是否完好,密封是否完好。

② 炉盖的升降机构、风扇、冷却、润滑,渗剂供给系统等是否正常。

③ 检查电阻丝和炉罐是否完好,渗碳罐进气管、排气管中的炭黑,灰渣和油污等是否定期清除。

④ 检查电气和测量系统是否正常。

⑤ 使用的渗剂煤油品质是否良好。最好选用航空煤油,煤油含硫量应少于0.1%,氨的纯度应大于99.8%。

⑥ 碳、氮共渗件表面不得有锈斑、氧化皮、油污和水迹等,表面粗糙度 Ra 应小于3.2 μm。

(5) 操作

① 将齿轮装在吊具上,齿轮左右留5~10 mm空隙,以利于炉气流通。

② 装炉升温后,应及时进行排气,以避免零件氧化,使炉内恢复到正常气氛。

③ 排出的废气应点燃。根据火焰的长度和颜色来判断炉内工作情况。正常火焰为暗红色,一般火焰长度为80~250 mm。

④ 在停止保温前 0.5～1 h 抽试样检查渗层深度，确定保温时间。

⑤ 共渗保温时间结束后停电，关闭渗剂阀门。工件出炉进入油中淬火。

⑥ 淬火后的工件应进行 160℃±10℃回火。

(6) 质量检验

① 100%检查工件表面有无氧化、裂纹、碰伤、腐蚀等缺陷。

② 用洛氏硬度计测量齿轮表面硬度。

③ 检查试样或工件的渗层深度，应符合工艺要求。

四、氮碳共渗

氮碳共渗是在 Fe－N 共析温度以下(530～570℃)，对钢件进行碳氮共渗，并以渗氮为主的化学热处理工艺，也称软氮化或低温碳氮共渗。

实际上，软氮化所得到的渗层并不软，碳钢的表面硬度可达 HV 550 以上，38CrMoAl 钢可高达 HV 1 000 以上，氮化层韧性比较好，故习惯上称为软氮化。

1. 氮碳共渗同渗氮相比的优点

(1) 氮碳共渗处理的工艺时间短，一般为 1～4 h，而气体渗氮长达几十小时。

(2) 氮碳共渗处理获得的金相组织，除含有氮以外，还含有少量的碳，具有一定的韧性，因而氮碳共渗所形成的白亮层一般脆性小。

(3) 抗磨渗氮只适用于特殊的渗氮钢，而软氮化不受被处理材料的限制，可广泛用于各种钢铁材料及粉末冶金材料。

(4) 设备简单，操作方便。

2. 气体氮碳共渗

(1) 共渗介质　氮碳共渗介质有：尿素，甲酰胺，三乙醇胺与酒精混合液，氨气＋渗碳气体，酒精(乙醇)＋氨气等，其中以尿素及甲酰胺使用最多，而氨气＋醇需要配备专门的附加装置及复杂的管道系统，适用于批量连续生产。

(2) 设备 以氨与醇为介质的气体氮碳共渗所用设备与一般气体氮化所用设备在性能和结构上相似，一般采用井式气体渗碳炉，另加一套供氮系统。向炉罐内通氨的同时，增加了向炉罐内滴注酒精的装置。另外炉罐排出的废气，因其具有一定的毒性，一定要在排气口点燃。

(3) 准备工作 开炉前的准备工作基本上与气体渗碳相同，液氮和供氨系统的准备工作与渗氮相同。

① 检查炉罐、管道、料筐、渗剂、供给系统是否完好。

② 准备好渗剂。

③ 开炉升温，检测炉罐实际温度和温度分布，校正仪表指示值。

④ 用酒精(或汽油)或其他洗涤剂清洗工件及吊筐、吊具。

⑤ 按工艺要求的数量准备好试片。

(4) 操作要点

① 工艺曲线，见图4-19。

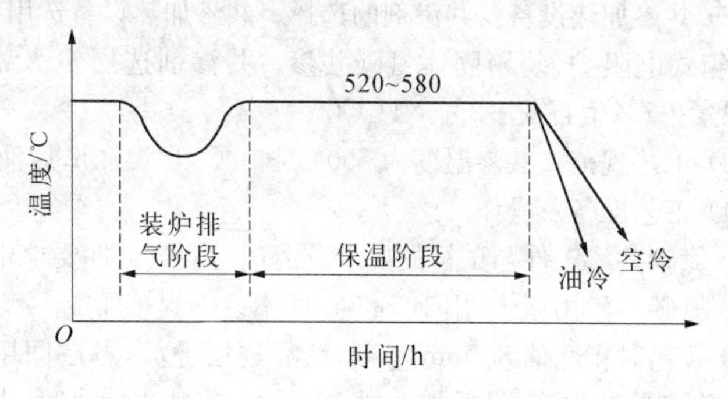

图4-19 气体碳氮共渗工艺曲线

② 空炉升温到温后，再均温一段时间，然后装炉，封炉后继续升温，同时排除炉内空气，时间的长短应视炉罐大小而定，一般为20～60 min。

③ 在炉温到达工艺温度后，排气可以点燃，并开始计算保温时

间。渗剂的加入量和保温时间的长短，应按具体的设备和工件而定。

④ 一般工件出炉后可在空气中冷却。为了提高疲劳强度，减少表面氧化，可以在油中冷却。若要求工件具有银灰色的表面及最小的变形，可以在继续通氨气状态下随炉冷却或将炉罐提出来，冷却到 200℃以下，再打开炉罐，取出工件。

(5) 氮碳共渗组织　钢铁工件氮碳共渗组织，由表及里依次为 $Fe_{2-3}N$、Fe_3N 和 Fe_4N 构成的化合物层。

(6) 氮碳共渗层的性能　氮碳共渗后工件的表面硬度和耐磨性显著提高。耐磨性与发蓝工件、镀锌工件的相当。疲劳强度也有了提高，高于渗碳或碳氮共渗淬火以及感应加热淬火的工件表面。

3. 工件氮碳共渗实例

1) 固体氮碳共渗实例

(1) 技术要求　材料为 3Cr2W8 钢零件，工件有效厚度 15 mm，要求固体氮碳共渗。共渗层深度为 0.12～0.16 mm，表面硬度≥700 HV。

(2) 共渗加热设备及共渗剂的选择　共渗加热设备选用 RX3－45－9 箱式电阻炉，装箱固体氮碳共渗。共渗剂选用 60%木炭＋30%尿素＋7%生石灰＋3% NH_4Cl。

(3) 工艺规范　共渗温度为 550℃±10℃，保温 4 h，后油冷。

(4) 工艺准备及操作

① 氮碳共渗工件与试样的要求及清理与渗氮工件要求相同。

② 氮碳共渗用箱子，用 $1Cr_{18}Ni_9Ti$ 不锈钢焊接而成。

③ 装箱时箱底铺 80 mm 渗剂，然后逐层叠放，各层间用 30～50 mm 渗剂间隙填充，最后加一层 100 mm 渗剂，压实加盖，用黏土泥封盖。

④ 将氮碳箱装炉，放在箱式炉有效加热区中加热。

⑤ 按工艺规范升温，保温后出炉开箱，取出工件，油冷。

(5) 质量检验

① 目测零件表面，应为银灰色，无裂纹、锈斑、腐蚀。

② 用维氏硬度计测量试样表面硬度。

③ 用显微镜检测试样共渗层化合物层深度。

2）液体氮碳共渗实例

（1）技术要求　材料为 Cr_{12}MoV 钢工件，工件有效厚度 10 mm，基体硬度为 48～53 HRC。要求液体氮碳共渗，共渗层深度为 0.05～0.1 mm，渗层表面硬度为 800～900 HV。

（2）工艺流程　机械加工→淬火→回火→机械加工→氮碳共渗→研磨。

（3）共渗加热设备　选用 RDM75－13 埋入式电极盐浴炉（淬火），RDM75－6 盐浴炉（氮碳共渗）。

（4）工艺规范

① 淬火。在 RDM75－13 盐浴炉中预热。预热温度为 840℃±10℃，预热 20 min，升温到 1 020℃±10℃，保温 10 min，油淬。

② 回火。560～580℃保温 1.5 h，出炉空冷。

③ 氮碳共渗。共渗温度 560℃±10℃，保温 1.5 h，出炉空冷。氮碳共渗盐浴炉成分：40% $(NH_2)_2CO$ + 30% Na_2CO_3 + 30% KCl。

（5）工艺准备及操作

① 检查盐浴炉供电系统、测温系统、排风系统运转是否正常。

② 盐浴定期脱氧、捞渣、添加新盐，并清除炉膛内氧化皮等污物。

③ 工件表面粗糙度 Ra 应小于 3.2 μm，表面无裂纹、锈斑、伤痕等缺陷，用汽油或清洗剂将工件清理干净，工夹具与工件须在烘干后才能入炉。

④ 试样与工件同材料，同热处理。

⑤ 向炉内加入新盐和脱氧剂时，应彻底干燥，分批少量逐渐加入，避免飞溅。

⑥ 共渗完毕后零件出炉空冷，清洗。停炉后盐浴炉应加盖。

（6）质量检验

① 用肉眼检查氮碳共渗表面色泽，正常时应为银白色，表面无

锈斑、腐蚀、烧伤等缺陷。

② 用试样检测维氏硬度计测,表面硬度应符合技术要求。

③ 用试样检查共渗层深度,应符合技术要求。

3) 气体氮碳共渗实例

(1) 技术要求　筛片的材料为50Mn,经调质,硬度为217～277 HBS。要求氮碳共渗,共渗层深度≥0.5 mm,表面硬度≥500 HV。

(2) 氮碳共渗设备渗剂。催渗剂。

① 氮碳共渗设备选用RQ3-60-9T气体渗碳炉。

② 渗剂选用氨气和甲酰胺。

③ 催渗剂用NH_4Cl粉末溶于工业乙醇。

(3) 工艺规范　筛片共渗温度为570℃±10℃,保温3～4 h,采用的共渗剂为NH_3,控制氨分解率为40%～50%,甲酰胺30%(约50滴/min),另外将少量催渗剂加入甲酰胺中滴入炉罐中,渗后零件出炉油冷。

(4) 工艺准备及操作

① 检查设备运行是否正常。

② 检查设备供气管道是否畅通,是否泄漏。

③ 检查设备测量系统是否正常,要求测量准确。

④ 零件表面粗糙度*Ra*应小于3.2 μm,工件表面应无裂纹、锈斑、伤痕等缺陷。

⑤ 试样与工件应同样材料、同样热处理。

⑥ 炉子到温后工件,试样装炉,工件之间留有一定间隙;保证气氛均匀,工件必须放置在炉子有效加热区内,上端不能超过排气管。

⑦ 共渗完毕后,工件出炉油冷。

(5) 质量检验

① 用肉眼检查氮碳共渗表面色泽,应为银灰色,无裂纹,无锈斑,无伤痕。

② 用维氏硬度计检查硬度,应符合技术要求。

③ 用试样检测共渗深度,应满足技术要求。

复习思考题

1. 固体渗碳剂由哪几种物质组成？常用的固体渗碳剂配方有哪几种？怎样进行固体渗碳操作？

2. 试述井式炉滴注式气体渗碳工艺过程。

3. 渗碳后的热处理方法有哪几种？试比较这些方法的优缺点及适用范围。

4. 如何选择渗碳后一次淬火的加热温度？

5. 渗碳后直接淬火的优点是什么？适用范围？如何选择预冷温度？

6. 试述三种常见的渗碳缺陷(表面脱碳,表面硬度不够,渗碳后变形)形成原因及防止、补救办法。

7. 对渗碳钢有哪些性能要求？试述常用渗碳钢的成分、特点及钢中合金元素的作用。

8. 渗氮零件有哪些优良性能？

9. 渗氮零件要经过哪些预备热处理？

10. 简述常用的气体渗氮工艺参数。比较几种工艺方法的优缺点及适用范围。

11. 叙述渗氮的操作过程。

12. 试举三种常见的渗氮缺陷(渗氮层硬度低,渗氮层厚度浅,渗氮后工件变形)形成原因及防止、补救办法。

13. 渗氮零件要检查哪些项目及检查内容？

14. 试述低温碳氮共渗(软氮化)的优缺点及适用范围。

15. 同渗碳相比,碳氮共渗有哪些特点？

16. 同渗氮相比,碳氮共渗有哪些特点？

第5章 有色金属及其热处理

1. 铝合金的分类方法。

2. 变形铝合金的分类及其热处理。

3. 铸造铝合金的分类及其热处理。

4. 铜合金的分类方法。

5. 黄铜的热处理。

6. 青铜的热处理。

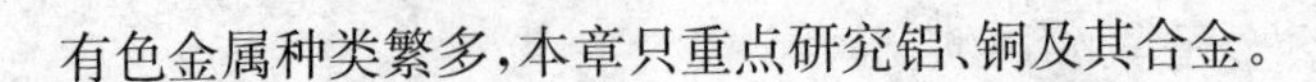

有色金属种类繁多，本章只重点研究铝、铜及其合金。

一、铝及铝合金

1. 工业纯铝

工业纯铝的纯度为 98%～99.7%，常存杂质元素主要是铁与硅。相对密度约为 2.72 g/cm^3，熔点约为 660℃，强度较低（σ_b = 80～100 MPa）而塑性好（ψ=80%，δ=30%～50%），易于进行各种压力加工，固态下具有面心立方晶格，无同素异构转变现象。

工业纯铝分冶炼产品（铝锭），和压力加工产品两大类。铝锭牌号有 Al99.7、Al99.6、Al99.5、Al99 和 Al98 等五种。铝材牌号有 L1、L2、L3、L4、L5、L6 等六种。数字越大，其纯度越低，纯铝不能进行热处理强化。

2. 铝合金及其热处理

1）铝合金的分类

纯铝中加入铜、锌、镁、硅、锰以及稀土元素后组成铝合金，可改变其组织结构与性能，使之适宜用作各种结构零件。随着加入合金元素的不同,其强化效果以及铸造、压力加工与热处理等工艺性能也将不同。根据合金的成分和加工工艺性能特点,铝合金可分为变形铝合金和铸造铝合金两大类。图5-1所示为铝合金分类示意图。

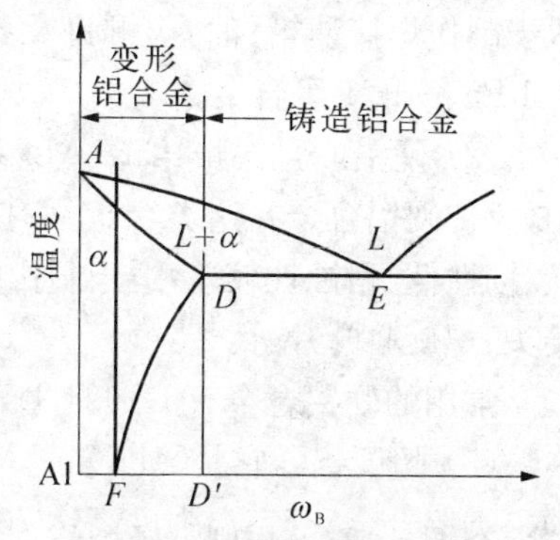

图5-1 铝合金分类示意图

(1) 变形铝合金 成分在D点以左的合金,当加热到固溶线DF以上时,可得到单相固溶体,其塑性好,宜于进行压力加工,故称变形铝合金。

变形铝合金按其成分和性能特点,又可分为热处理强化和热处理不能强化的铝合金。成分在图5-1中F点右侧的合金其溶解度随温度而改变,可通过淬火(固溶处理)及随后的时效,显著提高合金的强度,属于能热处理强化的铝合金。而成分在F点左侧的合金并没有溶解度的变化,不能进行固溶—时效强化,即属于不能热处理强化的铝合金。

按性能特点,变形铝合金可分为防锈铝、硬铝、超硬铝及锻铝四种,其中除防锈铝不能进行热处理强化而只能用加工硬化来提高其强度外,其他三种变形铝合金都能通过淬火+时效来获得强化效果。

(2) 铸造铝合金 成分在图5-1中D点右侧的合金,合金元素含量相对增多,出现共晶体,由于共晶体存在,使合金流动性,铸造性能变好,适于铸造加工,这类合金称为铸造铝合金。铸造铝合金中,合金元素总量约为8%~25%,绝大多数铸造铝合金都能通过热处理强化。

按主加元素成分不同,铸造铝合金可分为铝-硅系、铝-铜系、铝-镁系和铝-锌系四大类。

2) 常用变形铝合金

(1) 防锈铝 是Al-Mn系或Al-Mg系合金,这类合金具有优良的抗腐蚀性能,并有良好的焊接性和塑性,适合于压力加工和焊接。这类合金不能进行热处理强化，一般只能用冷变形来强化，适于制作焊接油箱、油管、铆钉及各种生活用具。常用防锈铝合金有 LF5、LF21 等合金。

(2) 硬铝　是 Al－Cu－Mg 系合金，具有强烈的时效强化作用，故称硬铝合金。这类合金具有优良的加工性能和耐热性，但塑性、韧性低、耐蚀性较差，适于制作中等强度的结构件，如飞机蒙皮、接头、螺旋桨叶片等。

常用的硬铝合金有 LY11，LY12。

(3) 超硬铝　它是 Al－Zn－Mg－Cu 系合金，是室温强度较高的一类铝合金，其室温强度高达 700 MPa，其主要缺点是抗蚀性差，耐热性能较低，一般使用温度在 120℃以下，用于飞机上受力的结构件、大梁、起落架等。

常用的超硬铝有 LC4、LC6。

(4) 锻铝合金　它是 Al－Mg－Si－Cu 系合金，具有优良的可锻性能，主要用于制作外形复杂的锻件，故称锻铝。它的力学性能与硬铝相近，但它热塑性及耐腐蚀性比硬铝好，更适合锻造，常用的锻造铝合金有 LD5，LD10。

3) 变形铝合金的热处理

变形铝合金的热处理有：退火，淬火，时效等。

(1) 低温除应力退火

对于一些经冷变形的铝合金制件，为了消除因变形而产生的内应力，并仍保持其加工硬化效果，可采用实质为回复的低温除应力退火。其加热温度应低于合金的再结晶温度，一般采用 200～300℃。退火保温时间为 1～2 h，然后进行空冷。

(2) 软化退火

为了消除变形铝合金因轧制或冷加工造成的冷作硬化，重新获得高的塑性，或者消除因淬火时效获得的强化，均可采用软化退火。其方法有完全退火和快速退火(又称中间退火)两种。

① 快速退火

其工艺是将零件加热到高于再结晶温度 100～200℃，一般为

350～400℃(所有变形铝合金的再结晶温度都在250℃左右),退火温度愈高,软化效果愈大。退火保温时间根据零件厚度与加热介质而定。

快速退火实质上是再结晶过程。热处理不能强化的合金在这种退火后可获得完全软化,而对于冷变形前处于淬火时效状态的热处理能强化合金来说,由于其强化相的影响,只能部分地恢复塑性。

快度退火周期短,退火后的强度和塑性一般都能满足要求,因此实际生产中使用最为普遍。常用铝合金的快速退火规范见表5-1。

表5-1 常用铝合金快速退火规范①

合金	退火温度(℃)	保温时间(分)②	
		厚度小于6毫米	厚度6～10毫米
工业纯铝	350～400	热透为止	30
LF21	350～420③	同上	30
LF2	350～400	同上	30
LF3	350～400	同上	30
LF5	310～335	同上	30
LF6	310～335	同上	30
LY11	350～370	40～60	60～90
LY12	350～370	40～60	60～90
LY16	350～370	40～60	60～90
LD2	350～370	40～60	60～90
LD5	350～400	40～60	60～90
LD6	350～450	40～60	60～90
LD10	350～370	40～60	60～90
LC4	370～390	40～60	60～90
LC6	370～390	40～60	60～90

① 表中所列是在空气循环电炉中加热的规范,盐浴加热时间可按表中数据缩短1/3,静止空气炉则应增加1/2。

② 工件厚度大于10毫米时,在硝盐中加热,每毫米增加2 min,对于空气循环炉,则每毫米增加3 min。

③ LF21在硝盐中加热时,加热温度为450～500℃。

② 完全退火

当要求热处理能强化的合金具有低强度、高塑性。而快速退火又达不到这要求时,应采用完全退火。

完全退火是将工件加热到能使强化相充分溶入固溶体的温度(一般为400～450℃)进行充分保温,以期不单是再结晶过程得以完成，并使强化相大部分溶入固溶体。然后，随炉缓冷到300℃以下较低温度，最后得到粗大而分散的强化相和接近平衡的再结晶组织。

完全退火优点是可获得最低硬度和最高塑性，缺点是周期长，容易形成粗大晶粒。而且，由于强化相的过分粗大势必影响到工件随后的淬火保温时间。

常用铝合金的完全退火规范见表5-2。

表5-2 常用铝合金的完全退火规范

合金牌号	完全退火		
	加热温度(℃)	保温时间(小时)	冷却方法
LY2、LY6 LY11、LY12	390～450	1～2	以30～50℃/h冷到260℃出炉空冷
LC4 LC6	390～430	1～2	以30℃/h冷至150℃出炉空冷

(3) 淬火　铝合金淬火目的是获得均匀的单相过饱和固溶体的固溶处理。

① 淬火温度：淬火温度直接决定了相化相能否最大限度地溶入固溶体中，从而通过影响固溶体的饱和度而影响合金的时效强化效果。

生产中应严格控制温度的波动范围，一般为±5℃，有时甚至要求控制在±3℃范围内。

常用变形铝合金的淬火加热温度见表5-3。

表5-3 常用变形铝合金的淬火加热温度

合金牌号	制品种类	淬火温度(℃)	合金牌号	制品种类	淬火温度(℃)
LY10	铆钉直径 ϕ2～ϕ10 mm	515±5	LD6	各种制品	505～525
LY11	各种制品	495～505	LD7	各种制品	525～535
LY12	挤压件及板材≥4.0 mm	490～503	LD8	各种制品	525～535
LC4	各种制品	465～475	LD2	各种制品	510～530
LC3	各种制品	470±5	LD10	各种制品	495～505

② 淬火加热：铝合金的淬火加热必须在有强制空气循环装置的电炉中或有搅拌装置的盐炉中进行，借以避免零件在加热过程中产生局部过热或过烧。

③ 保温时间：保温时间的长短主要取决于强化相完全溶解所需要的时间，其次也与合金的成分、零件的壁厚、原始组织以及加热方法等有关。加热温度越高，强化相溶入固溶体的速度越大，因而所需要的时间就越短。材料在淬火前的组织(如强化相的尺寸、分布状态等)，对保温时间也有很大的影响。退火状态合金的淬火保温时间就要比经淬火时效后的合金再重新淬火时所需的保温时间长得多。

另外，淬火时装炉量越大，零件越厚，淬火加热的保温时间也应越长。

常用变形铝合金的淬火加热、保温时间参见表5-4。

表5-4 常用变形铝合金的淬火保温时间

半成品种类	金属厚度(mm)	保温时间(min)	
		硝盐炉	循环空气电炉
经退火的板材、冷变形管材、热轧厚板、型材、棒材、热挤压套筒	<1.0	7	10~20
	1.0~2.0	10	15~30
	2.1~3.0	10	17~40
	3.1~5.0	15	20~45
	5.1~10.0	20	30~60
	11.0~20.0	25	30~75
	21.0~30.0	30	45~90
	31.0~50.0	40	60~120
锻件及模锻件	5.1~10.0	25	30~50
	11.0~20.0	35	35~55
	21.0~30.0	40	40~60
	31.0~50.0	50	60~150
	51.0~75.0	60	180~210
	76.0~100.0	90~180	180~240
	101.0~150.0	120~240	210~360

④ 淬火冷却：淬火加热后必须快速冷却，以抑制在慢冷时必然会出现的过剩相析出。如果出现这种析出，则固溶体的过饱和度就会下降，时效效果必然削弱。

铝合金淬火一般用水作为冷却介质，水温在 80℃以下时，随着水温的升高，抗拉强度虽有所降低，但并不严重。水温超过 80℃以后，抗拉强度开始下降。因此，铝合金淬火用水的温度不应超过 80℃，一般在低于 30℃的水中淬火，冬天水温不能低于 5℃。对于形状复杂的零件，为减少其变形，可在聚醚水溶液中冷却。

工件淬火加热后，由炉中取出转移到冷却剂中的时间称为转移时间。为了尽可能防止在转移过程中出现降低强化效果的相析出，在操作中应尽量缩短转移时间，一般小件应小于 10 s，大件或批量工件应小于 15 s。

(4) 时效　合金的强化效果与时效温度及时间密切相关，提高时效温度可以加快时效过程，但降低强化效果，并且软化开始时间提前。较低的时效温度可获得较大的强化效果，但所需时间较长，并且只有在一定的时效温度配合一定的时间，才能获得满意的强化效果。

硬铝合金由于自然时效后能获得高强度，并且具有较高的抗蚀性，因此一般均采用自然时效。只有高温下使用的硬铝合金才采用人工时效。人工时效通常是在空气循环电炉中进行的。人工时效后工件要进行空冷。

常用铝合金工件时效规范见表 5-5。

表 5-5　常用铝合金制件时效规范

合　金	制品种类	时效种类	时　效	
			温度(℃)	时间(h)
LY12	板材挤压件	人工时效	185～195	12 6
LD2	各种制品	自然时效 人工时效	室温 150～165	96 8～15
LD5	各种制品	自然时效 人工时效	室温 150～160	96 6～15

(续 表)

合 金	制品种类	时效种类	时 效	
			温度(℃)	时间(h)
LD6	各种制品	人工时效	150～160	6～15
LD10	各种制品	自然时效 人工时效	室温 150～165	96 4～15
LC4	板 材 挤压件和锻件	人工时效	115～125 135～145	24 16
	各种制品	分级时效	115～125 随后 155～165	3 3

4) 铸造铝合金

(1) Al-Si 系　这类合金铸造性能好，热裂倾向小，具有较高的耐蚀性。但硬度低，不能进行热处理强化。这类合金常用来制造耐蚀，形状复杂但强度要求不高的零件，如发动机气缸，仪表外壳等。常用合金有 ZL-104、ZL-101。

(2) Al-Cu 系　由于 Cu 在铝中有较大的固溶度，且随温度而变化，因而，可以通过固溶强化及时效强化提高强度。这类合金最大的特点是耐热性好，最大缺点是耐腐蚀性差，主要用于制造在200～300℃条件下工作的增压器的导风叶轮、静叶片等。常用合金有 ZL-201、ZL-203。

(3) Al-Mg 系　该系合金具有最小的密度和较高的力学强度，比其他铸造铝合金的耐蚀性好，但其铸造性能差，热强度低。一般多用于制造在海水中承受较大载荷的零件。常用合金有 ZL-301、ZL-302。

(4) Al-Zn 系　这类合金含锌量高，因此密度大，耐蚀性差，但工艺性好，铸态下的机械强度较高，主要用来制作工作温度在200℃以下，结构形状复杂的汽车及飞机零件，医疗机械和仪器零件，常用合金有 ZL-401、ZL-402。

5) 铸造铝合金的热处理

(1) 铸造铝合金热处理特点　铸造铝合金与变形铝合金比较，

它的组织粗大，有严重的枝晶偏析和粗大针状物。此外，铸件的形状一般都比较复杂。因此，铸造铝合金的热处理除了具有一般变形铝合金的热处理特性外，还有不同之处。首先，为了强化相充分溶解，消除枝晶偏析和使针状化合物"团化"，淬火温度比较高，保温时间较长。为了防止淬火变形和开裂，一般在60～100℃的水中冷却。为了保证铸件的耐蚀性和尺寸稳定，铸件一般都采用人工时效。

根据铝合金铸件的工作条件和性能要求，选择不同的热处理方法。各种热处理代号、工艺特点、目的和应用见表5-6。

表5-6 铸造铝合金热处理种类和应用

热处理类别	表示符号	工艺特点	目的和应用
不淬火、人工时效	T1	铸件快冷后，进行时效。时效前不淬火，时效温度160～190℃，保温3～10 h	消除铸造应力，改善切削加工性能，细化零件表面粗糙度
退火	T2	退火温度(290±10)℃，保温2～4 h，空冷	消除铸件内应力，提高合金塑性，稳定铸件尺寸
淬火+自然时效	T4		提高铸件强度和耐蚀性
淬火+不完全时效	T5	淬火后进行短时间时效(时效温度较低，或时间较短)	获得一定的强度，保持较好塑性
淬火+人工时效	T6	时效温度较高(160～190℃)，保温时间较长	获得最大的强度与硬度
淬火+稳定回火	T7	回火温度接近零件的工作温度，适用于高温工作的零件	保持较高的组织稳定性和尺寸稳定性，防止工作中尺寸发生变化
淬火+软化回火	T8	回火温度高于T7要求	降低硬度，提高塑性及尺寸稳定性

对于某一种铸件选用哪一种热处理规范，主要是根据合金的特性和使用目的而定。

（2）铸造铝合金热处理工艺　常用铸造铝合金的热处理工艺参数见表5-7。

表5-7　常用铸铝合金的热处理工艺参数

合金牌号	热处理状态	淬火			时效		
		加热温度（℃）	保温时间（h）	冷却温度（℃，水）	加热温度（℃）	保温时间（h）	冷却介质
ZL101	T1				230±5	7～9	空气
	T4	535±5	2～6	60～100			
	T5	535±5	2～6	60～100	150±5	2～5	空气
ZL102	T2				290±5	2～4	空气
ZL104	T1				175±5	5～15	空气
	T6	535±5	2～6	60～100	175±5	10～15	空气
ZL105	T1				180±5	5～10	空气
	T5	525±5	3～5	60～100	160±5	3～5	空气
	T6	525±5	3～5	60～100	180±5	5～10	空气
	T7	525±5	3～5	60～100	240±5	3～5	空气
ZL201	T4	分级加热（535±5 545±5）	7～9 7～9	60～100			
	T5	（535±5 545±5）	7～9 7～9	60～100	175±5	3～5	空气
ZL202	T2				155±5	3	空气
	T6	510±5	3～5	60～100	155±5	10～14	空气
	T7	510±5	3～5	60～100	200±5	3～5	空气
ZL203	T4	515±5	10～15	60～100	150±5	2～4	空气
	T5	515±5	10～15	60～100			
ZL301	T4	430±5	8～20	60～100			
ZL302	T1				175±5	4～6	空气
ZL401	T2				290±5	3	空气
ZL402	T1				180±5	10	空气

二、铜及铜合金

1. 工业纯铜

工业纯铜的纯度为99.5%～99.9%，相对密度约为8.96 g/cm^3，熔点为1 083℃，固态下具有面心立方晶格，无同素异构转变。纯铜的塑性极好(δ=50%)，但强度、硬度都不高(退火状态下σ_b=200～250 MPa，HBS=40～50)。由于塑性变形能力较强，易于冷、热压力加工成形，在冷塑性变形后，有明显加工硬化现象。

工业纯铜分未加工产品(铜锭，电解铜)和压力加工产品(铜材)两种。

铜锭按其纯度可分为Cu-1、Cu-2、Cu-3和Cu-4四种；铜材按其纯度分为T1、T2、T3和T4四种，代号中数字表示序号，序号越大，则铜的纯度越低。

纯铜一般不作结构材料使用，主要用于制造电线、电缆、电子元件及导热器材。

2. 铜合金

铜合金分为黄铜、青铜和白铜。一般机械工业中应用较多的是黄铜、青铜，而白铜(Cu-Ni合金)主要是制造精密机械与仪表的耐蚀件及电阻器、热电偶等。

1) 黄铜

以锌为主要合金元素的铜合金称为黄铜。按其余合金元素种类又可分为普通黄铜和特殊黄铜；按其生产工艺可分为压力加工黄铜和铸造黄铜。

压力加工黄铜的牌号示例如下：H68中，“H”为“黄”的汉字拼音字首，“68”表示含铜量为68%、含锌量为32%的普通黄铜。HPb59-1，表示含铜量为59%，铅含量为1%，其余为锌的特殊黄铜。

铸造黄铜的牌号示例如下：ZCuZn38，“Z”是“铸”汉字拼音的字首，表示含铜量为60%～63%，其余为锌的铸造黄铜。

常用黄铜的牌号、成分、力学性能及主要用途见表5-8。

表 5－8 常用黄铜的牌号、成分、力学性能及用途

类别	牌 号	主要成分(%)		力学性能			主要用途
		Cu	其 他	σ_b (MPa)	$\delta\times$100	硬度 HBS	
普通黄铜	H90 (90 黄铜)	88.0～91.0	余量 Zn	260/480	45/4	53/130	双金属片、供水和排水管、证章、艺术品(又称金色黄铜)
	H68 (68 黄铜)	67.0～70.0	余量 Zn	320/660	55/3	—/150	复杂的冷冲压件、散热器外壳、弹壳、导管、波纹管、轴套
	H62 (62 黄铜)	60.5～63.5	余量 Zn	330/600	49/3	56/164	销钉、铆钉、螺钉、螺母、垫圈、弹簧、夹线板、散热器等
	ZH62 (ZCuZn38)	60.0～63.0	余量 Zn	300/300	30/30	60/70	散热器、螺钉
特殊黄铜	HSn62－1 (62－1 锡黄铜)	61.0～63.0	Sn0.7～1.1 余量 Zn	400/700	40/4	50/95	与海水和汽油接触的船舶零件(又称海军黄铜)
	HSi80－3 (80－3 硅黄铜)	79.0～81.0	Si2.5～4.5 余量 Zn	300/350	15/20	90/100	船舶零件，在海水、淡水和蒸汽(<265℃)条件下工作的零件
	HMn58－2 (58－2 锰黄铜)	57.0～60.0	Mn1.0～2.0 余量 Zn	400/700	40/10	85/175	海轮制造业和弱电用零件
	HPb59－1 (59－1 铅黄铜)	57.0～60.0	Pb0.8～1.9 余量 Zn	400/650	45/16	44/80	热冲压及切削加工零件，如销、螺钉、螺母、轴套(又称易削黄铜)
	HAl59－3－2 (59－3－2 铝黄铜)	57.0～60.0	Al2.5～3.5 Ni2.0～3.0 余量 Zn	380/650	50/15	75/155	船舶、电机及其他在常温下工作的高强度、耐蚀零件

（续 表）

类别	牌 号	主要成分(%)		力学性能			主要用途
		Cu	其 他	σ_b (MPa)	$\delta\times$ 100	硬度 HBS	
特殊黄铜	ZHMn55-3-1 (ZCuZn40 Mn3Fe1)	53.0～58.0	Mn3.0～4.0 Fe0.5～1.5 余量Zn	$\frac{450}{500}$	$\frac{15}{10}$	$\frac{100}{110}$	轮廓不复杂的重要零件，海轮上在300℃以下工作的管配件，螺旋桨

2）白铜

以镍为主要合金元素的铜合金称为白铜，根据性能特点及用途可分为耐蚀白铜和电工白铜两类。Cu-Ni二元合金称为简单白铜或普通白铜，牌号用“白”字汉语拼音字首“B”加含镍量表示。例如B30表示含Ni为30%的简单白铜。

含有其他合金元素的白铜称为复杂白铜或特殊白铜。例如BMn40-1.5，表示锌含量为40%，和锰含量为1.5%的复杂白铜，又称锰白铜。

3）青铜

除黄铜，白铜外其余的铜合金称为青铜。它又可分为普通青铜（锡青铜）和特殊青铜（无锡青铜）。

（1）锡青铜　含锡量小于5%的锡青铜，具有良好的塑性。锡含量超过上述含量，合金的塑性下降。用于压力加工的锡青铜，含锡量不超过6%～7%；用于铸造的锡青铜的含锡量为10%～14%。

锡青铜对大气、海水及热蒸气的耐蚀性比纯铜和黄铜的好，但耐酸类腐蚀的能力差。此外，它具有良好的减摩性、抗磁性和低温韧性。

为了提高锡青铜的某些性能，常加入磷增加其耐磨性；加入锌改善其流动性，加入铅改善加工性能。

（2）铝青铜　它是以铝为主加元素的铜合金，一般铝含量为5%～10%，铝青铜的铸造性能好，力学性能比锡青铜高。铝青铜的耐蚀性高于锡青铜与黄铜，并有较高的耐热性。

(3) 铍青铜　它是以铍为主加元素的铜合金。铍的含量为1.6%～2.5%。另外还添加镍、钴、钛等元素。这种合金具有强度、硬度高、弹性极限和疲劳极限好，而且导热、导电、耐寒的性能也非常好，同时还有抗磁、受冲击时不产生火花等特殊性能。

常用青铜的牌号、力学性能和用途见表5-9。

表5-9　常用青铜的牌号、力学性能及用途

类别	牌号	力学性能			主要用途
		σ_b (MPa)	$\delta\times100$	硬度 HBS	
压力加工锡青铜	QSn4-3 (4-3锡青铜)	$\frac{350}{550}$	$\frac{40}{4}$	$\frac{60}{160}$	弹性元件、管配件、化工机械中耐磨零件及抗磁零件
	QSn6.5-0.1 (6.5-0.1锡青铜)	$\frac{350\sim450}{700\sim800}$	$\frac{60\sim70}{7.5\sim12}$	$\frac{70\sim90}{160\sim200}$	弹簧、接触片、振动片、精密仪器中的耐磨零件
铸造锡青铜	ZQSn10-1 (ZCuSn10Pb1)	$\frac{220}{250}$	$\frac{3}{5}$	$\frac{80}{90}$	重要的减摩零件，如轴承、轴套、蜗轮、摩擦轮、机床丝杠螺母
特殊青铜	QAl7 (7铝青铜)	$\frac{470}{980}$	$\frac{70}{3}$	$\frac{70}{154}$	重要用途的弹簧和弹性元件
	QAl9-4 (9-4铝青铜)	$\frac{550}{900}$	$\frac{40}{5}$	$\frac{110}{180}$	齿轮、轴套等
	ZQPb30 (ZCuPb30)	$\frac{—}{—}$	$\frac{—}{—}$	$\frac{—}{245}$	大功率航空发动机，柴油机曲轴及连杆的轴承、减摩件
	QBe2 (2铍青铜)	$\frac{500}{850}$	$\frac{40}{3}$	HV $\frac{90}{250}$	重要的弹簧与弹性元件，耐磨零件以及在高速、高压和高温下工作的轴承
	QSi3-1 (3-1硅青铜)	$\frac{350\sim400}{650\sim750}$	$\frac{50\sim60}{1\sim5}$	$\frac{80}{180}$	弹簧、在腐蚀介质中工作的零件及蜗轮、蜗杆、齿轮、衬套、制动销等

3. 黄铜的“自裂”及预防措施

含锌量大于7%(尤其当含锌量大于20%)的经冷加工的黄铜,在潮湿的大气中,特别是在含有氨或铵盐的介质中容易产生腐蚀,经过一定时期,零件会发生自行开裂。这种现象叫“应力破裂”或称“自裂”。这一现象的实质是腐蚀沿着应力分布不均匀的晶粒间界进行,并在应力作用下发生破裂。

产生破裂的原因是:(1) 有残余应力存在;(2) 介质具有腐蚀性;(3) 含锌量高。

实践证明,(α+β)两相黄铜比α单相黄铜的应力腐蚀倾向大。

防止应力破裂的办法有:(1) 低温退火(260~300℃,1~3 h),以消除内应力。退火后的黄铜,若再受到局部加工变形或在应力下工作时,又会产生应力腐蚀破裂。因此,黄铜在退火后应尽量避免加工变形或碰伤。长时间保存的黄铜,应进行充分的低温消除应力退火。(2) 加入一定量的Sn、Al、Si、Mn、Ni等元素,可显著降低应力破裂倾向。

4. 黄铜的热处理

黄铜的主要热处理方法是退火。可分为以下两种:

1) 低温退火　目的是消除内应力,防止应力腐蚀开裂和零件在切削加工过程中的变形,并保证一定的机械性能。低温退火温度一般在160~350℃之间,表5-10列出几种黄铜的退火规范,可供参考。

表5-10　黄铜的退火温度(℃)

牌　号	再结晶退火	防“自裂”退火	牌　号	再结晶退火	防“自裂”退火
H96	540~600	—	HPb59-1	600~650	235
H70	520~650	260	HAl77-2	600~650	300~350
H68	520~650	260	HAl60-1-1	600~650	240~260
H62	600~700	280	HMn58-2	600~650	—
H59	600~670	—	HMn55-3-1	600~650	—
HSn90-1	650~720	—	HFe59-1-1	600~650	—
HSn62-1	550~650	350~370	HFe58-1-1	500~600	—
HPb74-3	600~650	—			

2）再结晶退火 包括压力加工工序之间的中间退火和成品的最终退火，目的是消除加工硬化和恢复塑性。黄铜的再结晶温度约在300～400℃之间，常用的退火温度为500～700℃，退火的保温时间，以能保证再结晶过程完成即可，一般为1～2 h。具体保温时间可以根据零件厚度按下列经验公式计算：

$$T = 30 + A(D - 2)$$

式中 T——保温时间（分）；

A——保温时间（4分/毫米）；

D——零件有效厚度（毫米）。

厚度小于2毫米的零件，保温时间为30～40 min。

退火后的冷却方法对性能没有什么影响，可以空冷，也可以水冷。水冷可以使退火加热时表面生成的氧化皮从零件表面爆裂，获得光洁的表面，故工厂中多用水冷。

对于黄铜，特别是压力加工用的黄铜，衡量退火质量的主要标准是退火后的晶粒度。因为晶粒大小与半成品的冷加工性能有很大关系。具有细晶粒时强度高，加工后表面质量好，但变形抗力较大，且易破裂；具有粗晶粒则容易加工，但表面质量不好，疲劳性能较差。生产中可根据不同的加工方法和使用要求选择适当的晶粒度。

5. 青铜的热处理

1）退火

退火的目的是消除青铜在冷、热变形过程中的应力，恢复塑性，其工艺规范见表5-11。对于铸造青铜，为了消除铸造应力，减轻偏析、改善组织及提高铸件的机械性能，有时需进行扩散退火。其工艺为600～700℃加热，保温4～5 h后，随炉冷却。铸造锡青铜扩散退火后应该水冷，以防止脆性相析出。

2）淬火及时效

适宜淬火及时效强化的常用铜合金主要是铍青铜。铍青铜的淬火加热温度一般为780～800℃，为防止氧化应在氨分解气或氩气中进行加热。保温时间由零件厚度决定。加热后迅速淬入水中，在空气中停留时间不得超过 6 s，水温不能高于 40℃，且应保持清洁，随后在 310～340℃炉中时效。弹性零件的时效时间为 2～3 h；要求耐磨的零件为 1～2 h。

3）淬火及回火

进行淬火、回火强化的铜合金主要是含铝量大于 10%的高铝青铜，含有铁、锰等元素的复杂铝青铜淬火强化效果尤为显著，铝青铜的淬火工艺一般为 850～900℃加热后水冷。回火温度则视性能要求而定。常用青铜的各种热处理规范见表 5－11。

表 5－11　常用青铜的热处理规范

牌　号	淬　火			退火或回火			硬度 HBS
	加热温度（℃）	保温时间（h）	冷却介质	加热温度（℃）	保温时间（h）	冷却介质	
QSn4－3				600～650	1～2	空气	
QSn6.5－0.4				600～650	1～2	空气	
QSn7－0.2				600～650	1～2	空气	
QAl5				600～700	1～2	空气	
QAl9－4				700～750	1～2	空气	110
	850±10	2～3	水	500～550	2～2.5	空气	110～178
QAl10－3－1.5				650～700	1～2	空气	125～140
	900±10	2～3	水	600～650	2～2.5	空气	130～170
				300～350	1.5～2	空气	207～285
QBe2	780±10	15 min	水	300～350	3	空	HV≥320
QBe1.9	790±10	15 min	水	320～330	3	空	HV≥380
QBe2.5	780±10	15 min	水	280～290	3	空	HV≥375
				315～325	1	空	HV≥375

6. 典型工艺实例

1）ZL－104 铸造铝合金齿轮泵的淬火与时效

（1）技术要求　齿轮泵材料为 ZL－104 铸造铝合金，要求淬火＋时效，淬火后，$\sigma_b \geqslant 230$ MPa，$\delta_5 \geqslant 2\%$，HBS≥70。

(2) 加热设备及工艺方法 淬火加热设备选用 RJ2 - 75 - 6 井式电阻炉;时效加热设备选用 RJ2 - 35 - 6 井式电阻炉。

选用有加热装置的淬火水槽进行淬火。

(3) 工艺规范 齿轮泵淬火温度为 535℃±5℃,保温时间为 4 h,时效温度为 175℃±5℃,保温时间为 8 h。

(4) 工艺准备及操作

① 淬火加热炉必须经过系统测温检查。

找出炉温为±5℃范围的有效加热区,泵体只能放在有效加热区中加热淬火。

② 为防止泵体材料淬火变形,淬火水温应≥80℃。

③ 淬火转移时间(即零件从加热炉中取出,到淬火水槽之间的时间),必须控制在 15 s 之内。

④ 零件淬火时,应带同炉批次号的同材料拉伸工艺试棒不少于 3 根,试棒随同零件一起淬火并时效。

⑤ 零件加热过程中,应随时检查炉温,必须使炉温控制在工艺要求范围内。

(5) 质量检验

① 检查炉温,炉温波动范围应在±5℃之内。

② 检查淬火转移时间,淬火转移时间不得大于 15 s。

③ 检查淬火水槽水温,水温不得低于 80℃。

④ 淬火与时效之间的间隔时间不得大于 4 h。

⑤ 试棒进行拉伸试验,要求 $\sigma_b \geqslant 230$ MPa, $\delta_5 \geqslant 2\%$, HBS≥70。

2) 铍青铜 QBe2 轴承零件的淬火与时效

(1) 技术要求 铍青铜轴承零件,要求淬火处理,处理后硬度 HBS≥320, $\sigma_b \geqslant 1\,250$ MPa, $\delta \geqslant 4\%$。

(2) 加热设备 加热设备选用 RX3 - 45 - 9 箱式电阻炉。为防止氧化零件应装箱,并通氩气保护加热。

(3) 工艺规范 铍青铜轴承零件热处理工艺见图 5 - 2。

(4) 工艺准备及操作

① 检查并要加热设备运行正常,仪表指示和控制准确、灵活,

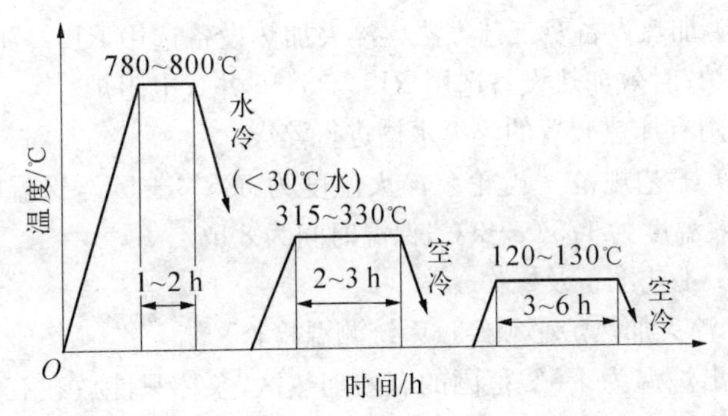

图 5-2　铍青铜轴承零件淬火、时效工艺

炉膛整洁，零件清理干净。

② 检查并要求零件表面没有裂纹、划痕和氧化腐蚀坑。

③ 将零件装入箱式炉有效加热区内，经检查并确认零件与电阻丝无接触后送电加热升温。

④ 将炉温升到 780～800℃，保温 1～2 h，然后出炉，在低于20℃的冷却水中冷却。淬火操作必须迅速，零件在空气中心留时间不超过 6 s。

⑤ 将淬火后的铍青铜进行时效处理，时效温度为 315～330℃，保温 2～3 h，然后出炉空冷。

⑥ 将时效处理后的零件再进行 120～130℃回火，保温 3～6 h，出炉空冷进行第二次时效处理。

(5) 质量检验与质量分析

① 100%检查零件表面有无裂纹、氧化皮等，如表面产生氧化，则原因是零件清理不干净，加热时氧化。解决的办法是加热前将零件清理干净。

② 用洛氏硬度计抽检 10%的零件，检测零件表面的洛氏硬度值，以不低于 38HRC 的为合格。

复习思考题

1. 简述铝及铝合金的性能特点。铝合金是怎样分类的？可分为哪几类？

2. 铝合金有哪几种热处理方法？铝合金淬火应注意什么问题？
3. 常用铸造铝合金有哪几种？各有哪些性能特点？
4. 铸造铝合金热处理过程中应注意什么问题？为什么？
5. 什么是黄铜？什么是青铜？其性能特点如何？
6. 黄铜可进行哪几种热处理？其规范如何？
7. 常用青铜有哪几种？其性能特点如何？
8. 青铜有哪几种热处理方法？

复习思考题答案

略

附录1 常用钢材热处理工艺参数

（1）低碳钢部分

钢号	临界温度（℃）		预先热处理				渗碳	最终热处理	硬度 HRC	
	$\frac{A_{c3}}{A_{c1}}$	$\frac{A_{r3}}{A_{r1}}$	退火	正火	高温回火	调质			表面	心部
08、08F	$\frac{874}{732}$	$\frac{854}{880}$	900～930℃ 炉冷 ≤131HB轧	900～930℃ 空冷 ≤131HB	680～720℃ 空冷 ≤131HB	900～920℃ 水淬	900～920℃ 空冷	780～800℃水淬， 150～180℃空冷	56～62	20
10	$\frac{876}{724}$	$\frac{850}{682}$	900～930℃ 炉冷 ≤137HB轧	900～930℃ 空冷 ≤137HB	680～720℃ 空冷 ≤137HB	900～920℃ 水淬	900～920℃ 空冷	780～800℃水淬， 150～180℃空冷	56～62	20
10Mn2	$\frac{830}{720}$	$\frac{710}{620}$	850～880℃ 炉冷 ≤179HB	900～920℃ 空冷	680～720℃ 空冷 ≤179HB	860～880℃ 水淬	900～920℃ 空冷	850～870℃水淬， 180～200℃空冷	56～62	25

（续　表）

钢号	临界温度（℃）		预先热处理				渗碳	最终热处理	硬度 HRC	
	$\frac{A_{c3}}{A_{c1}}$	$\frac{A_{r3}}{A_{r1}}$	退火	正火	高温回火	调质			表面	心部
12CrNi2	$\frac{794}{732}$	$\frac{763}{671}$	840～880℃ 炉冷 ≤207HB	890～930℃ 空冷 ≤228HB	650～680℃ 空冷 ≤207HB	830～870℃油 425～700℃ 油或水	900～920℃ 空冷	760～800℃ 油或水淬，180～200℃空冷	56～62	30
12CrNi3	$\frac{830}{715}$	$\frac{\quad}{670}$	870～900℃ 炉冷 ≤217HB	890≤920℃ 空冷	650～680℃ 空冷 ≤217HB	860℃油 500～600℃ 油或水	900～920℃ 空冷	860±10℃油淬，180～200℃空冷	56～62	30
15	$\frac{863}{735}$	$\frac{840}{685}$	880～900℃ 炉冷 ≤143HB轧	890～920℃ 空冷 ≤143HB	680～720℃ 空冷 ≤143HB	890～920℃ 水淬 620～680℃空	900～920℃ 空冷	780～800℃ 淬水，150～180℃空冷	56～62	25
15Mn	$\frac{863}{735}$	$\frac{840}{685}$	880～900℃ 炉冷 ≤163HB	900～920℃ 空冷	680～720℃ 空冷 ≤163HB	860～880℃ 油或水 450～650℃空	900～920℃ 空冷	800±10℃ 油或水淬，180～200℃空冷	56～62	30
15Cr	$\frac{870}{735}$	$\frac{\quad}{720}$	860～890℃ 炉冷 ≤175HB	870～900℃ 空冷 ≤270HB	700～720℃ 空冷 ≤175HB	860～880℃ 油或水 485～540℃ 油空	900～920℃ 空冷	860～890℃油淬，170～199℃空冷	56～62	30

（续　表）

钢　号	临界温度（℃）		预先热处理				渗　碳	最终热处理	硬度 HRC	
	$\frac{A_{c3}}{A_{c1}}$	$\frac{A_{r3}}{A_{r1}}$	退　火	正　火	高温回火	调　质			表面	心部
15CrMn	$\frac{845}{750}$	—	850～870℃ 炉　冷 ≤179HB	850～880℃ 空　冷	650～680℃ 空　冷 ≤179HB	840～880℃空 650～680℃油	880～920℃ 空　冷	840～880℃油淬， 180～200℃空冷	56～62	35
15CrMnMo	$\frac{830}{710}$	$\frac{740}{600}$	860～880℃ 炉　冷 ≤179HB	950～970℃ 空　冷	700～720℃ 空　冷 ≤230HB	860～880℃油 500～650℃空	900～920℃ 空　冷	840～860℃油淬， 180～200℃空冷	56～62	35
15Cr2MnNiTiA	—	—		900～920℃ 空　冷 ≤228HB			900～920℃ 空　冷	850℃油淬， 180～200℃空冷	58～63	40
15CrMn- 2SiMoA	$\frac{805}{732}$	$\frac{478}{389}$		920～940℃ 空　冷	630～650℃ 空　冷 ≤285HB		900～920℃ 空　冷	810～830℃油淬， 150～180℃空冷	≥60	40
18CrMnA	—	—		850～870℃ 空　冷 ≤163HB			900～920℃ 空　冷	850℃ 油淬， 150～180℃空冷	58～62	35
18CrMnTi	$\frac{825}{740}$	$\frac{730}{650}$	950～970℃ 炉　冷 ≤217HB	950～970℃ 风　冷 ≤217HB		850～880℃油 500～650℃空	900～920℃ 空　冷	870～890℃油淬， 180～200℃空冷	58～62	40

（续　表）

钢　号	临界温度（℃）		预　先　热　处　理				渗　碳	最终热处理	硬度 HRC	
	$\frac{A_{c3}}{A_{c1}}$	$\frac{A_{r3}}{A_{r1}}$	退　火	正　火	高温回火	调　质			表面	心部
18CrMnMo	—	—		880～900℃ 空　冷	550～660℃ 空　冷 ≤163HB		900～920℃ 空　冷	780～800℃油淬， 180～200℃空冷	58～62	40
18CrNiW	$\frac{810}{700}$	$\frac{}{350}$	≤269HB	920～950℃ 空　冷	650～700℃ 空　冷 ≤269HB	850～900℃油 540～580℃空	900～920℃ 空　冷	840～860℃ 空或油淬，再 760～780℃油淬 200℃空冷	58～62	40
18CrNiMo	—	—		950℃ 空　冷	650℃空冷 ≤269HB		900～920℃ 空　冷	760～780℃油淬， 150～180℃空冷	58～62	40
18Cr2Ni4W	$\frac{810}{700}$	—		950℃ 空　冷		860～900℃ 水　冷	900～920℃ 空　冷	860℃油淬， 150～180℃空冷		
20	$\frac{855}{735}$	$\frac{635}{680}$	880～900℃ 炉　冷 ≤156HB轧	890～910℃ 空　冷 ≤156HB	680～720℃ 空　冷 ≤156HB	860～900℃ 水　冷	900～920℃ 空　冷	780～800℃ 水淬， 150～180℃空冷	58～62	25
20Mn	$\frac{854}{735}$	$\frac{835}{682}$	900℃ 空　冷 ≤197HB	900～920℃ 空　冷 ≤197HB	680～720℃ 空　冷 ≤197HB	850～900℃水 450～650℃空	900～920℃ 空　冷	820～840℃ 油淬， 180～200℃空冷	58～62	30

（续 表）

钢号	临界温度（℃）		预先热处理				渗碳	最终热处理	硬度 HRC	
	$\frac{A_{c3}}{A_{c1}}$	$\frac{A_{r3}}{A_{r1}}$	退火	正火	高温回火	调质			表面	心部
20Mn2	$\frac{840}{725}$	$\frac{740}{610}$	≤187HB	870～900℃ 空 冷	670～700℃ 空 冷 ≤187HB	850～880℃ 油水均可 580～600℃空	910～920℃ 空 冷	850～870℃水淬，再 770～800℃水淬， 150～180℃空冷	56～62	30
20MnV	$\frac{825}{715}$	$\frac{750}{630}$	600～650℃ 炉 冷	880～910℃ 空 冷	650～700℃ 空 冷 ≤187HB	880～920℃油 600～700℃空	930℃	降到860～880℃ 油淬， 150～180℃空冷	56～62	30
20Mn2B	$\frac{853}{730}$	$\frac{736}{613}$	710～720℃ 炉空均可 ≤187HB	880～900℃ 空 冷	680～700℃ 空 冷 ≤187HB	860～880℃油 200℃空	900～930℃ 空 冷	860～880℃油淬，再 780～800℃油淬， 200℃空冷	56～62	30
20MnTiB 20Mn2TiB	$\frac{843}{715}$	$\frac{796}{625}$	≤187HB	950～970℃ 空 冷	≤187HB	860℃油淬	930～950℃ 空 冷	860～880℃油淬， 200℃空冷	56～62	37
20CrNi	$\frac{805}{735}$	$\frac{790}{660}$	860～890℃ 炉 冷 ≤197HB	860～890℃ 空 冷 ≤207HB	690～710℃ 空 冷 ≤197HB	840～880℃ 水 油 420～650℃ 水 油	900～920℃ 空 冷	810～830℃ 水淬， 180～220℃空冷	56～62	40
20CrNi3	$\frac{760}{700}$	$\frac{630}{500}$		900℃ 空 冷			930～940℃ 空 冷	810℃油淬， 220℃空冷	≥58	40

（续　表）

钢　号	临界温度（℃）		预　先　热　处　理				渗　碳	最终热处理	硬度 HRC	
	$\frac{A_{c3}}{A_{c1}}$	$\frac{A_{r3}}{A_{r1}}$	退　火	正　火	高温回火	调　质			表面	心部
20CrNi4	—	—		950～970℃ 空　冷	640～650℃ 油　冷		900～920℃ 空　冷	880℃油淬，再 780℃油淬， 200℃空冷	≥62	40
20MnVB	$\frac{840}{720}$	$\frac{770}{635}$	≤207HB	880～900℃ 空　冷	≤207HB	860～880℃ 油　冷	900～920℃ 空　冷	860～880℃油淬， 180～200℃空冷	56～62	40
24MnV	$\frac{824}{740}$	$\frac{760}{652}$	800～840℃ 炉　冷 ≤160HB	900℃空冷 ≤200HB		870～900℃ 水	900～920℃ 空　冷	850～900℃油淬， 200℃空冷	58～62	40
24MnVNb	$\frac{835}{749}$	$\frac{745}{680}$		950～1 000℃ 空　冷 ≤220HB			920～940℃ 空　冷	860～920℃油淬， 180～220℃空冷	60～63	40
24SiMnMoV	$\frac{860}{748}$	$\frac{790}{720}$		950～960℃ 空　冷 ≤250HB		880～900℃ 油　冷	900～920℃ 空　冷	860～880℃油淬 180～220℃空冷	58～63	40
25	$\frac{840}{735}$	$\frac{824}{680}$	860～890℃ 炉　冷 ≤170HB轧	870～900℃ 空　冷 ≤170HB	680～720℃ 空　冷 ≤170HB	850～890℃ 水　冷	900～920℃ 空　冷	790～810℃水淬， 150～180℃空冷	56～62	30

（续 表）

钢 号	临界温度（℃）		预先热处理				渗 碳	最终热处理	硬度 HRC	
	$\frac{A_{c3}}{A_{c1}}$	$\frac{A_{r3}}{A_{r1}}$	退 火	正 火	高温回火	调 质			表面	心部
30CrMnTi	$\frac{790}{765}$	$\frac{740}{660}$	≤229HB	950～970℃ 空 冷	≤229HB		900～950℃ 空 冷	870～890℃油淬，再 840～860℃油淬， 180～200℃ 回火油水均可	56～62	45
20MnMoB	$\frac{850}{738}$	—	860℃ 炉 冷 ≤207HB	900～920℃ 空 冷	680～700℃ 空 冷 ≤207HB	860～880℃	830～850℃ 空 冷	860～890℃油淬， 200℃空冷	56～62	40
20SiMnVB	$\frac{866}{726}$	$\frac{779}{609}$	≤207HB	920～950℃ 空 冷 ≤235HB	680～700℃ 空 冷 ≤207HB	870～900℃油 200℃空	930～950℃ 空 冷	860～880℃油冷 780～800℃油淬， 200℃空冷	56～62	37
20Cr	$\frac{848}{766}$	$\frac{799}{702}$	860～890℃ 炉 冷 ≤179HB	870～900℃ 空 冷 ≤215HB	700～720℃ 空 冷 ≤179HB	860～880℃油 450～480℃ 油 空	900～920℃ 空 冷	860～890℃ 油或水淬，再 780～800℃ 油或水淬， 170～190℃空冷	56～62	30
20Cr3	—	—		860～880℃ 空 冷 ≤207HB			900～920℃ 空 冷	800～820℃ 油或水淬，再 180～200℃空冷	58～62	40

（续　表）

钢　号	临界温度（℃）		预　先　热　处　理				渗　碳	最终热处理	硬度 HRC	
	A_{c3}/A_{c1}	A_{r3}/A_{r1}	退　火	正　火	高温回火	调　质			表面	心部
20CrMn	848/765	798/700	850～870℃ 炉　冷 ≤187HB	670～900℃ 空　冷 ≤350HB	680～700℃ 空　冷 ≤200HB	860～880℃ 水　油 500～650℃油	900～920℃ 空　冷	810～840℃油淬， 180～200℃空冷	56～62	45
20CrMnB	/890	749/662	860～879℃ 炉　冷 ≤197HB	870～900℃ 空　冷 ≤360HB	680～700℃ 空　冷 ≤200HB	860～880℃ 水　油 500～650℃油	900～920℃ 空　冷	820～840℃油淬， 180～200℃空冷	56～62	45
20CrMnMo 20CrMnMo	830/710	740/620	850～879℃ 炉　冷 ≤217HB	870～900℃ 空　冷	650～700℃ 空　冷	830～860℃ 油　冷	880～900℃ 空　冷	830～850℃油淬，再 780～800℃油淬， 180～200℃空冷	≥58	40
20CrMnMoVB	850/	780/675	650℃ 等　温 ≤217HB	920～950℃ 空　冷 ≤34HRC	700～720℃ 空　冷 ≤217HB	850～880℃ 油　冷	930～950℃ 缓　冷	870～890℃油淬，再 840～870℃油淬， 200℃空冷	56～62	40
20CrV	840/788	762/704	870～900℃ 炉　冷 ≤197HB	870～900℃ 空　冷 ≤300HB	720～740℃ 空　冷 ≤200HB	870～900℃油 550～680℃油	900～920℃ 空　冷	870～900℃油淬，再 780～800℃油淬， 150～220℃空冷	58～62	40

（2）中碳钢及高碳钢部分

钢号	临界温度					预先热处理			最终热处理		
	A_{c1}（℃）	A_{c3}（℃）	A_{r1}（℃）	A_{r3}（℃）	M_s（℃）	退火	正火	高温回火	淬火	回火 温度(℃)	回火 硬度 HRC
30	732	813	677	796	380	850～900℃ 炉冷 ≤179HB	860～900℃ 空冷 ≤179HB	680～720℃ 空冷 ≤179HB	850～890℃ 水淬 约 45HRC	270	40
										400	30
										450	25
30Mn	734	812	675	796	345	850～900℃ 炉冷 ≤197HB	800～910℃ 空冷 ≤217HB	680～720℃ 空冷 ≤187HB	840～880℃ 油水均可 约 50HRC	275	40
										400	30
										450	25
30Mn2	718	804	627	727	340	830～860℃ 炉冷 ≤207HB	840～880℃ 空冷	680～720℃ 空冷 ≤207HB	820～850℃ 油水均可 约 50HRC	360	40
										440	30
										550	25
30Cr	740	815	670		350	830～850℃ 炉冷 ≤187HB	850～870℃ 空冷 ≤300HB	700～720℃ 空冷 ≤187HB	840～860℃ 油水均可 约 50HRC	170	50
										350	40
										450	30
										510	25
30CrMo	757	807	693	763	345	830～850℃ 炉冷 ≤229HB	870～900℃ 空冷	700～720℃ 空冷 ≤250HB	840～880℃ 油水均可 约 50HRC	170	50
										350	40
										450	30
										510	25

(续 表)

钢 号	临界温度					预先热处理			最终热处理		
	A_{c1} (℃)	A_{c3} (℃)	A_{r1} (℃)	A_{r3} (℃)	M_s (℃)	退 火	正 火	高温回火	淬 火	回火 温度(℃)	回火 硬度 HRC
35SiMn	750	830	645			850～870℃ 炉 冷 ≤229HB	880～920℃ 空 冷	680～720℃ 空 冷 ≤229HB	880～900℃ 油水均可 约 55HRC	200	50
										360	45～50
										400	40～45
										450	35～40
										500	30～35
										550	25～30
35CrMn2	735	780	630	690	293	840℃ 炉 冷 ≤229HB	870℃ 空 冷 ≤241HB	620～640℃ 油水均可 ≤269HB	840～870℃ 油 冷 约 52HRC	200	50
										430	40
										550	30
										650	25
35CrMo	755	800	695	750	271	820～840℃ 炉 冷 ≤241HB	830～860℃ 空 冷 ≤400HB	680～720℃ 空 冷 ≤250HB	820～850℃ 油水均可 约 52HRC	200	50
										320	45
										380	40
										460	35
										500	30
										600	25

（续 表）

钢号	临界温度					预先热处理			最终热处理		
	A_{c1}（℃）	A_{c3}（℃）	A_{r1}（℃）	A_{r3}（℃）	M_s（℃）	退火	正火	高温回火	淬火	回火温度（℃）	回火硬度 HRC
35CrMnSi						840～860℃ 炉冷 ≤229HB	860～880℃ 空冷 ≤241HB	680～710℃ 空冷 ≤229HB	850～870℃ 油淬 约55HRC	200	50～55
										360	45～50
										430	40～45
										490	35～40
										530	30～35
										570	25～30
35CrMoV	755	835	600			680～720℃ 炉冷 ≤229HB	880～920℃ 空冷	650～670℃ 空冷 ≤241HB	900～920℃ 油水均可 约52HRC	200	50
										500	40
										610	30
37CrNi3	710	770	641		310	800℃ 炉冷 ≤269HB			830～850℃ 油淬 约55HRC	250	50
										350	45～50
										420	40～45
										500	35～40
										570	30～35
										620	25～30

（续 表）

钢 号	临界温度					预先热处理			最终热处理		
	A_{c1}（℃）	A_{c3}（℃）	A_{r1}（℃）	A_{r3}（℃）	M_s（℃）	退 火	正 火	高温回火	淬 火	回火 温度（℃）	回火 硬度 HRC
38Cr	735	790							840～860℃ 油水均可 约 55HRC	200	50
										340	45～50
										420	40～45
										480	35～40
										510	30～35
38CrSi	763	810	680	755	330	860～880℃ 炉冷 ≤255HB	900℃ 空冷	660℃ 油冷 ≤225HB	900～920℃ 油水均可 约 55HRC	270	55
										370	50
										520	40
										630	30
38CrMoAl	860	940	730			840～870℃ 炉冷 ≤229HB	930～970℃ 空冷	700～720℃ 空冷 ≤229HB	900～930℃ 油水均可 约 55HRC	250	50～55
										410	45～50
										500	40～45
										550	35～40
										620	30～35
										660	25～30

（续 表）

钢 号	临界温度					预先热处理			最终热处理		
	A_{c1}（℃）	A_{c3}（℃）	A_{r1}（℃）	A_{r3}（℃）	M_s（℃）	退 火	正 火	高温回火	淬 火	回火 温度（℃）	回火 硬度 HRC
40	724	790	680	760	330	840～870℃ 炉 冷 ≤187HB	840～880℃ 空 冷 ≤217HB	680～720℃ 空 冷 ≤187HB	830～870℃ 油水均可 约 55HRC	200	50
										320	45～55
										360	40～45
										420	35～40
										480	30～35
										540	25～30
40CrMn	740	820			350	820～840℃ 炉 冷 ≤229HB	850～870℃ 空 冷	670～690℃ 空 冷 ≤229HB	820～840℃ 油 淬 约 57HRC		
40CrMnTi	765	820	640	580		≤241HB	950～970℃ 风 冷 ≤216HB	≤241HB	Ⅰ 880℃ Ⅱ 850℃ 油 淬 约 57HRC	600	
										650	30
										700	25

（续　表）

钢号	临界温度					预先热处理			最终热处理		
	A_{c1}（℃）	A_{c3}（℃）	A_{r1}（℃）	A_{r3}（℃）	M_s（℃）	退火	正火	高温回火	淬火	回火	
										温度（℃）	硬度 HRC
40CrMnMo	735	780	680			≤241HB	850～880℃ 空冷 ≤321HB	660～680℃ 空冷 ≤241HB	840～860℃ 油淬 约 57HRC	250	50～55
										400	45～50
										450	40～45
										500	35～40
										550	30～35
										650	25～30
40B	730	790	690	727		640～870℃ 炉冷 ≤207HB	850～900℃ 空冷	680～720℃ 空冷 ≤207HB	820～860℃ 油淬 约 55HRC	280	50
										410	40
										500	30
										580	25
40MnB	730	780	650	700	295	827～860℃ 炉冷 ≤207HB	850～900℃ 空冷 ≤207HB	680～720℃ 空冷 ≤207HB	820～860℃ 油水均可 约 55HRC	530	30
										620	25

（续 表）

钢号	临界温度					预先热处理			最终热处理		
	A_{c1}（℃）	A_{c3}（℃）	A_{r1}（℃）	A_{r3}（℃）	M_s（℃）	退火	正火	高温回火	淬火	回火 温度（℃）	回火 硬度HRC
40Mn	726	790	689	768		820～860℃ 炉冷 ≤207HB	850～880℃ 空冷 ≤229HB	680～720℃ 空冷 ≤207HB	820～860℃ 油水均可 约55HRC		
40Mn2	713	766	627	704	（340）	820～850℃ 炉冷 ≤217HB	830～870℃ 空冷	680～720℃ 空冷 ≤217HB	810～840℃ 油水均可 约56HRC	200	55
										270	45～50
										320	40～45
										370	35～40
										420	30～35
										520	25～30
40Cr	743	782	693	730	（355）	825～845℃ 炉冷 ≤207HB	850～870℃ 空冷 ≤250HB	680～700℃ 空冷 ≤207HB	830～850℃ 油淬 约55HRC	200	50～55
										340	45～50
										420	40～45
										480	35～40
										510	30～35
										590	25～30

（续　表）

钢　号	临界温度					预先热处理			最终热处理		
	A_{c1}（℃）	A_{c3}（℃）	A_{r1}（℃）	A_{r3}（℃）	M_s（℃）	退　火	正　火	高温回火	淬　火	回火 温度（℃）	回火 硬度 HRC
40CrSi	755	850	725			860～880℃ 炉　冷 ≤255HB	900℃ 空　冷 ≤269HB	660℃ 油　冷 ≤255HB	900～920℃ 油水均可 约 57HRC	250	55
										370	50
										440	45
										480	40
										600	35
										650	30
40CrV	755	790	700	745	218	830～850℃ 炉　冷 ≤241HB	859～880℃ 空　冷	700～720℃ 空　冷 ≤255HB	800～850℃ 油水均可 约 57HRC	230	40
										550	30
										650	25
40MnVB	730	774	639	681		850～880℃ 炉　冷 ≤207HB	860～900℃ 空　冷	680～720℃ 空　冷 ≤207HB	830～870℃ 油　淬 约 58HRC	500	30
										620	25

（续 表）

钢 号	临界温度					预先热处理			最终热处理		
	A_{c1}（℃）	A_{c3}（℃）	A_{r1}（℃）	A_{r3}（℃）	M_s（℃）	退 火	正 火	高温回火	淬 火	回火 温度（℃）	回火 硬度 HRC
40CrMnB						820～840℃ 空 冷 ≤241HB	850～870℃ 空 冷	670～690℃ 空 冷 ≤250HB	830～850℃ 油 淬 约 55HRC	440	40
										620	30
										680	25
40MnMoB	731	811	395	500	316		880℃ 空 冷		870℃ 油 淬 约 56HRC	300	50
										300	40
										620	30
										650	25
40CrMnMoVB	734	792	646	709		≤241HB	900℃ 空 冷	≤241HB	860℃ 油 淬 约 56HRC	430	40
										580	30
										650	25

（续 表）

钢 号	临界温度					预先热处理			最终热处理		
	A_{c1}（℃）	A_{c3}（℃）	A_{r1}（℃）	A_{r3}（℃）	M_s（℃）	退 火	正 火	高温回火	淬 火	回火 温度（℃）	回火 硬度 HRC
40CrNi	731	769	660	702		820～850℃ 炉 冷 ≤207HB	870～900℃ 空 冷	680～720℃ 油 冷 ≤207HB	820～840℃ 油 淬 约 55HRC	200	50
										340	45～50
										420	40～45
										460	35～40
										510	30～35
										550	25～30
40CrNiMoA	732	774							840～860℃ 油 淬 约 56HRC	320	50～55
										420	45～50
										480	40～45
										540	35～40
										580	30～35
42SiMn	765	820	645			850～870℃ 炉 冷 ≤229HB	860～890℃ 空 冷 ≤244HB	680～720℃ 空 冷 ≤229HB	830～860℃ 油水均可 约 56HRC	200	50
										450	40
										550	30
										620	25

（续 表）

钢号	临界温度					预先热处理			最终热处理		
	A_{c1}（℃）	A_{c3}（℃）	A_{r1}（℃）	A_{r3}（℃）	M_s（℃）	退火	正火	高温回火	淬火	回火温度（℃）	回火硬度 HRC
42MnBR	715	765	635	685			900℃ 空冷		850℃ 油淬	350	47
										450	39
										500	34
										580	30
										600	25
42SiMnB							870℃ 空冷 ≤269HB		880℃ 水淬 约56HRC	200	54
										300	50
										540	29
										600	25
42CrMn	730	780			360	850℃ 空冷 ≤217HB	850～880℃ 空冷 ≤231HB	680～720℃ 空冷 ≤217HB	820～850℃ 油水均可 约56HRC	200	55
										230	50
										420	40
										520	30
										600	25

(续　表)

钢　号	临界温度					预先热处理			最终热处理		
	A_{c1}（℃）	A_{c3}（℃）	A_{r1}（℃）	A_{r3}（℃）	M_s（℃）	退　火	正　火	高温回火	淬　火	回火 温度（℃）	回火 硬度 HRC
42Mn2V	725	770			310	≤217HB	860～900℃ 空　冷	640～680℃ 空　冷 ≤217HB	840～870℃ 油水均可 约 56HRC	300	50
										460	40
										550	30
										620	25
45	724	780	682	751	350	820～840℃ 炉　冷 ≤197HB	830～880℃ 空　冷 ≤241HB	680～720℃ 空　冷 ≤197HB	830～860℃ 油水均可 约 57HRC	200	50～55
										320	45～50
										360	40～45
										420	35～40
										480	30～35
										550	25～30
45Mn2	715	770	640	720	320	810～840℃ 炉　冷 ≤217HB	820～860℃ 空　冷 ≤241HB	680～720℃ 空　冷 ≤217HB	810～840℃ 油　淬 约 57HRC	230	50
										400	45
										450	40
										500	35
										600	30
										650	25

（续 表）

钢号	临界温度					预先热处理			最终热处理		
	A_{c1}（℃）	A_{c3}（℃）	A_{r1}（℃）	A_{r3}（℃）	M_s（℃）	退火	正火	高温回火	淬火	回火 温度（℃）	回火 硬度 HRC
45Cr	721	771	660	693	310	840～850℃ 炉冷 ≤217HB	830～850℃ 空冷 ≤320HB	680～700℃ 空冷 ≤217HB	830～840℃ 油淬 约 57HRC	200	55
										240	50
										390	45
										450	40
										520	35
										540	30
45CrV	755	790			217	830～850℃ 炉冷 ≤255HB	850～880℃ 空冷	700～720℃ 空冷 ≤255HB	850～880℃ 油水均可 约 57HRC		
45CrNi	750	790				≤255HB		≤255HB	840～860℃ 油淬 约 57HRC	180	55
										250	50
										380	40
										540	30
										600	25

(续 表)

钢号	临界温度					预先热处理			最终热处理		
	A_{c1}（℃）	A_{c3}（℃）	A_{r1}（℃）	A_{r3}（℃）	M_s（℃）	退火	正火	高温回火	淬火	回火	
										温度(℃)	硬度HRC
45MnB		770				820～860℃ 炉冷 ≤217HB	850～900℃ 空冷 ≤255HB	680～720℃ 空冷 ≤217HB	820～880℃ 油、水均可 约57HRC	360	40
										562	30
										613	25
50	725	760	690	720		810～830℃ 炉冷 ≤207HB	820～860℃ 空冷 ≤241HB	680～720℃ 空冷 ≤207HB	820～850℃ 油水均可 约58HRC	240	50
										350	45
										400	40
										450	35
										510	30
										550	25
50Mn	720	760	660			820～850℃ 炉冷 ≤217HB	840～870℃ 空冷 ≤255HB	680～720℃ 油水均可 约217HB	800～830℃ 油水均可 约59HRC	400	35
										500	25
										600	20

（续 表）

钢号	临界温度					预先热处理			最终热处理		
	A_{c1}（℃）	A_{c3}（℃）	A_{r1}（℃）	A_{r3}（℃）	M_s（℃）	退火	正火	高温回火	淬火	回火 温度（℃）	回火 硬度 HRC
50Mn2	710	760	596	680		810～840℃ 炉冷 ≤229HB	820～860℃ 空冷	660～720℃ 油淬 约229HB	810～840℃ 油淬 约60HRC		
50Cr	721	771	620	692	250	840～850℃ 炉冷 ≤229HB	830～850℃ 空冷 ≤320HB	680～700℃ 空冷 ≤217HB	820～840℃ 油冷 约50HRC	200	55
										260	50
										460	40
										550	30
										580	25
50CrNi	735	760	657	690		820～850℃ 炉冷 ≤207HB	870～900℃ 空冷	680～720℃ 油冷 ≤207HB	820～840℃ 约52HRC	200	50
										300	46
										400	41
										500	35
										550	31
										600	27

（续 表）

钢号	临界温度					预先热处理			最终热处理		
	A_{c1}（℃）	A_{c3}（℃）	A_{r1}（℃）	A_{r3}（℃）	M_s（℃）	退火	正火	高温回火	淬火	回火	
										温度（℃）	硬度 HRC
55	727	774	690	755	290	780～810℃ 炉冷 ≤217HB	810～860℃ 空冷 ≤255HB	680～720℃ 空冷 ≤217HB	800～840℃ 油水均可 约 59HRC	250	55
										320	50
										380	45
										440	40
										500	35
										550	30
60	727	766	690	743		770～810℃ 炉冷 ≤229HB	800～840℃ 空冷 ≤255HB	680～720℃ 空冷 ≤229HB	800～830℃ 油水均可 约 60HRC	250	55
										320	50
										390	45
										450	40
										510	35
										560	30
30Cr2W4VA									1 050～1 100℃ 油淬	600 水	

（续 表）

钢 号	临界温度					预先热处理			最终热处理		
	A_{c1}（℃）	A_{c3}（℃）	A_{r1}（℃）	A_{r3}（℃）	M_s（℃）	退 火	正 火	高温回火	淬 火	回火 温度（℃）	回火 硬度 HRC
50CrMn 50CrMnA	750	775			250	800～820℃ 炉 冷 ≤272HB	800～840℃ 空 冷 ≤493HB	650～700℃ 油水均可 ≤272HB	840～860℃ 油 淬 58～60HRC	420 水 560 水	40 30
50CrMnVA	750	787	686	745	275	800～820℃ 炉 冷 ≤255HB	820～840℃ 空 冷	650～700℃ 油水均可	840～860℃ 油 淬 58～60HRC	520 水	40
50CrVA	752	788	688	746	270	810～870℃ 炉 冷 ≤255HB	850～880℃ 空 冷 ≤288HB	640～680℃ 空 冷 ≤255HB	840～860℃ 油 淬 58～60HRC	280 水 380 水 450 水 500 水 560 水	50～55 45～50 40～45 35～40 30～35
55SiMn	755	770	680						880℃ 油 淬 58～60HRC	460 水	

（续　表）

钢　号	临界温度					预先热处理			最终热处理		
	A_{c1}（℃）	A_{c3}（℃）	A_{r1}（℃）	A_{r3}（℃）	M_s（℃）	退　火	正　火	高温回火	淬　火	回火 温度（℃）	回火 硬度 HRC
55SiMnVB	745	790	675	720			850～880℃ 空　冷	400～500℃ 空　冷	880～900℃ 油　淬 60HRC	350 水	50
										480 水	40
										600 水	30
55Si2Mn	775	840			280	750℃ 炉　冷 ≤222HB	850～880℃ 空　冷 ≤244HB	640～880℃ 空　冷 ≤222HB	850～880℃ 油水均可 58～60HRC	200 水	55
										280 水	50
										470 水	40
										560 水	30
55MnSi	740	770	690						850～870℃ 油　淬 58～60HRC	460 水	40～45

（续 表）

钢号	临界温度					预先热处理			最终热处理		
	A_{c1}（℃）	A_{c3}（℃）	A_{r1}（℃）	A_{r3}（℃）	M_s（℃）	退火	正火	高温回火	淬火	回火	
										温度（℃）	硬度 HRC
60Mn	727	765	689	471	270	800～840℃ 炉冷 ≤229HB	830～880℃ 空冷 ≤267HB	680～720℃ 空冷 ≤229HB	780～840℃ 油淬 60～62HRC	250 水	55
										320 水	50
										460 水	40
										560 水	30
60SiMn 60SiMnA	755	770	690						860℃ 油淬 60～62HRC	460 水	
60Si2Mn 60Si2MnA	755	810	700	770	305	750℃ 炉冷 ≤222HB	830～860℃ 空冷 ≤254HB	640～680℃ 空冷 ≤222HB	850～870℃ 油水均可 61～63HRC	200 水	55
										280 水	50
										470 水	40
										560 水	30

（续　表）

钢　号	临界温度					预先热处理			最终热处理		
	A_{c1} (℃)	A_{c3} (℃)	A_{r1} (℃)	A_{r3} (℃)	M_s (℃)	退　火	正　火	高温回火	淬　火	回火 温度(℃)	回火 硬度 HRC
60Si2CrA	770	780	700						860～870℃ 油　淬 61～63HRC	420 水	45～50
60Si2CrVA	770	780	710						850℃ 油　淬 60～63HRC	410 水	45～50
65	727	752	696	730	280	810～860℃ 炉　冷 ≤229HB	820～860℃ 空　冷 ≤255HB	680～720℃ 空　冷 ≤229HB	820～840℃ 油水均可 62～64HRC	260 水	55
										330 水	50
										390 水	45
										450 水	40
										510 水	35
										560 水	30

（续 表）

钢号	临界温度					预先热处理			最终热处理		
	A_{c1}(℃)	A_{c3}(℃)	A_{r1}(℃)	A_{r3}(℃)	M_s(℃)	退火	正火	高温回火	淬火	回火 温度(℃)	回火 硬度HRC
65Mn	726	765	689	741	270	780～840℃ 空冷 ≤229HB	820～860℃ 空冷 ≤269HB	680～720℃ 空冷 ≤229HB	800～830℃ 油水均可 62～64HRC	260水	55
										350水	50
										420水	45
										480水	40
										540水	35
										580水	30
65Si2MnWA									850℃ 油淬 62～64HRC	420水	
70	730	743	693			790～830℃ 炉冷 ≤229HB	800～840℃ 空冷 ≤269HB	600～680℃ 空冷 ≤229HB	790～830℃ 油水均可 62～64HRC	270水	55
										330水	50
										390水	45
										450水	40
										510水	35
										560水	30

（续 表）

钢 号	临界温度					预先热处理			最终热处理		
	A_{c1}（℃）	A_{c3}（℃）	A_{r1}（℃）	A_{r3}（℃）	M_s（℃）	退 火	正 火	高温回火	淬 火	回火	
										温度（℃）	硬度 HRC
70Si3MnA									890℃ 油 淬 62～64HRC	460 水	45
75	725	745	690			780～800℃ 炉 冷 ≤241HB	800～840℃ 空 冷 ≤285HB	600～680℃ 空 冷 ≤241HB	790～820℃ 油水均可 62～64HRC	280 水	55
										340 水	50
										400 水	45
										460 水	40
										520 水	35
										570 水	30
85	728	737		695	220	780～800℃ 炉 冷 ≤255HB	800～840℃ 空 冷 ≤302HB	600～680℃ 空 冷 ≤255HB	780～810℃ 油水均可 62～64HRC	280 水	55
										340 水	50
										400 水	45
										460 水	40
										520 水	35
										570 水	30

附录2 常用金属材料的密度

材料名称	密度(g/cm³)	材料名称	密度(g/cm³)
工业纯铁	7.87	5-5-5 铸锡青铜	8.8
钢材	7.85	6-6-3 铸锡青铜	8.82
铸钢	7.8	5 铝青铜	8.2
低碳钢(含 0.1% C)	7.85	9-2 铝青铜	7.63
中碳钢(含 0.4% C)	7.82	9-4 铝青铜	7.6
高碳钢(含 1% C)	7.81	2 铍青铜	8.23
高速钢(含 9% W)	8.3	二号铝	2.65
高速钢(含 18% W)	8.7	八号铝	2.55
不锈钢(含 13% Cr)	7.15	九号铝	2.66
灰口铸铁	6.0～7.4	十号铝	2.95
白口铸铁	7.4～7.7	五号铸造铝合金	2.55
可锻铸铁	7.2～7.4	六号铸造铝合金	2.60
球墨铸铁	7.3	七号铸造铝合金	2.65
高铝铸铁(20%～25% Al)	5.5～6	十三号铸造铝合金	2.67
高铬铸铁(25%～30% Cr)	7.4～7.6	十四号铸造铝合金	2.95
高硅铸铁(15% Si)	6.9	铸锌	6.86
68 黄铜	8.60	4-3 铸锌铝合金	6.75
62 黄铜	8.50	4-1 铸锌铝合金	6.9
58-2 锰黄铜	8.5	锡基轴承合金	7.34～7.75
80-3 硅黄铜	8.6	铅基轴承合金	9.33～10.67

附录3 各种热处理工艺代号及技术条件的标注方法

热处理类型	代号	表示方法举例
退火	Th	标注为Th
正火	Z	标注为Z
调质	T	调质后硬度为200～250 HB时，标注为T 235
淬火	C	淬火后回火至45～50HRC时，标注为C48
油淬	Y	油淬＋回火硬度为30～40HRC，标注为Y35
高频淬火	G	高频淬火＋回火硬度为50～55HRC，标注为G52
调质＋高频感应加强淬火	T－G	调质＋高频淬火硬度为52～58HRC，标注为T－G54
火焰表面淬火	H	火焰表面淬火＋回火硬度为52～58HRC，标注为H54
氮化	D	氮化层深0.3 mm，硬度＞850 HV，标注为D0.3－900
渗碳＋淬火	S－C	渗碳层深0.5 mm，淬火＋回火硬度为56～62HRC，标注为S0.5－C59
氰化	Q	氰化后淬火＋回火硬度为56～62HRC，标注为Q59
渗碳＋高频淬火	S－G	渗碳层深度0.9 mm，高频淬火后回火硬度为56～62HRC，标注为S0.9－G59

附录4　钢的火花鉴别

		火花图例	图例说明
火花各部名称	1	根部火花　中部火花　尾部火花　火束	钢在砂轮上摩擦时产生的火花，分为三部分，即根部火花、中部火花和尾部火花
	2		钢在砂轮上摩擦时产生的光亮线条，称为流线。图示为直线流线
	3	流线　节点　节花　芒线	与粗流线相联，且与粗流线方向相同的细线条称为芒线。在直线上爆裂的亮点称为节点。从节点处向外射出的直线流线，称为节花。节花分为一次花、二次花和三次花（见图例4～6）
含碳量对火花形状的影响	4	一次花 二根分叉 0.05%C　三根分叉 0.1%C　四根分叉 0.15%C　多根分叉 0.2%C	钢中含碳量在0.2%以下时，出现一次火花，其特征是：流线多，火束长，芒线粗且长，没有花粉，发光一般。其分叉根数随含碳量增加而增多
	5	二次花 三根分叉 0.25%C　四根分叉 0.3%C　多根分叉 0.35%C	含碳量为0.25%～0.35%时，出现二次花，其特征是：流线多，火束稍长，发光稍强，带有微量的、逐渐增多的花粉，火花爆裂像菊花。其分叉根数随含碳量增加而增多

(续　表)

含碳量对火花形状的影响		火花图例	图例说明
	6	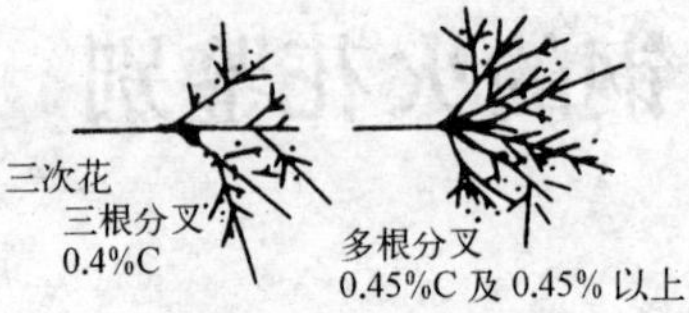 三次花 三根分叉 0.4%C 多根分叉 0.45%C 及 0.45% 以上	含碳量为 0.4%以上时，出现三次花，其特征是：流线多，火束较长，发光增强(含碳 0.7%以上时光度逐渐减弱)，花粉较多，火花爆裂像大菊花。其分叉根数随含碳量增加而增多
碳素钢火花举例	7		10 钢的火花，其特征是：火束较长；流线粗而少，色泽草黄带红，光度适中；芒线粗，花量较少，三根分叉爆裂，呈星形，花角狭小；尾部下垂，光度暗弱，时有枪尖尾花出现
	8	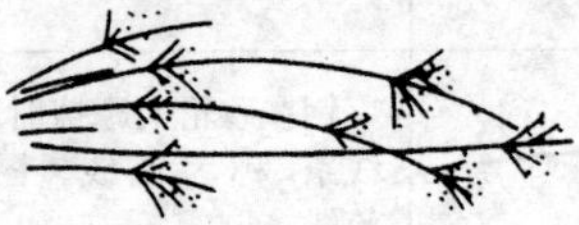	20 钢的火花，其特征是：火束长，草黄带红，发光适中，流线多而粗，自根部起逐渐变粗，花线稍粗；花量稍多，多根分叉爆裂，呈星形，花角狭小；尾部稍下垂，光色减弱，有不明显的枪尖尾花
	9	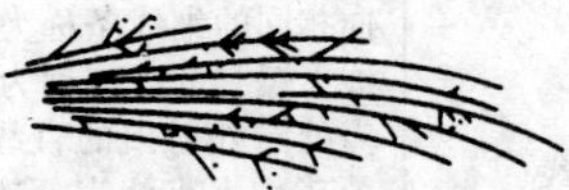	30 钢的火花，其特征是：火束较长，黄色，流线多而细，中部发光稍亮；花量稍多，爆裂为四根分叉，时有二次花，呈星形，爆花逐渐移向尖端，有少量花粉，尾部稍平垂
	10	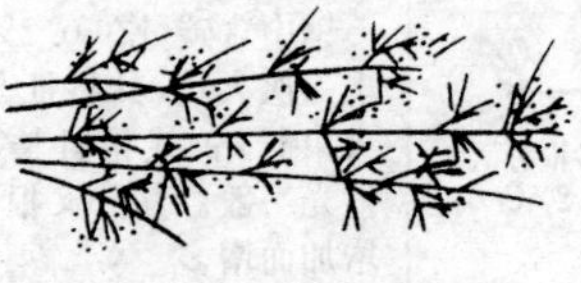	45 钢的火花，其特征是：火束呈黄色，发光明亮，流线短且多而稍短，爆花在尾端，爆裂为多根分叉，多量三次花，呈大星形，火花盛开，花束约占火束的 3/5 以上，小花较多，花间有较多的花粉
	11		55 钢的火花，其特征是：火束根部稍暗，中部明亮，尾部黄色，流线多而细长；爆裂火花为多根分叉，多量复层三次花，呈大星形，火花盛开，花数占火束的 2/3 以上，小花与花粉更多；流线尾部挺直，呈叉状

（续 表）

		火花图例	图例说明
碳素钢火花举例	12		T7钢的火花，其特征是：火束黄色，根部暗红，中部较亮，尾部渐暗，火束粗短，流线多而细密；爆裂火花为三次花，多根分叉，花形由星形展开为三层叠开，花量多，小花与花粉很多，花量占火束的4/5，爆花的芒线细，枝芒爆裂强度大，中部最强；整个火束的火势旺盛美观；磨时手感稍硬
	13	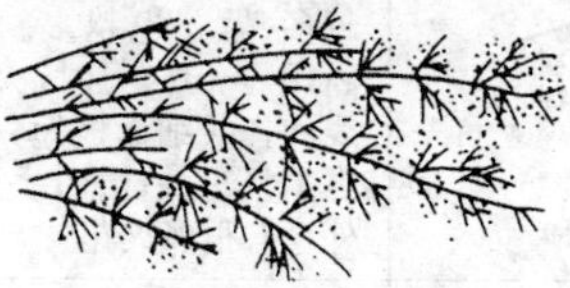	T10钢的火花，其特征是：火束橙红，根部暗淡，发光稍弱；流线多而细密，火束更短更粗；爆裂火花为多根分叉，红色，三次花，小碎花及花粉多而密，尾极少，核心火花趋于缩小；整个火束主要由芒线花粉及碎花组成，形态与色泽美丽；火束的射力甚强，火花爆裂强度较弱，花量占火束的5/6以上；磨时手感较硬
	14	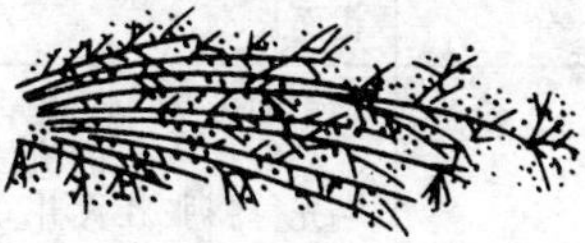	T13钢的火花，其特征是：火束暗橙红，发光不大，越近根部越暗；流线多而极细密，火束粗短，爆花为多根分叉，三次花量极多，三层、四层重叠开花，碎花和花粉很多，约占火束的7/8，尾花较少；火束的射力劲强，核心爆花缩小，爆裂强度微弱，火束爆花美丽；磨时手感很硬
合金元素对火花的影响	15		镍的影响：镍使火花爆裂特别肥大，呈明亮的花苞，发光点强烈闪目 含镍量为1%～1.5%时，花苞呈椭圆形，或者发生爆裂（如图例15）

（续 表）

		火 花 图 例	图 例 说 明
合金元素对火花的影响	16	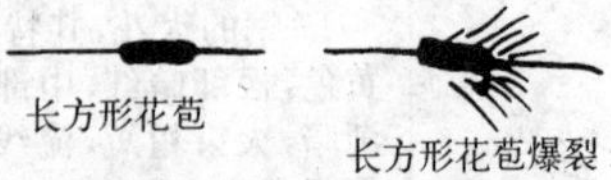 长方形花苞　长方形花苞爆裂	含镍量为2.5%～4%时，花苞呈长方形，非常明亮，或者发生爆裂（如图例16） 含镍量为7%～15%（含碳为0.2%以下或含铬9%～18%）时，无火花爆裂；火束根部至中部的流线呈断续线状或波浪形，色很暗红，线条极细且短（如图例17）；磨时手感很硬
	17	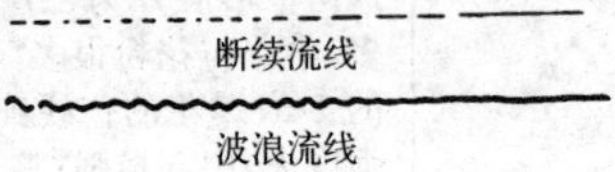 断续流线　波浪流线	
	18	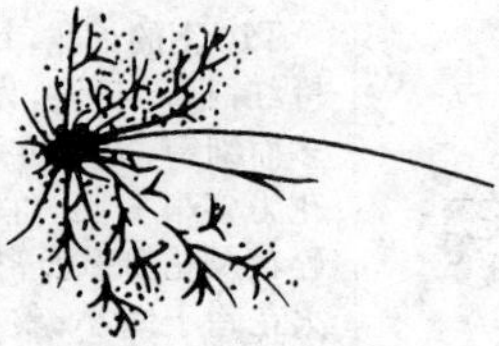	铬的影响：含铬量为0.8%～2.0%时，火花爆裂非常活泼而正规，爆花呈大星形，分叉多而细，碎花粉很多（如图所示）。含铬量越多，爆花也越多。当含铬量很高（8%～16%）时，火花爆裂的流线和芒线细而极短，呈黄色，花粉更多且重叠；磨时手感极硬，砂轮外缘有很多火花
	19	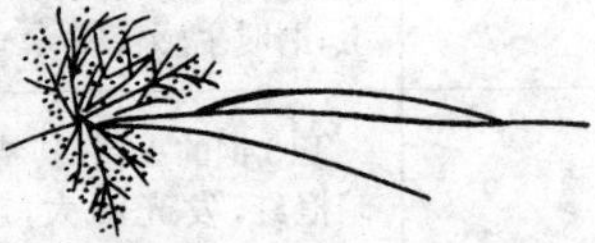	锰的影响：含锰量为1%～2%时，爆花为多根分叉的三次花（与碳钢相仿），呈星形，核心（节点）大而明亮，花粉很多，芒线很细（如图所示），花黄色且较亮，爆裂强度比碳素钢大，流线也较多且粗而长
	20	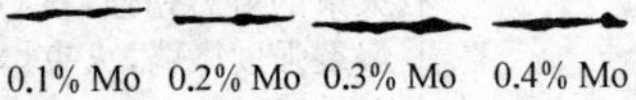 0.1% Mo　0.2% Mo　0.3% Mo　0.4% Mo	钼的影响：含钼量为0.1%～0.6%时，火束的流线为红色，末端先行膨胀壮大并立即中断，后有尖角形发火点，明亮且似枪尖（如图例20）称枪尖尾花。含钼量越高，枪尖尾花爆裂越明显。含钼量在0.4%以下，并含有较多的镍和钨时，枪尖尾花较难发现 含钼量大于2%时，爆花形式与低钨钢相似，也有细芒线及狐尾后缩爆花 含钼量为5%～10%时，火束的流线呈暗桔红色，根部细并呈断续状，中部与尾部逐渐变粗，并呈麦穗状（称麦穗尾花）；火束中部爆花极少（如图例21）
	21	5% Mo　10% Mo	

(续 表)

		火花图例	图例说明
合金钢火花举例	22	 0.8%~1.5% W　1.8%~2.3% W	钨的影响：含钨量较低时，火束的流线呈深红色，根部很细，几乎不发生爆裂，中部及尾部逐渐膨胀壮大，并呈狐尾形（称狐尾花），狐尾根部有很细的爆花（如图例22）
	23	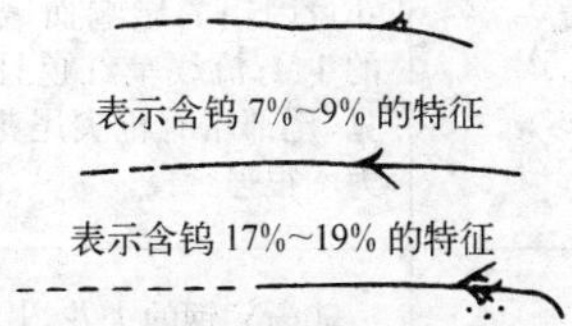 表示含钨4.5%~5.5%的特征 表示含钨7%~9%的特征 表示含钨17%~19%的特征 这三种火花都叫点状狐尾花	含钨量较高（4.5%以上）时，火束的流线为暗红色，根部很细且呈断续状，尾部变粗，形成点状狐尾（称点状狐尾花），量少而短（如图例23）
	24	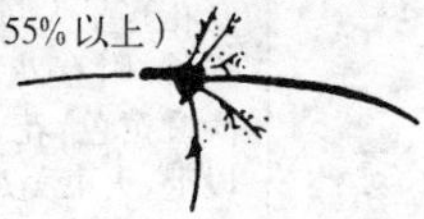 表示含硅0.8%~2.5%的特征（含碳在0.55%以上）	硅的影响：含硅量为0.8%~2.5%时，火束短，流线粗且呈红色，爆花呈喇叭形（称喇叭花），在含碳量大于0.55%时出现，花间有许多白亮点闪光
	25	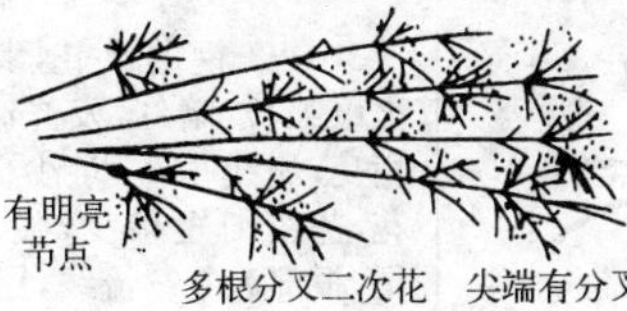 有明亮节点　多根分叉二次花　尖端有分叉	40Cr钢的火花，其特征是：火束呈白亮，流线稍粗量多，二次多根分叉爆花，爆花附近有明亮节点，芒线较长明晰可分，花型较大
	26		12CrNi3钢的火花，其特征是：火束细长，根部呈红色，其余为橙黄色，发光适中；流线细直下垂，爆花为三、四根分叉的一次花，呈星形，明亮，花角狭小，芒线稀疏；流线尾粗并与花同色，中部有明亮的花苞（含镍特征），较明亮，花量约占火束的1/8
	27	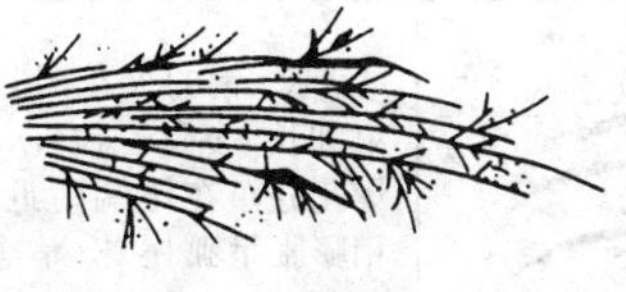	40CrNiMo钢的火花，其特征是：火束较粗而亮，橙黄色，根部微红，发光适中；流线细直略下垂；爆花为三、四根分叉的三次花，呈大星形，芒线很多，花角较大，并间有碎花，为双层爆裂，花粉及发火点甚多，橙黄色，花心明亮，并有苞花，花量约占火束的3/5，尾部有清晰易见的枪尖尾花（铬、镍、钼共同存在的特征）

(续　表)

	火花图例		图例说明
合金钢火花举例	28		30CrMoAl 钢的火花，其特征是：火束稍长，呈亮红色；爆花为多根分叉的一次花，尖端多发光火点及花粉，呈大星形，橙黄色；花量因铝的影响而减少，占火束的 1/4；流线呈红色且细，清晰易见，尾部略有枪尖尾花；磨时反抗力不很强
	29	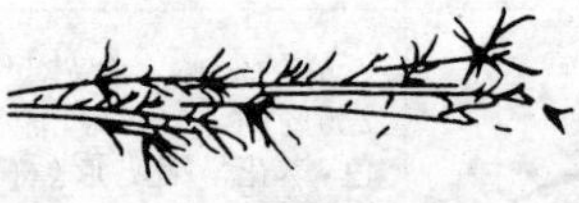	50CrV 钢的火花，其特征是：火束粗而较短，橙黄色，发光大；爆花为十数根分叉的三次花（层叠复花），呈大星形，芒线多而细，尾细长，附有花粉，花心极明亮，为淡橙黄色，花势较盛，花量占 3/5 以上，火束美观；磨时反抗力稍弱
	30		3CrW8 钢的火花，其特征是：火束细长，暗红，发光暗弱，尾部稍亮；流线稍短，量少而稀，无爆花，芒线细短稀少，尖端类似秃尾；根部为断续流线，尾部有明显附穗及断续光芒，形状为点状狐尾花；磨时手感很硬
	31	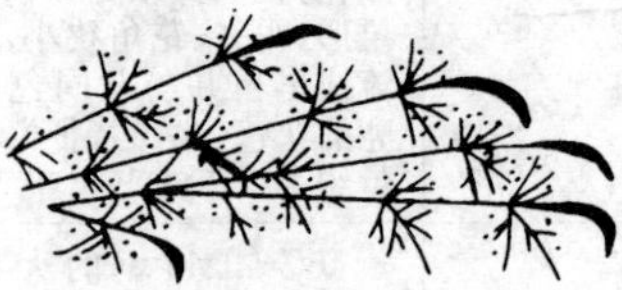	60Si2Mn 钢的火花，其特征是：苞花特别明显，每个花苞的前面发生细小的黄色爆花，火束尾部有时出现大开叉的多层树枝状爆花，根部流线细，火束尾部则较粗大
	32		9SiCr 钢的火花，其特征是：火束细长，多量三次花，多根分叉，爆花分布在尾端附近，尾端流线稍膨胀呈狐尾花；整个火束呈橙黄色

(续 表)

		火花图例	图例说明
合金钢火花举例	33	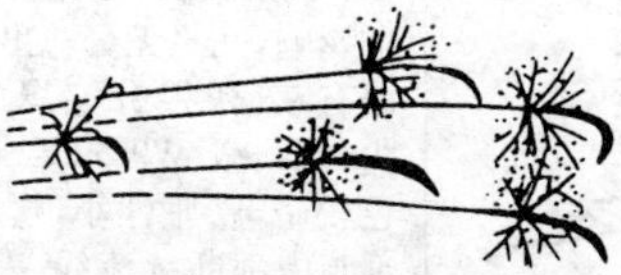	CrWMn 钢的火花,其特征是:流线细而暗红,根部火束多断续流线,流线尾部出现带活泼爆花的狐尾尾花,爆花为十数根分叉的二次花,量稍多,赤橙色,呈大星形,芒线细密,附近有蓝白色大星点
	34		Cr12MoV 钢的火花,其特征是:火束很短,色泽较暗红;爆花异常密集,分布在流线两旁的层叠爆花特别多,但整个花束中不发生爆花的断续流线,波状流线,而直线流线却很多,这些流线细而短
	35	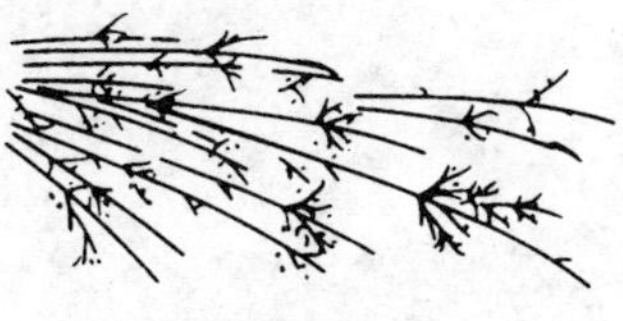	5CrMnMo 钢的火花,其特征是:火束细长,朱红微带橙花,明亮;因铬、锰影响,爆花较大,量多,为多根分叉的三次花(复花),呈大星形,芒线细长,花心明亮,碎花与花粉很多;尾部有明显的枪尖尾花(钼的特征);有稀少的枝芒状小爆花,橙黄色(锰的特征);花量约占 1/2;磨时反抗力较强
	36		W9Cr4V2 钢的火花,其特征是:火束长,暗红,发光暗弱;无爆裂火花(偶尔出现爆花);流线根部为断续状,尾部较明亮,有明显的附穗及断续光芒,形成狐尾花;无碳素火花,表示含钨量很高,附穗分布于近砂轮处,表示铬存在;磨时手感很硬

(续 表)

		火花图例	图例说明
合金钢火花举例	37	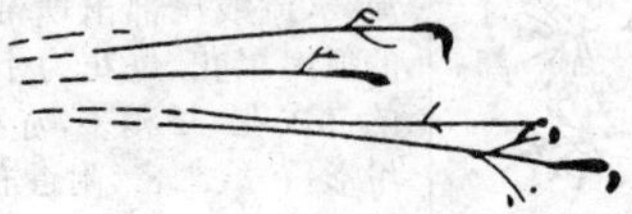	W18Cr14V 钢的火花，其特征是：火束细长，发光极暗弱；因钨的影响，几乎无爆花出现，仅尾部略有三、四根分叉爆裂，花量极少；流线较 W9Cr4V2 钢长而少，色较暗，膨胀性小，爆花更少；根部与中部断续流线，有时出现波浪流线，芒线及尾部膨胀下垂，形成点形狐尾花；由于火花被抑制，表示含钨多；磨时手感极硬
	38		1Cr18Ni9 钢的火花，其特征是：火束细，流线少，亮朱红色，发光稍大，受高铬、镍影响，爆花为三根分叉的一次花，星形，花角很狭小，爆花形式整齐一致；尾部细长；流线根部为断续状，暗红色，中部有镍的花苞出现，淡橙黄色，花量很少；磨时手感很硬